干式沼气发酵

邓良伟　熊　炜　陈子爱　著

科学出版社

北　京

内 容 简 介

本书是对干式沼气发酵技术研究成果和工程设计、调试、运行、管理经验的总结，同时也吸纳了国内外重要研究成果和工程经验。主要内容包括沼气发酵原理，干式沼气发酵工艺，猪粪、牛粪、鸡粪、秸秆、有机垃圾和混合原料的干式沼气发酵，沼渣沼液利用。本书注重理论与实践结合，内容翔实，深入浅出，实用性强。

本书适合可再生能源、农业生态工程及废弃物处理利用专业技术与管理人员使用，也可作为农业生物环境与能源工程、环境工程等专业的教学参考书。

图书在版编目（CIP）数据

干式沼气发酵 / 邓良伟，熊炜，陈子爱著. —北京：科学出版社，2024.3

ISBN 978-7-03-078045-4

Ⅰ. ①干… Ⅱ. ①邓… ②熊… ③陈… Ⅲ. ①甲烷—发酵
Ⅳ. ①S216.4

中国国家版本馆 CIP 数据核字（2024）第 037987 号

责任编辑：郑述方 / 责任校对：郝璐璐

责任印制：罗 科 / 封面设计：墨创文化

科学出版社出版

北京东黄城根北街 16 号

邮政编码：100717

http://www.sciencep.com

成都锦瑞印刷有限责任公司印刷

科学出版社发行 各地新华书店经销

*

2024 年 3 月第 一 版 开本：787×1092 1/16

2024 年 3 月第一次印刷 印张：11 1/4

字数：267 000

定价：128.00 元

（如有印装质量问题，我社负责调换）

前　言

沼气发酵不仅能处理有机废弃物，生产可再生能源，而且具有多重温室气体减排效益，得到了较为广泛的推广和应用。根据进料总固体浓度不同，沼气发酵技术可分为湿式发酵、半干式发酵、干式发酵。相比湿式沼气发酵技术，干式沼气发酵技术具有许多优势。从国内外推广应用的效果看，干式沼气发酵已经并且还将继续成为沼气技术的发展趋势。我国已经出版了许多关于沼气技术的专著，这些专著主要侧重湿式沼气发酵技术，就作者所知，还没有一本关于干式沼气发酵技术的专著。鉴于此，本书总结了国内外干式沼气发酵技术的研究成果和工程应用经验，面向工程应用实际，介绍了沼气发酵原理、干式沼气发酵工艺、沼渣沼液利用等共性知识，并对猪粪、牛粪、鸡粪、秸秆、有机垃圾和混合原料的干式沼气发酵技术进行了单独成章阐述。本书既有研究成果、工程经验总结凝练，也有具体案例介绍。

本书共分 9 章，其中邓良伟撰写第 1、3、4、5、6 和 9 章；邓良伟、熊炜共同撰写第 2 和 8 章；邓良伟、陈子爱共同撰写第 7 章。书稿完成后，邓良伟对全书所有章节进行了统稿与修改。本书作者均为多年从事沼气技术研究、设计、建设和调试工作的专业人员，具有比较厚实的研究积淀及丰富的沼气工程设计、调试、运行和管理经验。同时，也参考、引用了国内外专家学者、工程技术和管理人员卓著的工作。本书的完成得益于作者所在单位及国内外沼气科研工作者和工程技术人员长期科研积累和工程经验的总结，谨向前辈们和相关著作者的贡献表示敬意与感谢。作者及其团队有关干式沼气发酵技术的研究和推广应用得到了国家科技支撑计划课题、国家重点研发计划课题、国家自然科学基金项目、四川省重大科技专项项目的支持，特别是得到国家生猪产业技术体系、中国农业科学院农业科技创新工程持续稳定的资助，本书的撰写也得到单位领导、其他团队和本团队成员的支持，以及研究生的协助，在此一并表示感谢。

由于有关干式沼气发酵的文献资料较少，加之作者学识水平和工作经验有限，书中的见解和观点难免存在疏漏和不妥之处，敬请读者提出宝贵意见。

作　者

2024 年 1 月

目　　录

第1章　沼气发酵原理

沼气发酵是多种微生物在无氧条件下进行的生化过程。参与沼气发酵生化过程的微生物统称沼气发酵微生物，涉及专性厌氧菌（严格厌氧）和兼性厌氧菌（在有氧条件下具有好氧菌的功能）的不同类群。微生物是沼气发酵过程的作用主体，对沼气发酵效率及运行过程稳定性起着决定性的作用。湿式沼气发酵和干式沼气发酵的生化反应过程基本相同，但是反应器内微生物群落结构会因营养类型和环境条件不同而有所差异。

1.1　沼气发酵的生化过程

理论上，一切含有碳水化合物、蛋白质、脂类等有机物的物料都可以作为沼气发酵的底物。有机物转化生成沼气可用反应式（1-1）表示：

$$C_cH_hO_oN_nS_s + yH_2O \longrightarrow xCH_4 + nNH_3 + sH_2S + (c-x)CO_2 \tag{1-1}$$

其中，$x = \frac{1}{8}(4c + h - 2o - 3n - 2s)$，$y = \frac{1}{4}(4c - h - 2o + 3n + 2s)$。

碳水化合物、脂类、蛋白质转化成沼气的反应式如下：

碳水化合物：

$$C_6H_{12}O_6 \longrightarrow 3CH_4 + 3CO_2 \tag{1-2}$$

脂类：

$$C_{12}H_{24}O_6 + 3H_2O \longrightarrow 7.5CH_4 + 4.5CO_2 \tag{1-3}$$

蛋白质：

$$C_{13}H_{25}O_7N_3S + 6H_2O \longrightarrow 6.5CH_4 + 6.5CO_2 + 3NH_3 + H_2S \tag{1-4}$$

不同原料发酵产生的沼气中，二氧化碳与甲烷的比例有所不同，取决于原料组成及其降解转化比例。理论上，以碳水化合物、脂类、蛋白质为发酵原料产生的沼气中，甲烷含量①分别为50%、62.5%和38.2%。

在对沼气发酵生化过程的研究中，不同研究者提出了不同的发酵阶段理论，主要有两阶段发酵理论、三阶段发酵理论及四阶段发酵理论。

1. 沼气发酵两阶段理论

早期研究认为，沼气发酵分为两个阶段。第一阶段为酸性发酵阶段，主要是大分子有机物（碳水化合物、脂类、蛋白质）在发酵细菌的作用下，被分解成脂肪酸、醇类、二氧化碳和水等产物。由于脂肪酸的积累，发酵液的pH下降，因此称为酸性发酵

① 考虑行业规范，书中均用含量表示，其中涉及气体时，表示体积分数；涉及固体时，表示质量分数。

阶段或产酸阶段，相应地，参与这些反应过程的微生物称为发酵细菌或产酸细菌。第二阶段为碱性发酵阶段，产甲烷菌将第一阶段产生的代谢产物进一步转化成甲烷和二氧化碳。由于反应系统中有机酸被逐渐消耗，pH 不断升高，因此称为碱性发酵阶段或产甲烷阶段。

2. 沼气发酵三阶段理论

随着对沼气发酵微生物，特别是对产甲烷微生物研究的不断深入，研究者发现产甲烷微生物只能利用一些简单的有机物，如乙酸、甲酸、甲醇、甲胺类，以及氢气和二氧化碳产甲烷，而不能利用含两个碳以上的脂肪酸和甲醇以上的醇类。为此，第二阶段（碱性发酵阶段）如何利用甲醇以上的醇类和乙酸以上的有机酸，两阶段理论就很难加以解释。

基于对沼气发酵过程厌氧微生物作用和生化反应过程的认识，Lawrence 和 McCarty（1969）及 Bryant（1979）分别提出了沼气发酵“三阶段理论”。该理论将沼气发酵过程分为水解、产氢产乙酸和产甲烷三个阶段，分别由不同类群的微生物完成（图 1-1）。

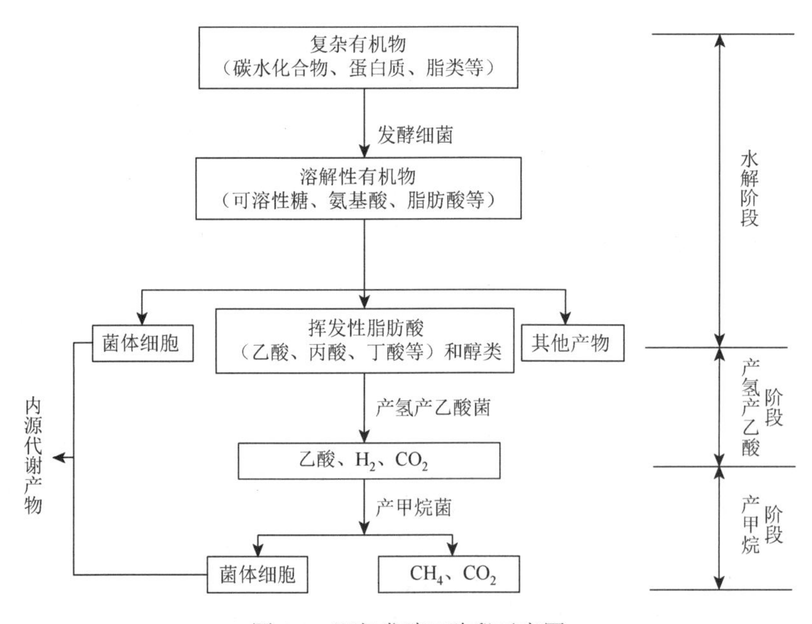

图 1-1　沼气发酵三阶段示意图

1）水解阶段

沼气发酵原料，如禽畜粪便、作物秸秆、有机垃圾、食品加工废弃物等，主要化学成分为碳水化合物（多糖）、蛋白质和脂类等复杂有机物。大多数复杂有机物不溶于水，必须先被发酵细菌分泌的胞外酶水解为可溶性糖、肽、氨基酸和脂肪酸后，微生物才能吸收利用。发酵细菌将上述可溶性物质吸收进入细胞后，经过发酵作用将它们转化为乙酸、丙酸、丁酸等脂肪酸和醇类，以及少量氢气、二氧化碳、氨和硫化氢等。生成有机酸的种类与沼气发酵过程氢气的调节作用有关，氢气分压低时，主要生成乙酸；氢气分压高时，除生成乙酸外，还会有丙酸、丁酸等短链脂肪酸积累。以纤维素为例，其水解发酵反应方程如下：

$$\underset{\text{(纤维素)}}{(C_6H_{10}O_5)_n} + nH_2O \xrightarrow{\text{发酵细菌（水解类）}} \underset{\text{(葡萄糖)}}{n(C_6H_{12}O_6)} \tag{1-5}$$

$$2C_6H_{12}O_6 \xrightarrow{\text{发酵细菌}} CH_3COOH + CH_3CH_2COOH + CH_3CH_2CH_2COOH + 3CO_2 + 3H_2 \tag{1-6}$$

2）产氢产乙酸阶段

产氢产乙酸菌将丙酸、丁酸等脂肪酸和乙醇进一步转化成乙酸、氢气和二氧化碳。产氢产乙酸阶段的末端产品（乙酸、氢气和二氧化碳）是产甲烷阶段的前体物质。产氢产乙酸阶段的主要反应方程如表 1-1 所示。

表 1-1　标准条件下部分底物的产氢产乙酸反应和自由能变化 [a]（Khanal，2009）

底物	反应	$\Delta G^{\ominus}$/(kJ/mol)
乙醇	$CH_3CH_2OH + H_2O \longrightarrow CH_3COO^- + H^+ + 2H_2$	+ 9.6
丙酸	$CH_3CH_2COO^- + 3H_2O \longrightarrow CH_3COO^- + HCO_3^- + H^+ + 3H_2$	+ 76.1
丁酸	$CH_3CH_2CH_2COO^- + 2H_2O \longrightarrow 2CH_3COO^- + H^+ + 2H_2$	+ 48.1
乳酸	$2CH_3CHOHCOO^- \longrightarrow 3CH_3COO^- + H^+$	− 4.2
苯甲酸	$4C_6H_5COO^- + 19H_2O \longrightarrow 12CH_3COO^- + 9H^+ + HCO_3^- + 3CH_4$	+ 53

a. 25℃；H_2 为气态，其他为液态。

上述反应过程，除乳酸降解外，在标准状态下，乙醇、丙酸、丁酸转化成乙酸和氢气的自由能变化为正，反应不能自发进行。只有当氢营养型产甲烷菌和产氢产乙酸菌互营共生时，氢营养型产甲烷菌利用产生的氢气，使环境中氢气分压小于 10^{-4}atm（$1\text{atm} = 10^5\text{Pa}$），上述反应才能自发进行。

3）产甲烷阶段

在产甲烷菌的作用下，乙酸、氢气/二氧化碳、甲酸、甲醇等被转化成甲烷和二氧化碳。两组产甲烷菌参与甲烷的生成。一组称为乙酸营养型产甲烷菌，将乙酸分解为甲烷和二氧化碳；另一组称为氢营养型产甲烷菌，利用氢作为电子供体、二氧化碳作为电子受体生成甲烷。在沼气发酵过程中，大约 70%甲烷来自乙酸，30%甲烷由氢气和二氧化碳产生。

3. 沼气发酵四阶段理论

沼气发酵四阶段理论认为，沼气发酵是一个复杂的生物化学过程，根据生化过程中需要降解的底物与产物不同，将沼气发酵分为四个阶段，分别是水解阶段、发酵（酸化）阶段、产乙酸阶段和产甲烷阶段（图 1-2），每个阶段分别由不同类群的微生物完成。不同的微生物类群在一定程度上存在互营共生关系，并且对生长环境有不同的要求。

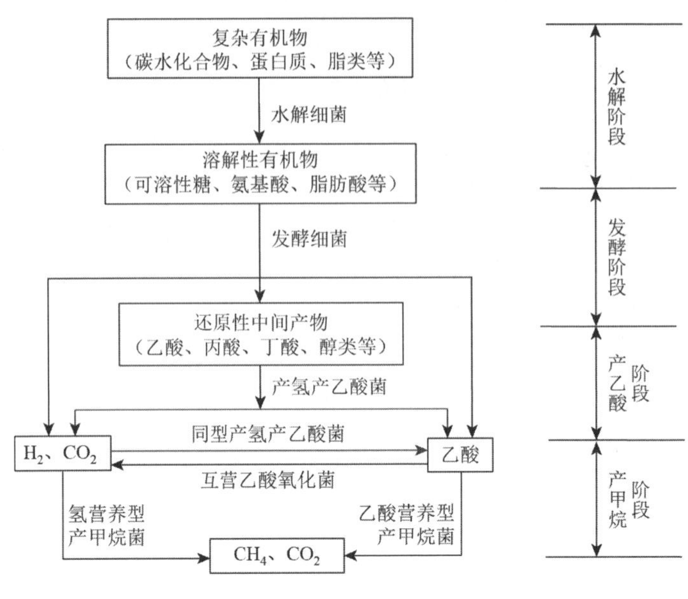

图 1-2　沼气发酵四阶段示意图

1）水解阶段

在水解阶段，不溶性大分子化合物，如碳水化合物、脂类、蛋白质无法透过细胞膜，需要在水解细菌（厌氧或兼性厌氧微生物）分泌的胞外酶（如蛋白酶、纤维素酶、半纤维素酶、淀粉酶、脂肪酶等）的作用下水解成可溶性糖、脂肪酸和甘油、氨基酸等可溶性化合物，以利于微生物吸收利用。

在水解反应中，大分子物质的共价键发生断裂。通常水解反应可用式（1-7）表示：

$$R—X + H_2O \longrightarrow R—OH + X^- + H^+ \tag{1-7}$$

水解所需时间随原料的不同而有较大差异，碳水化合物的水解可以在几小时内完成，而蛋白质和脂类的水解则需要几天。在水解过程中，兼性厌氧微生物会消耗溶解在水中的氧，降低发酵系统的氧化还原电位，为严格厌氧微生物的生长代谢提供有利条件。

2）发酵阶段

第二阶段称为发酵阶段或酸化（产酸）阶段，发酵细菌利用水解阶段的产物作为生长底物，并将其进一步转化成乙酸、丙酸、丁酸等短链脂肪酸及乙醇、H_2 和 CO_2 等小分子物质。底物种类、参与发酵的微生物类群、产生的氢离子浓度都会影响发酵阶段的产物类型或种类。

发酵过程由多种多样的发酵细菌共同完成。例如，醋杆菌属（*Acidobacterium*）微生物通过 β-氧化途径降解脂肪酸。在降解过程中脂肪酸首先与辅酶 A 结合，然后被逐步氧化，每一步 β-氧化反应脱掉的 2 个碳原子以乙酸盐的形式释放出来。肉毒梭菌（*Clostridium botulinum*）则通过 Stickland 反应降解氨基酸，肉毒梭菌每次同时吸收 2 个氨基酸分子，其中一个作为氢供体，一个作为氢受体，反应生成乙酸、NH_3 和 CO_2。在半胱氨酸的降解过程中则会产生 H_2S。发酵阶段的微生物主要有梭菌属（*Clostridium*）和拟杆菌属（*Bacteroides*）。

3）产乙酸阶段

发酵阶段产生的丙酸、丁酸、乳酸等中间代谢物必须转化为更简单的小分子才能被产甲烷菌利用。乙酸的生成过程称为产乙酸作用。乙酸一部分由产氢产乙酸菌产生，另一部分则由既能利用有机质又能利用 H_2、CO_2 产乙酸的细菌产生，这类细菌称为同型产乙酸菌。

（1）发酵产乙酸。在这个过程中，产氢产乙酸菌利用发酵阶段的产物作为底物生长并产乙酸。丙酸、丁酸等短链脂肪酸和乙醇等在产氢产乙酸菌的作用下转化成乙酸、H_2、CO_2 等。

产氢产乙酸反应是吸能反应，例如，丙酸的氧化降解需要吸收 76.1kJ/mol 的能量；乙醇的氧化降解需要吸收 9.6kJ/mol 的能量（表 1-1）。该类反应在热力学上不能自发进行，只有在氢气分压极低的情况下才能自发进行，例如，丙酸氧化成乙酸只有在氢气分压低于 10^{-4}atm 时，产氢产乙酸反应才能进行；丁酸氧化时的氢气分压需要低于 10^{-3}atm。将产氢产乙酸菌与氢营养型产甲烷菌共同培养时，以上反应则可以顺利进行。氢营养型产甲烷菌可以快速利用产生的氢气，使氢气分压保持在极低的水平。在反应过程中 $\Delta G^{\ominus}$ 是负值，是放能反应，可为产氢产乙酸菌提供有利的热力学生长条件，使丙酸、丁酸、乙醇等中间产物的氧化反应能顺利进行。这两种微生物类群之间是一种互营共生的关系。除产甲烷菌外，硫酸盐还原菌或同型产乙酸菌也可以消耗反应系统中产生的氢气。需要指出的是，在沼气发酵过程中，多达 30%的电子被用于丙酸氧化产乙酸和氢气。因此，丙酸的氧化似乎比其他有机酸的氧化更为关键。在高温条件下，丙酸的积累比在中温条件下更严重。厌氧反应器的结构、营养物的供应、底物特性和微生物类群对丙酸降解都有重要影响。

（2）同型产乙酸作用。在产氢产乙酸反应进行的同时，同型产乙酸菌能利用氢气将二氧化碳还原成乙酸并释放出能量[式（1-8）]，乙酸进一步被产甲烷菌利用。同型产乙酸过程既能降低氢分压，又可为乙酸营养型产甲烷菌提供底物。

$$2CO_2 + 4H_2 \rightleftharpoons CH_3COOH + 2H_2O \qquad \Delta G^{\ominus} = -104.6\text{kJ/mol} \tag{1-8}$$

沼气发酵产生的甲烷中，约有 30%通过氢气还原二氧化碳产生，但是只有 5%～6%的甲烷由溶解在水相中的氢气还原二氧化碳产生。这种情况可以用“种间氢转移”来解释，即产氢产乙酸菌产生的氢气被直接转移给产甲烷菌利用，而不经过氢气溶解的过程。

4）产甲烷阶段

产甲烷阶段是沼气发酵的第四阶段，这个过程由产甲烷菌完成。产甲烷菌能利用的底物基本是简单的一碳和二碳化合物。

当产氢产乙酸菌与氢营养型产甲烷菌互营共生时，产甲烷过程能正常进行，但是，当产氢产乙酸菌与其他利用氢的微生物共生时，产甲烷过程就会受到影响。这是因为其他利用氢的微生物（如硫酸盐还原菌）会与产甲烷菌竞争氢，减少产甲烷菌利用的底物，影响甲烷的产量。此外，硫酸盐还原菌产生的硫化氢还会对产甲烷菌产生毒害作用。不同产甲烷途径产生的能量不一样，乙酸分解产甲烷与二氧化碳还原产甲烷途径相比，只释放少量的能量[式（1-9）～式（1-12）]。

H_2/CO_2：

$$4H_2 + CO_2 \longrightarrow CH_4 + 2H_2O \qquad \Delta G^{\ominus} = -135\text{kJ/mol} \tag{1-9}$$

甲酸：

$$4HCOOH \longrightarrow CH_4 + CO_2 + 2H^+ + 2HCO_3^- \qquad \Delta G^{\ominus} = -145\text{kJ/mol} \tag{1-10}$$

甲醇：

$$4CH_3OH \longrightarrow 3CH_4 + CO_2 + 2H_2O \qquad \Delta G^{\ominus} = -105\text{kJ/mol} \tag{1-11}$$

乙酸：

$$CH_3COOH \longrightarrow CH_4 + CO_2 \qquad \Delta G^{\ominus} = -31\text{kJ/mol} \tag{1-12}$$

以上几个阶段不是截然分开的，没有明显的界线，也不是孤立进行，而是密切联系在一起，互相交叉进行。

1.2　沼气发酵微生物

沼气发酵是由不同微生物类群相互协同，共同完成的生物化学过程，沼气发酵能否成功与微生物的关系十分密切。如果某一类群微生物被抑制，发酵过程就可能失败，尤其是产甲烷菌被抑制的影响更大。根据是否产甲烷，沼气发酵微生物可分为不产甲烷微生物和产甲烷微生物，而根据微生物的功能则可分为发酵细菌、产氢产乙酸菌、同型产乙酸菌、产甲烷菌（图 1-2）。

1.2.1　发酵细菌

发酵细菌主要在沼气发酵的水解阶段和发酵（产酸）阶段发挥作用。发酵细菌产生的胞外酶可以将碳水化合物、脂类、蛋白质等不溶性有机物水解成单糖、长链脂肪酸、氨基酸等可溶性有机物。进一步，发酵产酸菌还能将可溶性有机物分解成挥发性有机酸（乙酸、丙酸、丁酸等）、醇类、酮类，以及 CO_2、H_2、NH_3、H_2S 等。发酵细菌利用有机质时一般先在胞内将其转化成丙酮酸，再根据特定的条件降解成不同的产物，如发酵细菌的种类、底物类型和环境条件（pH、氢气分压、温度等）都可以影响代谢产物的生成。代谢产物如果出现积累将会影响反应的顺利进行，特别是 H_2 的产生和积累会影响产氢产乙酸反应过程。如果氢气分压高，就会产生丙酸和其他有机酸，出现酸积累或酸抑制。所以，在沼气发酵过程中保持发酵细菌与其他微生物之间的代谢速率平衡至关重要。

发酵细菌不能将碳水化合物等有机物完全降解，但在降解过程中会产生有机酸、维生素、氢气及副产物供其他微生物利用。在沼气发酵中，发酵细菌是一类非常复杂的混合细菌群，主要有链球菌科和肠杆菌科，以及梭菌属、拟杆菌属、丁酸弧菌属、双歧杆菌属、乳酸菌属等。根据降解底物的不同，可将发酵细菌分为纤维素降解菌、淀粉降解菌、蛋白质降解菌、脂肪降解菌等。发酵细菌分为严格厌氧菌和兼性厌氧菌。发酵细菌大多数为异养型细菌，对环境条件的变化有较强的适应能力，但其优势种属会因环境条件和发酵基质的不同而有差异。这类细菌生长快，倍增时间大约为30min。

1.2.2　产乙酸菌

产乙酸菌有两大类，一类是产氢产乙酸菌，另一类是同型产乙酸菌。

1. 产氢产乙酸菌

产氢产乙酸菌的主要功能是将各种短链脂肪酸（丙酸、丁酸等）、乙醇和特定芳香族化合物（苯酸盐）等分解为乙酸、H_2 和 CO_2，为乙酸营养型产甲烷菌和氢营养型产甲烷菌提供基质（表 1-1）。产氢产乙酸菌多为厌氧或兼性厌氧微生物，如互营单孢菌属（*Syntrophomonas*）、互营杆菌属（*Syntrophobacter*）、梭菌属（*Clostridium*）等微生物。产氢产乙酸菌生长较慢，倍增时间为1.5～4d。

在沼气发酵过程中，产氢产乙酸菌和产甲烷菌之间存在共生或互营关系。这种共生关系对沼气发酵系统的平衡和稳定有着重要作用。发酵液中挥发性脂肪酸的浓度是判断互营共生关系的重要指标。当互营关系被破坏时，如进料过多、毒性物质影响、缺乏营养或污泥流失，挥发性脂肪酸就会积累，挥发性脂肪酸浓度持续升高可能会导致厌氧反应器中发酵液 pH 急剧降低，出现酸化现象，如果不及时调节，沼气发酵就可能停止甚至失败。

互营作用的核心是种间氢转移，也就是一种微生物产生的氢气被另一种微生物通过互营作用利用掉，二者是互利共生的关系。耗氢微生物可以是具有不同生理功能的类群，反硝化细菌、铁细菌、硫酸盐还原菌、同型产乙酸菌和产甲烷菌都属于耗氢微生物。当产氢产乙酸菌与产甲烷菌互营共生时，产氢产乙酸菌为产甲烷菌提供底物氢气，产甲烷菌则可以消耗氢气使产氢产乙酸反应顺利进行。例如，消化肠状菌属（*Pelotomaculum*）发酵乙醇产生乙酸和氢气，通过与氢营养型产甲烷菌共培养，利用氢气作为电子供体还原二氧化碳产生甲烷。从下式可以看出，乙醇发酵的标准自由能变化（$\Delta G^{\ominus}$）是正值[式（1-13）]，在热力学上不能自发进行。

乙醇发酵：

$$CH_3CH_2OH + H_2O \longrightarrow 2H_2 + CH_3COO^- + H^+ \quad \Delta G^{\ominus} = +9.6\text{kJ/mol} \tag{1-13}$$

产甲烷作用：

$$4H_2 + CO_2 \longrightarrow CH_4 + 2H_2O \quad \Delta G^{\ominus} = -135\text{kJ/mol} \tag{1-14}$$

偶合反应：

$$2CH_3CH_2OH + CO_2 \longrightarrow 2CH_3COO^- + CH_4 + 2H^+ \quad \Delta G^{\ominus} = -115.8\text{kJ/mol} \tag{1-15}$$

在标准状况下，消化肠状菌属无法利用乙醇生长。但是当消化肠状菌属发酵乙醇产

生的 H_2 被产甲烷菌利用将 CO_2 还原成 CH_4 时，这个反应是放能反应[式（1-14）]。当这两个反应偶合发生时，整个反应的 $\Delta G^{\ominus}$ 为负值[式（1-15）]，变成热力学上可以自发进行的放能反应。互营代谢需要两类不同功能的微生物共同参与，通过能量分配和物质转移，形成紧密配合的合作关系。

2. 同型产乙酸菌

同型产乙酸菌是一类既能利用有机质产乙酸，又能将产氢产乙酸过程中生成的 H_2、CO_2 转化成乙酸的一类细菌。因为无论其利用哪种基质，生成的产物都是乙酸，所以称为同型产乙酸菌。同型产乙酸菌在利用 H_2/CO_2 产乙酸时可以降低反应系统中的氢气分压，既有利于发酵细菌产氢产乙酸反应的顺利进行，也可以为乙酸营养型产甲烷菌提供更多的底物。自养型细菌或异养型细菌都可以进行同型产乙酸。自养型同型产乙酸菌利用 H_2、CO_2 产乙酸，其中 CO_2 作为细胞生长的碳源[式（1-16）]。一些同型产乙酸菌可以利用 CO 作为生长的碳源[式（1-17）]。另一方面，除了利用 H_2 还原 CO_2 外，一些同型产乙酸菌还可以利用其他一碳化合物作为生长的碳源和产乙酸作用中的电子供体，如甲醇、甲酸等[式（1-18）和式（1-19）]。许多同型产乙酸菌还能还原硝酸盐（NO_3^-）和硫代硫酸盐（$S_2O_3^{2-}$）。同型产乙酸菌通过乙酰辅酶 A 途径将 CO_2 还原成乙酸是同型产乙酸的主要途径。

$$2CO_2 + 4H_2 \longrightarrow CH_3COOH + 2H_2O \tag{1-16}$$

$$4CO + 2H_2O \longrightarrow CH_3COOH + 2CO_2 \tag{1-17}$$

$$4HCOOH \longrightarrow CH_3COOH + 2CO_2 + 2H_2O \tag{1-18}$$

$$4CH_3OH + 2CO_2 \longrightarrow 3CH_3COOH + 2H_2O \tag{1-19}$$

1.2.3 产甲烷菌

产甲烷菌是严格厌氧菌，根据利用的底物类型，可以将其分成三类，即氢营养型产甲烷菌、乙酸营养型产甲烷菌和甲基营养型产甲烷菌。相应地，甲烷的产生也有三条途径，分别为 CO_2 还原途径、乙酸分解产甲烷途径和甲基裂解途径（表 1-2）。产甲烷菌生长缓慢，倍增时间为 2～4d。

表 1-2 产甲烷菌的营养类型及产甲烷反应（Oremland，1988；Khanal，2009）

营养类型	产甲烷反应
氢营养型产甲烷菌	（A）$4H_2 + CO_2 \longrightarrow CH_4 + 2H_2O$
	（B）$4HCOO^- + 2H^+ \longrightarrow CH_4 + CO_2 + 2HCO_3^-$
乙酸营养型产甲烷菌	（C）$CH_3COOH \longrightarrow CH_4 + CO_2$
甲基营养型产甲烷菌	（D）$4CH_3OH \longrightarrow 3CH_4 + CO_2 + 2H_2O$
	（E）$4CH_3NH_2 + 2H_2O + 4H^+ \longrightarrow 3CH_4 + CO_2 + 4NH_4^+$
	（F）$(CH_3)_2S + H_2O \longrightarrow 1.5CH_4 + 0.5CO_2 + H_2S$

1. 氢营养型产甲烷菌

氢营养型产甲烷菌以 H_2 为电子供体将 CO_2 还原成 CH_4（表 1-2）。H_2 由系统中其他微生物的代谢作用产生，如产氢发酵细菌，尤其是梭菌纲（Clostridia）微生物和产氢产乙酸菌。3/4 以上的产甲烷菌模式菌株能利用 H_2/CO_2 生长，如沼气工程中常见的甲烷杆菌（*Methanobacter*）和甲烷袋状菌（*Methanoculleus*）。氢营养型产甲烷菌还可以利用甲酸盐作为电子供体将 CO_2 还原成 CH_4[表 1-2 中反应（B）]。少量产甲烷菌还可以通过氧化二级醇获得电子供体或从丙酮酸盐中获得电子供体将 CO_2 还原成 CH_4。例如，嗜乙醇甲烷泡菌（*Methanofollis ethanolicus*）可以直接利用乙醇、2-丙醇或 2-丁醇生长产 CH_4。有些产甲烷球菌（*Methanococcus* spp.）能利用丙酮酸盐作为电子供体（代替 H_2 的功能）还原 CO_2 产 CH_4。少数氢营养型产甲烷菌还可以 CO 为底物生长，但是生长速率很慢，并且在自然界中这种情况并不常见。例如，嗜热自养甲烷杆菌（*Methanothermobacter thermoautotrophicus*）可以利用低浓度的 CO（$<60\%$）生长产 CH_4。

2. 乙酸营养型产甲烷菌

乙酸营养型产甲烷菌的产 CH_4 过程是 CH_4 生成的主要途径，乙酸被转化成 CH_4 和 CO_2[表 1-2 中反应（C）]，大约有 70%的 CH_4 通过该途径产生。甲烷八叠球菌属（*Methanosarcina*）和甲烷丝菌属（*Methanothrix*）[旧称为甲烷鬃毛菌属（*Methanosaeta*）]是两个重要的乙酸营养型产甲烷菌属。甲烷八叠球菌属在生长过程中形成八叠球状，可以利用甲醇[表 1-2 中反应（D）]、甲胺[表 1-2 中反应（E）]、H_2/CO_2[表 1-2 中反应（A）]、丙酮酸等多种基质产 CH_4。例如，巴氏甲烷八叠球菌（*Methanosarcina barkeri*）可以利用丙酮酸作为碳源和能源产生 CH_4 和 CO_2，还可以利用 CO（100%）和甲醇（50mmol/L）生长，也可以在浓度小于 50%的 CO 中生长产 CH_4，并且伴有 H_2 产生。除了利用乙酸产 CH_4 外，竹节状甲烷丝菌（*Methanosaeta harudinacea*）还可以直接利用电子还原 CO_2 产生 CH_4。甲烷八叠球菌利用乙酸生长时，典型倍增时间是 1～2d。而甲烷丝菌的倍增时间是 4～9d。当完全混合式厌氧反应器中物料水力停留时间（hydraulic retention time，HRT）短时，甲烷八叠球菌属通常会成为反应器中的优势种属。

3. 甲基营养型产甲烷菌

甲基营养型产甲烷菌可以利用含有甲基基团的化合物产 CH_4，如甲醇[表 1-2 中反应（D）]、甲胺类化合物（如甲胺、二甲胺、三甲胺）[表 1-2 中反应（E）]和甲基硫化合物（如甲硫醇、二甲基硫）[表 1-2 中反应（F）]。甲基营养型产甲烷菌主要分布在甲烷八叠球菌属、甲烷马赛球菌属（*Methanomassiliicoccus*）和甲烷球形菌属（*Methanosphaera*）中。在甲基营养型产甲烷途径中，甲基基团被转移至甲基载体并被还原成 CH_4。甲基营养型产甲烷菌可以通过氧化部分甲基基团获得还原 CO_2 的电子，或者以 H_2 作为电子供体。但是也有研究发现甲烷马赛球菌属中的甲烷拟球菌（*Methanococcoides* spp.）还可以利用

N, *N*-二甲基乙醇胺、胆碱、甜菜碱等含甲基化合物生长产 CH_4。甲硫醇在液相中可以作为甲烷的前体物，但是在纯培养中并无 CH_4 生成。

1.3 影响干式沼气发酵的因素

沼气发酵过程受到许多因素影响，可分为环境因素与设计操作因素两大类。任何影响微生物生长代谢的因素都可能影响沼气发酵的正常运行。发酵原料、代谢中间产物、抑制物质、温度、酸碱度等都会影响沼气发酵过程。此外，水解发酵细菌、产氢产乙酸菌的环境需求与产甲烷菌不同，在沼气发酵不同阶段应考虑几种微生物环境需求的差异。水解/酸化阶段、产氢产乙酸阶段、产甲烷阶段都是在一个反应系统中进行的单相发酵，首先应考虑产甲烷菌的生长环境和条件，因为产甲烷菌的生长速率更低，对环境更敏感，如果不首先加以考虑，产甲烷菌生长代谢可能被严重抑制甚至死亡，导致产甲烷过程失败。

1.3.1 发酵原料

发酵原料的种类决定微生物降解速率，在工程设计和过程控制中必须考虑原料种类的影响。单糖、淀粉等糖类物质水解快，容易发生酸化，而纤维素、半纤维素降解缓慢，可能是整个沼气发酵过程的限速步骤。发酵过程中产生的中间代谢产物会抑制降解反应，如挥发性脂肪酸（volatile fatty acid，VFA）的积累会造成 pH 降低，影响微生物的活性；产氢产乙酸阶段产生的氢气会影响丙酸、丁酸等挥发性脂肪酸的氧化速率；蛋白质降解过程中产生的游离氨和硫化氢会抑制甲烷发酵过程。如果重要底物完全消耗而不加以补充，微生物可能停止生长。因此，不断投加发酵原料（碳水化合物、脂类、蛋白质），以及微生物生长必需的营养物质、微量元素对沼气发酵的正常运行非常必要。

1. 原料成分

干式沼气发酵技术可用于处理多种固态有机废弃物，如农业废弃物、能源植物、市政有机垃圾、园林废弃物、工业有机废渣等。农业废弃物包括畜禽粪便、作物秸秆、农产品加工废弃物等，是干式沼气发酵的主要原料。这些原料既可以单独发酵，也可以几种原料混合发酵。原料成分及特性影响干式沼气发酵的条件与沼气产量，同时，原料成分也受收集方式的影响，如分选方式（筛分、重力、浮力、磁力、电力分选等）影响源分离市政有机垃圾的成分与特性；畜禽养殖清粪方式影响畜禽粪便固体含量。在相同的发酵条件下，不同的发酵原料会导致不同产气结果。了解原料成分是选择发酵原料，判断混合发酵可能性的基础。另外，了解原料成分也能预示可能存在的抑制风险。因此，在设计及运行调试沼气工程前，需要全面了解原料种类及组分（Rocamora et al.，2020）。

2. C/N 比

原料总有机碳（total organic carbon，TOC）、总氮（total nitrogen，TN）及其比值[即

碳氮比（C/N 比）]是沼气发酵的重要工艺参数。

C/N 比代表了沼气发酵系统中底物的营养水平。适合干式沼气发酵的 C/N 比为 20～30。C/N 比太高，沼气发酵微生物会迅速吸收可利用氮以满足其蛋白质合成需求，从而导致氮饥饿，微生物生长受到抑制，启动慢，并且难以提高负荷；C/N 比太低，发酵过程氨氮浓度增加，高浓度氨氮对产甲烷菌具有毒性，会产生氨抑制。一些研究指出，C/N 比为 20 时没有观察到氨抑制，为了避免氨抑制，C/N 比必须控制在 20～30，最佳比例为 25。为了达到最合适的 C/N 比，确保稳定发酵，几种原料混合发酵是常见的做法。例如，纤维素类发酵原料，C/N 比较高（大于 50），最好与 C/N 比低于 20 的原料（如餐厨垃圾、猪粪、鸡粪等）混合发酵（Momayez et al.，2019）。

3. 总固体

干式沼气发酵工艺比湿式沼气发酵工艺进料总固体（total solid，TS）含量更高，反应器的处理负荷与容积产气率更高。但是，TS 含量高会导致原料产气率低，并且容易产生抑制。一项研究表明，TS 含量从 10%提高到 20%，甲烷产率（原料产气率）增加，TS 含量从 20%增加到 35%，原料产气率降低（Abbassi-Guendouz et al.，2012）。市政垃圾厌氧消化研究表明，TS 含量从 10%增加到 20%，沼气产量呈比例降低，当 TS 含量达到 30%时，不适合厌氧消化，达到 35%时，干式沼气发酵被完全抑制（Fernández Rodríguez et al.，2012）。TS 含量对猪粪干式沼气发酵影响的研究表明，TS 含量为 20%、25%、30%和 35%的处理，其容积沼气产气率分别为 2.40L/(L·d)、1.92L/(L·d)、0.911L/(L·d)和 0.644L/(L·d)，原料产气率分别为 0.665L/g VS（volatile solid，挥发性固体）、0.532L/g VS、0.252L/g VS 和 0.178L/g VS，TS 含量越高，产气效率越低（Chen et al.，2015）。这些问题与系统中存在的高浓度固体物质有关，固体物质含量高，相应地，含水率低。含水率低导致发酵物料黏度高，原料和微生物的传质缓慢。在干式沼气发酵过程中，TS 含量从 8%增加到 25%，扩散系数降低 370%，含水率降低会影响气液扩散，可能导致气体堵塞，累积的二氧化碳和氢气成为抑制剂，降低产甲烷菌的活性（Bollon et al.，2011）。TS 含量增加也会降低底物对微生物的可利用性，进而影响底物的代谢利用。许多研究表明，随着含水率增加，物料更加均匀，减少了扩散限制，增加了微生物和营养物质之间的传质作用，另外，还可稀释潜在的抑制物质（Rocamora et al.，2020）。

微生物受水活度影响。水活度是物质中水的蒸气压与纯水的蒸气压之比。当水活度小于 0.6 时，大多数微生物的活性受到抑制。在 0.85～1 的水活度范围内，细菌有可能生长。当 TS 含量从 5%增加到 19%时，水活度从 0.956 下降到 0.93；当 TS 含量高于 19%时，水活度下降缓慢，当 TS 含量为 25%时，水活度为 0.928；当 TS 含量为 35%时，水活度为 0.925（Shapovalov et al.，2020）。

4. 原料粒度

原料尺寸大小（粒度）对沼气发酵有较大影响，但是得出的结论相互矛盾。预处理可以减小原料粒度，既能释放细胞内的有机物，又能提供更大的表面积，提高微生物降解速率。在实际工程中，普遍采用预处理措施减小原料粒度，因为粒度减小对干式沼气发酵有益。一些研究认为，有机垃圾粒度减小可增大比表面积，提高纤维素的可生化性，从而提高产气量和垃圾的减量化程度（Palmowski and Muller，2000）。但是，另一项研究发现，小麦秸秆粒度从 1.4mm 减少到 0.7mm 和 0.1mm，甲烷产率分别减少了 22%和 46%（Motte et al.，2013）。R. H. Zhang 和 Z. Q. Zhang（1999）的研究显示，水稻秸秆粒度从 25mm 磨碎到 10mm，尽管粒度减小，产气速率更快，但是对甲烷产率无显著影响。关于原料粒度影响的研究主要针对湿式沼气发酵，由于得出了相互矛盾的结果，因此最适颗粒大小仍然没有明确的结论（Rocamora et al.，2020）。

1.3.2　接种物

在沼气发酵开始运行时，接种是加速启动的常用方法。接种物组成对干式沼气发酵的启动时间、稳定性和甲烷产率有显著影响。最常见的接种物主要有干式或湿式沼气发酵的残余物、厌氧消化污泥、化粪池残渣、牛粪等。沼气发酵残余物因为含有高活性的产甲烷菌，通常具有更好的性能。

原料与接种物质量比（F/I 比）是序批式干发酵的关键参数，由于该值随发酵系统类型、操作条件和原料特性的不同而有所差异，因此，还没有一个固定的最佳 F/I 比。不同的研究者和技术供应商有一些推荐值，如 Bekon 能源技术有限公司（哈瑟温克尔，德国）的车库式反应器中，启动一批新的发酵系统时，用 50%的沼渣作为接种物。处理餐厨垃圾时，di Maria 等（2012）推荐的 F/I 比是从 1.5∶1 到 2.5∶1。

添加较多固态接种物有利于缩短启动时间，但过多接种物会占用沼气发酵反应器可用空间。减少固态接种物的方法是循环渗滤液。Wilson 等（2016）在使用其他沼气发酵反应器成熟渗滤液作为接种物时，固态接种物量从 40%下降到 10%，并且没有出现甲烷产率减少情况。而 Kusch 等（2012）报道，如果使用足够数量的渗滤液作为初始接种物，然后再循环，则完全可以避免使用固态接种物。除了减少固态接种物占据有效反应空间外，渗滤液循环还有另外的益处，如增加水分；改善产甲烷菌和营养物质之间的接触；使反应器中物料均匀。这些益处可使反应器在短时间达到最大甲烷产率，并提高甲烷产量。Chan 等（2002）在采用干式沼气发酵工艺处理城市生活垃圾、污水厂污泥和海洋疏浚淤泥时，与没有渗滤液循环相比，渗滤液循环获得最大甲烷产率的时间缩短了 9d，甲烷产量增加了近 4 倍。另外，渗滤液循环对抑制物质（如 VFA 和氨）还具有洗脱效果。随着循环频率的增加，无论是连续还是间歇发酵，都会增加甲烷产量，因为物料均匀性增加，促进了产甲烷菌和营养物质之间的传质。尽管渗滤液循环在工程中应用广泛，对产气性能有积极的影响，但是渗滤液循环过多时也有负面影响，可能积累氨氮而产生抑制，特别是在处理高氮餐厨垃圾或市政垃圾时（Rocamora et al.，2020）。

1.3.3　温度

温度是影响微生物生长代谢的重要因素。温度显著影响微生物生长代谢速率。在沼气发酵过程中，不同微生物类群对温度的要求不同。对于产酸细菌，嗜中温菌最适生长温度为 25～35℃；对于产甲烷菌，嗜中温菌最适生长温度为 32～42℃，嗜高温菌最适生长温度为 48～55℃。在产甲烷阶段，大多数产甲烷菌为中温微生物，只有少部分为高温微生物，但是也有一些产甲烷菌能在较低的温度（0.6～1.2℃）条件下生长。相比中温产甲烷菌，嗜高温产甲烷菌对温度的变化更敏感，温度的变化会明显降低产甲烷菌的活性。

由于缺乏加热能源，很多湿式发酵沼气工程在常温下运行。而干式沼气发酵的进料浓度高，升温容易，因此，干式沼气发酵一般在中温或高温条件下运行。在高温条件下，微生物生长繁殖速度快，有机固体降解率高，处理负荷高，产气效率高，病原菌灭活率高，发酵残余物更容易实现液固分离，当发酵温度高于 55℃，物料停留时间大于 23h 时，无须采取额外的灭菌措施。但是，高温干式沼气发酵过程中，原料降解更快，容易导致 VFA 积累和 pH 降低，引起系统运行故障。另一方面，在总氨氮水平相同的条件下，高温发酵的游离氨（NH_3）浓度是中温发酵的 6 倍左右，更容易发生氨抑制，需要更精细的过程控制。再有，虽然高温发酵产气效率通常高于中温发酵，但是需要更多的加热能量才能达到并维持高温。由于中温发酵具有较高的稳定性和较低的能量需求，大多数干式沼气发酵工程采用中温发酵。当然，也有研究认为，高温发酵更具优势，高的产气量和产气速率可以抵消高温发酵所需的额外热量。

1.3.4　pH

发酵过程产生的乙酸、丙酸、丁酸等挥发性脂肪酸，释放的氨，溶解的碳酸都会影响发酵液的 pH。碳水化合物在水解酸化过程中产生的有机酸会降低发酵液的 pH，并且碳水化合物更易发生酸化，伴随还原性中间代谢产物的产生，氢气分压也更易升高。除此之外，沼气发酵过程中不断生成的 CO_2 除一部分作为沼气的成分排出外，还有一部分溶于发酵液中形成 H_2CO_3，增加了 H^+浓度，降低了发酵系统的 pH。

$$CO_2 + H_2O \rightleftharpoons H_2CO_3 \tag{1-20}$$

$$H_2CO_3 \rightleftharpoons H^+ + HCO_3^- \tag{1-21}$$

$$HCO_3^- \rightleftharpoons H^+ + CO_3^{2-} \tag{1-22}$$

但在含氮化合物的降解过程中，如蛋白质，因为会生成氨，又会使 pH 升高。

$$NH_3 + H_2O \rightleftharpoons NH_4^+ + OH^- \tag{1-23}$$

$$NH_3 + H^+ \rightleftharpoons NH_4^+ \tag{1-24}$$

以上两种缓冲体系基本可以使沼气发酵过程维持适宜的 pH，避免过度酸化和碱化现象的发生，但这也与进料物质的性质有关。

pH 影响酶的活性，每种酶都在特定和狭窄的 pH 范围内才具有活性，并有一个最佳 pH 范围。因此，在沼气发酵过程中 pH 是一个最重要的控制参数。适宜的 pH 是微生物正常生长的必要条件，超出一定的范围微生物就不能很好地生长。所以在沼气发酵过程中需要保持一定的酸碱度，pH 过高或过低都会影响微生物的活性，造成细胞活性丧失或死亡，不利于沼气发酵的正常进行。关于干式沼气发酵最适 pH 范围，很少有文献报道。现有的湿式沼气发酵最适 pH 范围可向干式沼气发酵类推，因为沼气发酵微生物转化过程相似。一般产酸细菌具有较宽的 pH 适应范围，而产甲烷菌的 pH 适应范围较窄。产酸细菌在 pH 为 4.5～8.0 的范围内都可以生长，对于产甲烷微生物，最适 pH 一般为 6.7～7.5，接近中性，只有甲烷八叠球菌属可以在 pH≤6.5 的条件下正常生长。

湿式沼气发酵的数据也不能代表干式沼气发酵的独特性，干式沼气发酵在高固体含量下运行，存在传质问题，不能有效混合。发酵系统不均匀会导致不同区域存在不同条件，在整体处于适宜 pH 时，可能存在局部区域 pH 不适宜，导致局部抑制。反之，整体 pH 不适宜时，可能局部区域处于适宜范围。

在沼气工程运行过程中，如果发酵系统的 pH 降低，应加以重视。发酵液 pH 的降低或沼气中 CO_2 的浓度升高，都表明发酵过程出现了问题。沼气发酵过程中乙酸、丙酸和丁酸等挥发性有机酸是重要的中间代谢产物，如果这些酸出现积累，会导致 pH 下降，其中丙酸转化速率最慢，因此丙酸的积累通常是系统失衡的标志。当出现酸化时，应采取停止进料、降低负荷、投加碱、重新启动等方式解决。

1.3.5 抑制物

抑制问题在干式和湿式沼气发酵系统都存在，但是干式沼气发酵系统更容易发生抑制，主要是因为干式沼气发酵系统进料浓度高及混合效果差，导致挥发性脂肪酸和氨等抑制物的积累。另一方面，抑制物在干式沼气发酵系统中扩散较差，通常影响局部，不会影响整个反应器，因此，干式沼气发酵系统对抑制具有更高的耐受性，可以在较高 VFA 浓度或氨氮浓度下运行（Rocamora et al.，2020）。

1. VFA

短链脂肪酸，也称为 VFA，是水解酸化过程中产生的中间化合物，是长链脂肪酸等更复杂化合物分解的产物。在沼气发酵过程中，发酵料液中存在的 VFA 主要是乙酸、丁酸和丙酸，它们通常在沼气发酵启动期或超负荷、受到抑制时积累。当 VFA 在水解酸化过程中产生的速度比产甲烷代谢速度快时，VFA 就会积累，导致 pH 下降，抑制产甲烷菌的活性。一般在乙酸浓度超过 2000mg/L 或者总 VFA 浓度超过 8000mg/L 时开始抑制。也有研究者认为，当乙酸浓度达到 5000mg/L 和丁酸浓度超过 3000mg/L 时出现 VFA 抑制（Kothari et al.，2014）。干式沼气发酵物料 TS 含量高、混合搅拌不足时，经常会导致固液传质效果差，在局部区域积累 VFA，产生局部抑制，但不影响整体产甲烷性能。扩散和传质效果差往往导致发酵过程的不稳定性，需要的反应时间较长。但是，也有研究者认为，在实际工程运行中，扩散和传质效果差使 VFA 与产甲烷菌接触缓慢，避免了 pH 低造成的冲击和抑制，因此干式沼气发酵可比湿式沼气发酵耐受更高的 VFA 浓度（Fagbohungbe et al.，2015）。

在序批式和连续式沼气干发酵系统都观察到 VFA 抑制影响。在序批式沼气干发酵系统中，VFA 浓度峰值出现在启动初期的水解和酸化过程；而在连续式沼气干发酵系统中，不能出现较高的 VFA 峰值，因为高浓度 VFA 积累会使整个系统彻底失败。缓解 VFA 积累的措施不尽相同。对于序批式沼气干发酵系统，最常见的解决方法是增加接种物与原料的比例，以及渗滤液循环。对于连续式沼气干发酵系统，主要是降低有机负荷，因为进料的减少有助于产甲烷菌消耗积累的 VFA（Rocamora et al.，2020）。

2. 氨

沼气发酵过程中的氨来源于含氮化合物的微生物降解，包括游离态的 NH_3 和离子态的 NH_4^+。一般地，游离态的 NH_3 对沼气发酵有抑制作用，高浓度的 NH_3 会对沼气发酵过程产生毒害作用。游离态的 NH_3 浓度超过 300～800mg/L 时具有抑制作用。铵（NH_4^+）的耐受性较高，为 1500～3000mg/L。也有研究认为，总氨氮浓度高于 4000mg/L 时没有抑制作用。氨抑制可能有两种机制：一是氨离子直接抑制甲烷合成酶；二是疏水 NH_3 被动扩散到细胞内引起质子不平衡或缺钾。游离态的 NH_3 和离子态的 NH_4^+ 在料液中的比例受其化学平衡、pH 和温度的影响，游离态的 NH_3 浓度随着 pH 和温度的增加而增加。温度越高，游离态的 NH_3 浓度越高，因此高温发酵过程更容易受到氨抑制。干式沼气发酵过程比湿式沼气发酵过程能耐受更高浓度的氨（Shapovalov et al.，2020）。

3. 硫化物

硫是微生物细胞合成必不可少的常量元素。原料中含有适量的硫，可促进微生物的生长。但是，如果硫过量则会对沼气发酵产生强烈的抑制作用。在发酵阶段、产酸阶段，硫化物浓度在 300mg/L 以内不会有影响；而在产甲烷阶段，硫化物浓度大于 80mg/L 就有抑制影响，150～200mg/L 时抑制十分明显。硫的其他形式化合物对沼气发酵也有抑制作用，例如，SO_2 浓度大于 40mg/L 则可使细菌或产甲烷细菌的数量大量减少，产气量下降。SO_4^{2-} 浓度达到 5000mg/L 以上，将对沼气发酵产生明显的抑制。投加某些金属（如铁）去除 S^{2-}，会使硫化物的抑制作用有所缓解。通过吹脱消化液中 H_2S，可以减轻硫化物的抑制作用。

第2章　干式沼气发酵工艺

2.1　干式沼气发酵定义及特点

沼气发酵工艺类型主要根据进料总固体（TS）含量划分，一些研究者将进料TS含量15%作为分界线，低于15%为湿式发酵，高于15%为干式发酵（André et al.，2018）。也有一些研究者以进料TS含量20%作为分界线，将沼气发酵分为湿式（TS含量＜10%）、半干式（TS含量为10%～20%）和干式（TS含量＞20%）（Bolzonella et al.，2003），本书将进料TS含量大于等于20%的沼气发酵称为干式沼气发酵或干式厌氧消化（简称干发酵）。

干发酵具有以下优点：

（1）不用或少用稀释水，干发酵所需的稀释水量只有湿发酵的1/10～1/4；

（2）基本不用预处理或者预处理相对简单，能耐受石块、玻璃、金属、塑料和木屑等杂质，可简化预处理分选单元；

（3）减少原料加热升温能耗；

（4）有机负荷高，产气效率高，容积产气率最高可达到6$m^3/(m^3 \cdot d)$；

（5）产生的沼液少，可减轻沼液还田的负担；

（6）沼渣多，有利于生产固态有机肥；

（7）发酵过程泡沫少。

但是，干发酵也存在以下缺陷：

（1）固态原料需要用车辆运输，相对液态原料利用重力自流输送，车辆运输的费用更高；

（2）进料系统对设备要求较高；

（3）底物浓度高，传热传质困难，需要高性能混合搅拌设备；

（4）局部容易发生抑制或发酵不彻底；

（5）需要大量接种厌氧污泥。

2.2　沼气发酵工艺参数

2.2.1　原料产气率

原料产气率，又称沼气产率或甲烷产率，表示单位质量发酵原料在一定温度、一定发酵时间内的沼气或甲烷产量。悬浮物含量较高的原料常用单位质量总固体产气率（m^3/kg TS）或单位质量挥发性固体产气率（m^3/kg VS）表示，本书除特别注明外，指原料沼气或甲烷产率。原料产气率还有进料（投加）产气率和去除产气率之分，本书除特别注明外，均指进料的原料产气率。对于同一类发酵原料，不同文献介绍的原料产气率数值有很大差异，主要是因为原料产气率通常有理论值、实验值和生产经验值。有的文献介绍原料产气率时，没有很好区分。1g 碳水化合物、脂类、蛋白质完全消化后，原料产气率理论值分别为 0.37L CH_4、1.04L CH_4、0.49L CH_4。由于一部分沼气会溶解于水中，一部分原料用于微生物的合成，实际沼气/甲烷产气率比理论值小。实验值是在实验室测得的最大原料产气率，一般为理论值的 70%左右。生产经验值是根据生产规模沼气工程实际进料质量和产气量计算得出的原料产气率。沼气产量评估、沼气工程设计一般采用生产经验值。

2.2.2　水力停留时间

水力停留时间指进料在沼气发酵装置内的平均停留时间，也就是原料与沼气发酵装置内微生物作用的平均反应时间。HRT 可按式（2-1）计算：

$$t = \frac{V}{Q} \tag{2-1}$$

式中，t 表示水力停留时间，d；V 表示沼气发酵装置容积，m^3；Q 表示进入沼气发酵装置的原料量，m^3/d。

2.2.3　容积有机负荷

容积有机负荷表示单位容积沼气发酵装置在单位时间内保证一定处理效果条件下所能承受原料中有机物的量，可按式（2-2）计算：

$$N_v = \frac{QS_0}{V} \tag{2-2}$$

式中，N_v 表示容积有机负荷，kg $VS/(m^3 \cdot d)$ 或 kg $TS/(m^3 \cdot d)$；V 表示沼气发酵装置容积，m^3；Q 表示进入沼气发酵装置的原料量，m^3/d；S_0 表示原料浓度，kg VS/m^3 或 kg TS/m^3。

2.2.4　容积产气率

容积产气率是指在一定温度条件下，单位容积沼气发酵装置在单位时间内的产气量（沼气或甲烷产量），是评价沼气发酵装置的重要指标。本书除特别注明外，容积产气率均指容积产沼气率。容积产气率受发酵装置规模、原料种类、进料负荷和发酵温度等因素的影响，可按式（2-3）计算：

$$R_p = \frac{P_b}{V} \tag{2-3}$$

式中，R_p 表示容积产气率，$m^3/(m^3 \cdot d)$；P_b 表示沼气产量，m^3/d；V 表示沼气发酵装置容积，m^3。

2.2.5　沼气发酵装置容积确定

1. 根据容积有机负荷计算

以废弃物处理为主要目标时，往往根据容积有机负荷[式（2-4）]计算沼气发酵装置容积：

$$V = \frac{QS_0}{N_v} \tag{2-4}$$

式中符号含义同式（2-2）。

2. 根据容积产气率计算

在规划、设计沼气工程时，业主与技术人员更关注容积产气率，常常采用容积产气率[式（2-5）]计算沼气发酵装置容积：

$$V = \frac{P_b}{R_p} \tag{2-5}$$

式中符号含义同式（2-3）。

2.3　干式沼气发酵系统组成

2.3.1　进料单元

不同于湿式发酵系统，干式发酵系统，特别是连续式干发酵对于原料输送的要求更高，主要是因为干发酵原料含固率和黏度更高，预处理、混合与进料方式都与湿式发酵系统不同。在湿式发酵系统中，可以使用廉价的设备完成进料。然而，对于干式发酵系统，需要昂贵、耐用的进料设备，如输送带、螺杆泵和强力输送泵等。

对于序批式干发酵工艺，原料的输送可以采用常规的装载车辆，通常采用铲车输送固态原料。对于连续式干发酵工艺，通常使用带底部刮料机、顶部推送机和螺旋输送机的自动进料系统。底部刮料机和顶部推送机可以水平或向上输送固态物料。螺旋输送机可以从任何方向输送物料，但物料中不能有大石块，需要将物料粉碎到螺杆可以抓起的程度。固态原料的自动进料系统通常与装载设备结合起来形成沼气工程的进料单元。进料单元主要有柱塞式给料机与螺旋输送机两种。

1. 柱塞式给料机进料

柱塞式给料机采用液压动力，通过一侧的开口将原料直接压到沼气发酵罐底部，原料浸没在液态物料中，可降低浮渣形成的风险。进料系统直接连接接收仓或安装在接收仓下面。柱塞式给料机进料系统的优点是可靠性好、不易堵塞，但是进料系统构造复杂、设备昂贵、能耗较高、容易磨损、需要经常维护。图 2-1 为柱塞式给料机示意图和实物照片。

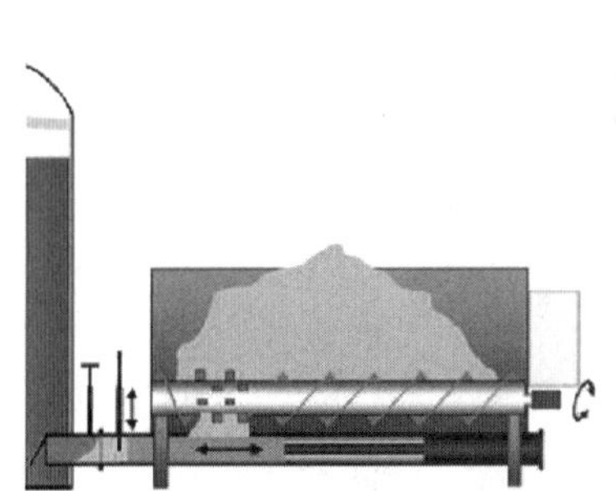

图 2-1　柱塞式给料机示意图及实物照片（来源：PlanET Biogastechnik GmbH）

2. 螺旋输送机进料

当使用螺旋输送机进料时，变距螺旋将原料推到沼气发酵罐液面以下的位置，以保证产生的沼气不会通过螺旋逸出。最简单的方法是将进料单元置于比沼气发酵罐液面更高的位置，从而只需要一级螺旋输送机进行进料（图 2-2）；如果进料单元比沼气发酵罐液面低，则需要多级螺旋输送机进行进料（图 2-3）。螺旋输送机可以在任意角度从配料仓中取料，配料仓自身可带粉碎工具。配料仓容积最小 $10m^3$，最大可达 $400m^3$。螺旋输送机进料具有设备简单、技术可靠的优点，但设备磨损率较高，多用于卧式干发酵反应器的进料，也可用于立式干发酵反应器的进料。

图 2-2　一级螺旋输送机进料（来源：湖北绿鑫生态科技有限公司）

图 2-3　多级螺旋输送机进料（来源：Eisenmann Anlagenbau GmbH）

2.3.2　发酵单元

发酵单元既可采用序批式干发酵工艺，也可采用连续式干发酵工艺。序批式干发酵工艺主要用于 TS 含量 25%以上的原料，适应物料粒度范围大，要求物料通透性好。连续式干发酵工艺主要用于 TS 含量 15%～25%且比较黏稠的原料。

1. 序批式干发酵工艺

序批式干发酵在规定时间间隔内进料，发酵过程完成后，清空发酵装置（发酵仓）。由于单个发酵仓的沼气发酵过程存在产气峰值，沼气输出曲线呈抛物线。实际应用中往往采用多个发酵仓并联运行，依次分批进料和清空，以避免产气不稳定，再通过储气柜缓冲就可以保持稳定供气。序批式干发酵工艺进料 TS 含量一般在 25%以上，单个发酵仓的发酵周期为 20～30d，工程上往往采用车库式发酵装置。

在序批式干发酵装置运行期间，很难直接进行过程控制，工艺优化受到限制，因此，启动阶段的管理尤为重要。主要通过接种高活性污泥、新鲜原料与接种物充分混合、渗滤液回流等措施进行调控。虽然接种污泥占用发酵仓有效体积，但是为了防止启动过程不可逆的酸化，接种量必须足够大。再次启动过程中，持续的渗滤液回流会增加酸化风险，从而降低甲烷产量，甚至导致发酵失败。因此要求渗滤液循环泵间歇式运行（Momayez et al.，2019）。

序批式干发酵工艺具有以下优势：

（1）结构简单粗放；

（2）原料预处理简单甚至不需要预处理；

（3）工程投资比连续式干发酵工艺低 40%左右，运行成本低。

序批式干发酵工艺存在以下缺点：

（1）产气不均衡，需要建设多套装置；

（2）渗滤液管道堵塞使一些区域得不到喷淋，会导致水分、微生物分布不均，传质受限；

（3）容易泄漏沼气，密封要求高，打开发酵仓重新启动时会损失部分沼气；

（4）物料容易结块，通常需要添加辅料；

（5）清空操作时存在窒息、爆炸等安全风险；

（6）有机负荷和产气率较低；

（7）占地面积较大（类似于好氧堆肥），大约是连续式发酵工艺的10倍。

序批式干发酵系统并没有得到大面积推广应用，但是在发展中国家、欠发达地区仍然有一些应用需求，也适合分散处理村镇有机垃圾。

典型的序批式干发酵工艺有Loock、BEKON和BIOferm等3种类型。

1）Loock干发酵工艺

Loock干发酵工艺是车库式干发酵工艺的一种。Loock干发酵工艺主要包括投料、预好氧处理、启动、沼气发酵和发酵完成等阶段（图2-4）。

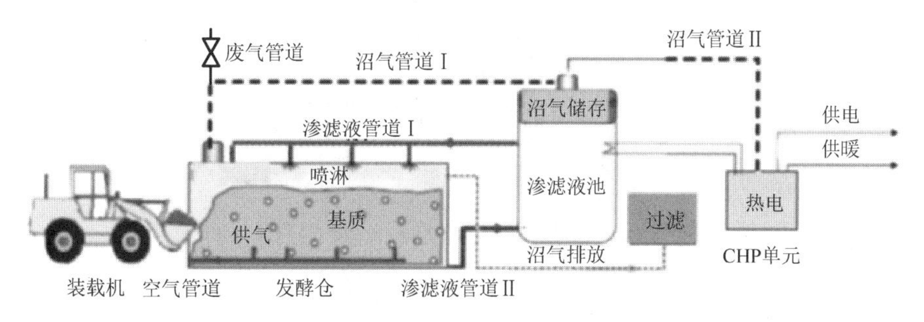

图2-4　Loock序批式干发酵系统示意图（李超等，2012）

注：CHP指热电联供系统。

投料/预好氧处理阶段：采用装载机将物料输送至车库式发酵仓。通过底部空气管向物料内通入空气，物料进行好氧发酵，利用好氧发酵释放的热量提高物料温度，有利于沼气发酵的启动与运行。产生的废气经过除臭处理后直接排出车库外。此阶段沼气管道Ⅰ和渗滤液管道Ⅰ、Ⅱ处于关闭状态。

启动阶段：停止通入空气，并启动渗滤液循环系统。水解产生的酸经过厌氧微生物的作用转化为沼气，持续产生的废气经过除臭处理后排放。此阶段空气管道处于关闭状态，渗滤液管道Ⅰ和Ⅱ启动，沼气管道Ⅰ仍处于关闭状态，废气管道处于开启状态。

沼气发酵阶段：当发酵仓产生的沼气中甲烷含量达到要求后，关闭废气管道，开启沼气管道。随着有机物转化和沼气的产生，甲烷含量逐步上升，最高可达80%。当沼气产量达到最大值后，有机物降解速率逐步减缓。在此阶段，渗滤液管道Ⅰ、Ⅱ和空气管道的状态与启动阶段相同。

发酵完成阶段：停止喷淋循环系统运行并排空渗滤液，向发酵仓内强制通入空气，迅速停止甲烷产生并降低发酵仓内甲烷浓度。在此阶段，关闭沼气管道Ⅰ和渗滤液管道Ⅰ，渗滤液管道Ⅱ仍处于开启状态，空气管道和废气管道处于开启状态。当仓内气体中甲烷浓度低于1%时，开启仓门，打开排气风机并始终保持工作状态，利用铲车将发酵残余物清空。

2）BEKON 干发酵工艺

BEKON 干发酵系统是一套带有密封门的矩形发酵池，类似车库，因此称为车库式干发酵工艺。首先，将有机废弃物装入车库式发酵池，旧的发酵残余物与新鲜原料混合，然后关上密封门。在发酵过程中，没有进料也没有出料。在发酵池顶部设有喷淋装置用于喷淋渗滤液。渗滤液以液滴形式下渗通过发酵物料，排入发酵池底部集液池。用泵将收集的渗滤液喷淋到发酵原料上面（图 2-5）。在发酵结束前几天停止渗滤液循环喷淋，以便发酵物料脱水。BEKON 干发酵工艺进料 TS 含量高达 25%以上，典型的单室单次沼气发酵周期为 20～30d，单室沼气发酵曲线为抛物线，存在产气峰值，沼气输出量呈波浪形变化，产气不稳定。多室系统可以避免单室单次沼气发酵产气不稳定的问题，调控好各室发酵顺序和周期，可以实现稳定产气。

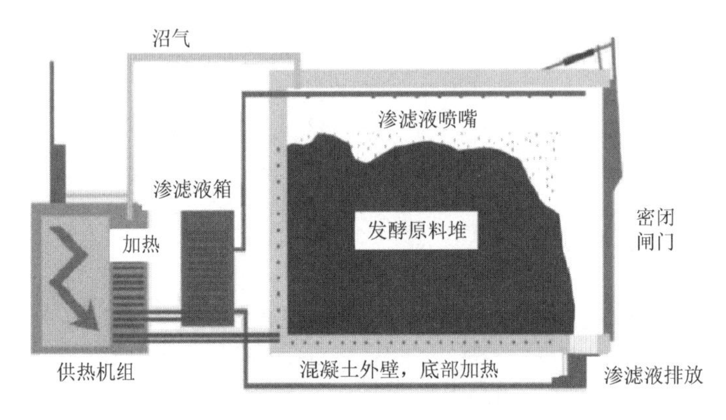

图 2-5　BEKON 干发酵系统示意图

车库式干发酵工艺的优点是发酵池结构简单，一般建于地面上，呈车库型，为不透气的混凝土结构，底部采用地暖管升温，土建费用低；运行过程不受杂质（如塑料、木块、沙石等）的影响，可以使用相对比较粗放的物料，能直接处理城市垃圾或作物秸秆等高固体含量的有机物，简化了物料预处理过程，无须人力和设备筛分，极大降低了工程造价和运行成本；发酵池中没有搅拌器等运动部件，系统可靠性高；发酵池为模块化结构，容易实现扩展和规模化推广应用，适用于年产沼气 100 万 m^3 以上的大型沼气工程；使用装载机进料、出料，设备通用性强，利用效率高；能耗低，冬季加温仅耗用自身产生能量的 5%，而湿式发酵需要耗用自身产生能量的 20%～40%。然而，为了保证序批式生产过程稳定、连续产气，车库式干发酵需要多个发酵单元依次启动运行，生产周期容易出现空档；启动过程必须大量接种上一批发酵残余物，占用有效空间，导致新鲜原料处理量减少，并且不能对发酵过程进行有效调控（Momayez et al.，2019）。

3）BIOferm 干发酵工艺

BIOferm 干发酵工艺与 BEKON 工艺基本相同，也属于车库式干发酵工艺。BIOferm 序批式干发酵系统的发酵仓为不透气的混凝土结构，底部敷设地暖管，利用发电余热加热地暖管中循环水，也可对循环渗滤液进行加热（图 2-6）。与 BEKON 工艺不同的是，BEKON 系统有高温和中温两种发酵工艺，而 BIOferm 系统只有中温发酵工艺。BIOferm

系统主要适用于含水率低于 75%的有机固体废弃物。该工艺的主要特点是原料投加到发酵仓后不需要搅拌或翻抛，也不需要补充水，并且原料在进入发酵仓前不需要做任何预处理。

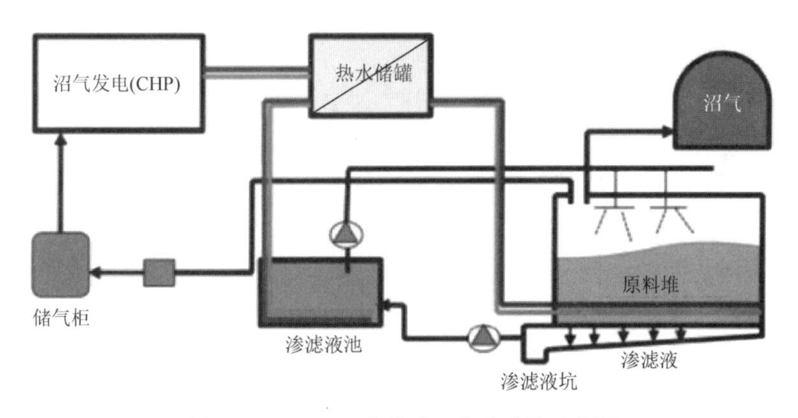

图 2-6　BIOferm 序批式干发酵系统示意图

BIOferm 干发酵工艺进料 TS 含量一般为 25%～35%，平均发酵时间 28d，渗滤液通过喷淋作为接种物。

在实际工程运行中，序批式干发酵工艺还存在以下问题，需要在设计和运行中加以考虑（李超等，2012）。

（1）渗滤液回流与喷淋。序批式干发酵工艺一般配有喷淋系统用于渗滤液回流与喷淋，以解决物料与微生物之间传质的问题。渗滤液回流和喷淋系统需要精心考虑溢流槽和喷淋点的分布、喷淋液浓度等。由于渗滤液黏度较大，含有各种厌氧微生物，无法进行喷雾，只能液滴喷淋。采用渗滤液回流喷淋虽然可以在一段时间内促进菌种与物料的充分混合，但运行一段时间后，喷淋装置下部物料接受液滴处容易形成沟流，影响物料与菌种的混合和反应。因此，进行喷淋系统设计时，喷淋点应均匀分布，尽可能减少沟流的产生。

（2）多仓模块化设计与稳定性。在序批式干发酵过程中，物料本身存在严重的浓度梯度，传热、传质困难，物料 pH、反应温度等关键参数难以控制，物料均一性和过程稳定性较差。只有通过喷淋来调控发酵系统的稳定性。多仓分批进料能实现稳定供气，需要精心设计各发酵仓的发酵时间、进料次序和进料时间，并根据物料特性、工艺条件进行统筹考虑。

（3）密封系统及其安全问题。在发酵初期与发酵结束阶段，当发酵仓内空气中甲烷含量达到 5%～15%（爆炸极限）时，会存在较大的安全隐患，需要可靠的自动控制系统和安全报警系统。车库式干发酵仓为刚性结构，在沼气发酵产气期结束时，需要用二氧化碳、空气等非可燃气体置换车库中残余沼气。发酵系统密封门一般采用液压驱动、气密性较好的不锈钢门，密封门与发酵仓之间通过膨胀力密封。在密封门被打开之前，密封垫内的空气应提前释放，以保证密封门和驱动装置不受到任何损害。工程设计建造中，需要考虑密封材料、驱动系统及密封结构的选用，设计密封门的大小时，应考虑进出物料装载机的实际工作空间。

2. 连续式干发酵工艺

在连续式干发酵系统中，新原料定期进到厌氧反应器中，同时排出等量的发酵残余物。原料中的杂物可能会降低系统的效率，如损坏进料、搅拌设备，甚至可能导致整个系统瘫痪。

完全混合式厌氧反应器、Dranco、Kompogas、Strabag、Eisenmann 和 Valorga 系统是市场上常见的连续式干发酵工艺。

1）完全混合式厌氧反应器

完全混合式厌氧反应器，简称完全混合式反应器，又称连续搅拌釜式反应器（continuous stirred tank reactor，CSTR），是在常规厌氧反应器内安装搅拌器，使发酵原料与厌氧活性污泥有效混合。在沼气发酵反应器内，由于搅拌作用，新进入原料与反应器内发酵料液快速混合，使发酵底物浓度基本均匀。该工艺具有完全混合的流态，其水力停留时间、污泥停留时间、微生物停留时间几乎完全相等，为了使生长缓慢的产甲烷菌的增殖和排出速度保持平衡，要求水力停留时间较长。一般采用立式发酵罐，完全混合式湿发酵反应器高度一般为 6～20m，高径比宜为 0.3～1.0；完全混合式干发酵反应器高度 6～8m，直径 18～36m，高径比 0.2～0.4。完全混合式干发酵反应器与完全混合式湿发酵反应器的不同点在于进料 TS 含量及发酵料液 TS 含量不同，完全混合式湿发酵反应器进料 TS 含量为 8%～10%，发酵料液 TS 含量为 3%～6%；而完全混合式干发酵反应器进料 TS 含量可达 35%，发酵料液 TS 含量达 15%～18%。相应地，采用的搅拌方式也有所不同，完全混合式湿发酵反应器可采用水力搅拌、沼气搅拌和机械搅拌，其中机械搅拌设备主要有潜水搅拌器、倾斜轴桨式搅拌器、垂直桨式搅拌器等。完全混合式干发酵反应器一般采用功率较大的机械搅拌设备，如巨型桨叶式搅拌器等（图 2-7）。完全混合式反应器技术比较成熟，抗冲击负荷能力强，适应面广，应用灵活，既可用于干发酵，也可用于湿式发酵。但是，完全混合式反应器需要较多的搅拌器，装机功率较大，不适合处理 TS 含量太高（大于 35%）的原料。

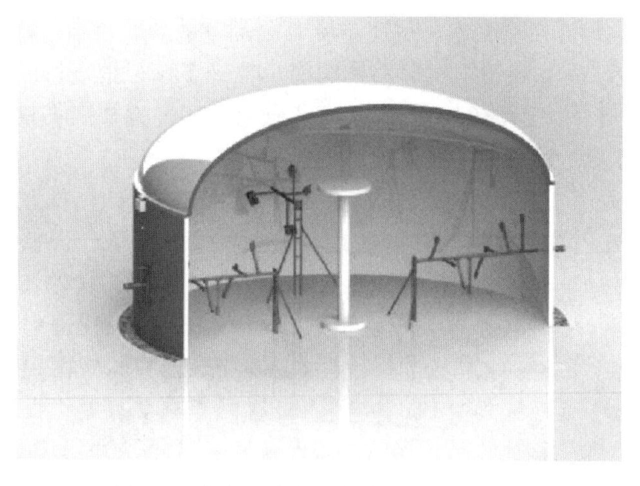

图 2-7　完全混合式干发酵反应器示意图

2）Dranco 工艺

Dranco 工艺是比利时 Dranco 公司开发的有机废弃物处理系统。Dranco 工艺主要包括混料罐和立式筒仓型推流式厌氧反应器。经前处理后的原料与回流的发酵残余物（沼渣）首先在混料罐内混合，之后输送至厌氧反应器顶部，采用上进下出的方式进出料。回流的发酵残余物与新鲜原料的混合比例一般为 6∶1。Dranco 工艺的关键点在于将大量的发酵残余物重新回流至厌氧反应器内进行二次发酵，通过回流对新鲜原料进行接种，延长了原料在厌氧反应器内的停留时间。物料混合和传质过程在厌氧反应器外部混料罐内进行，厌氧反应器内不需要搅拌混合装置。进料 TS 含量可达 20%～40%，HRT 为 15～30d，一般在高温（55～60℃）下运行。尽管该工艺在厌氧反应器没有转动装置，但由于回流沼渣占用空间，限制了新鲜原料的处理量（图 2-8）。

3）Kompogas 工艺

Kompogas 由瑞士 Schmidof Glattbrugg 公司开发，干发酵系统由平推流圆柱形厌氧反应器和缓慢旋转的轴向搅拌器组成。采用转子泵进料，利用水平长轴搅拌器对物料进行混合，搅拌器不仅带动原料从进料口移动到出料口，增强原料与厌氧微生物之间的传质，而且使颗粒物料处于悬浮状态，可促进沼气释放。将原料与回收的残余物混合，使厌氧反应器中有充足的厌氧微生物。通过搅拌器完成物料的推流出料。Kompogas 工艺进料 TS 含量为 23%～28%，HRT 为 15～20d，通常采用高温发酵。当进料 TS 含量较低时，砂石、玻璃等颗粒物会在反应器中沉淀；当进料 TS 含量太高时，影响物料混合。该技术具有产气均匀、运行可靠性高的优点。然而，反应器内有运动部件，维修困难；搅拌器混合黏性固体时，能耗较高（图 2-9）。

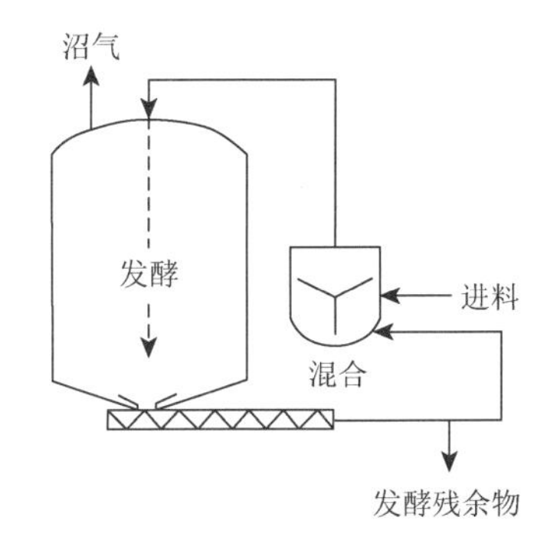

图 2-8　Dranco 连续式干发酵系统示意图

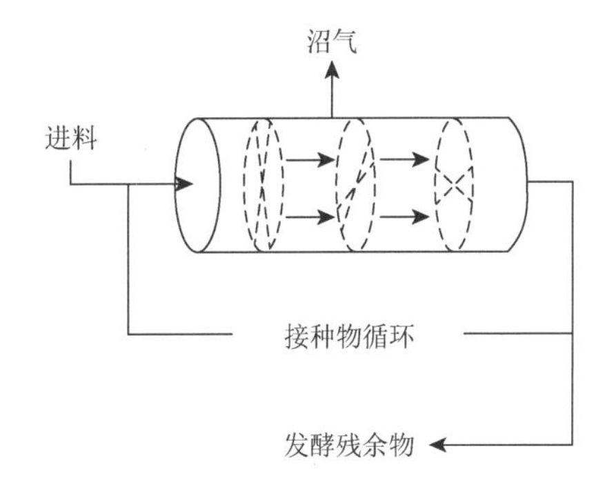

图 2-9　Kompogas 连续式干发酵系统示意图

4）Strabag 工艺

Strabag 工艺与 Kompogas 工艺类似，差异在混合搅拌的方式。Strabag 工艺的混合搅拌采用几个横向短轴桨式搅拌器。发酵原料由螺旋输送机送入平推流厌氧反应器。反应器配有横向桨式搅拌器，以防止形成浮渣层和沉渣层，并促进沼气释放。桨式搅拌器重叠布置，有利于局部混合。利用耐磨真空排料系统排出发酵残余物。发酵残余物脱水采用两级卧式螺旋离心机或螺旋挤压机（图 2-10）。与完全混合式厌氧反应器相比，Strabag 系统的优点是水力停留时间短，有机负荷高，适应原料灵活，可以处理 TS 含量为 15%～

45%的发酵原料，进料 TS 含量甚至高达 50%（Shapovalov et al.，2020），但是需要较多的搅拌器，装机功率较大，能耗较高。

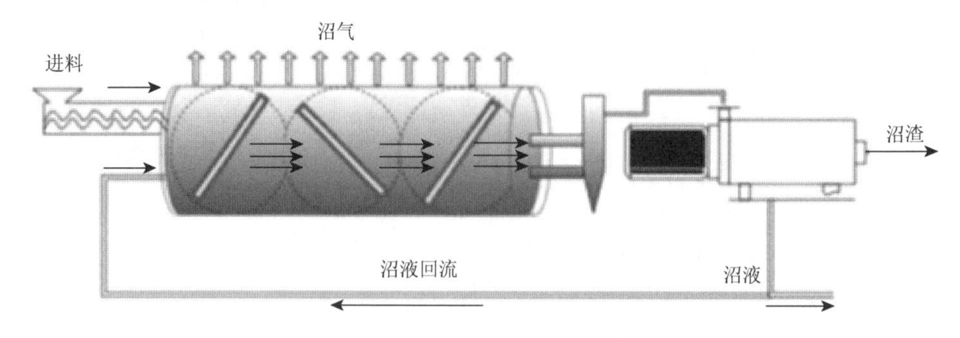

图 2-10　Strabag 连续式干发酵系统示意图

5）Eisenmann 工艺

Eisenmann 系统是一种方形或圆柱形平推流厌氧反应器，厌氧反应器与 Kompogas 和 Strabag 系统类似。主反应器采用钢结构、预制或现浇钢筋混凝土结构，并敷设保温隔热层，设有检修门。池壁敷设换热管，可以采用热水或水蒸气加热。顶部采用高分子膜顶或混凝土顶，安装有水平搅拌器，装有过压/低压预警测量、温度探头、观察视窗、液位探头、压力探头等。可以采用两级组合，第一级反应器的出料通过垂直搅拌槽排出，第二级反应器顶部安装双膜气柜用于储存沼气。用泵将消化好的残余物从第二级反应器输送至残余物储存池，然后再用作肥料（图 2-11）。沼气产率高达 5.4Nm^3/(m^3·d)，相较于湿式发酵，有机负荷可提高 3～4 倍（Momayez et al.，2019）。

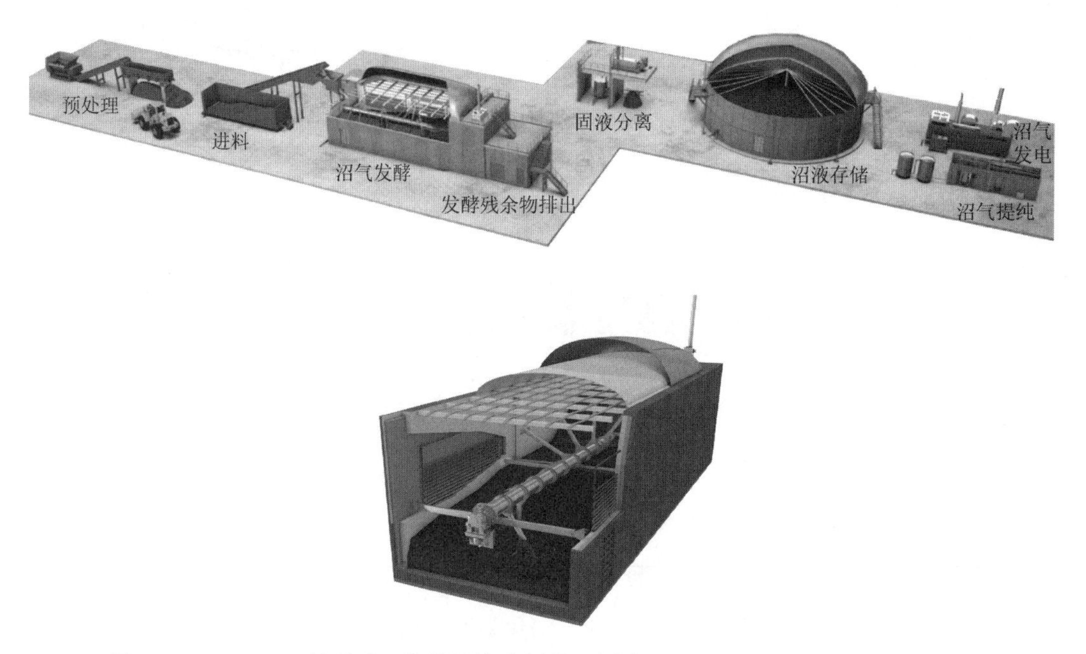

图 2-11　Eisenmann 连续式干发酵系统示意图（来源：Eisenmann Anlagenbau GmbH）

6）Valorga 工艺

Valorga 系统为立式厌氧反应器，在反应器内大约三分之二直径处设置垂直的中间隔板。Valorga 发酵设备大多数用于处理有机固体废弃物和一些难以降解的生活垃圾。分类、筛选的物料与回流的发酵残余物混合，调节含固率到 30%左右，然后输送至反应器内。原料从隔板的一侧移动到另一侧，物料在圆柱形反应器中进行环状推流。采用高压沼气搅拌，位于反应器底部的内部喷嘴喷出高压沼气，沼气穿过高固体含量物料，达到有效的局部混合，并防止反应器内相分离。每 15min 喷射沼气一次，可达到良好的混合效果，不用发酵残余物回流（图 2-12）。Valorga 工艺进料 TS 含量为 25%～30%，HRT 为 18～25d，高温发酵。该工艺的优点是反应器内部没有机械设备。主要的缺点是沼气喷射器可能会堵塞，需要去除粒度大于 80mm 的颗粒物；维护要求高；不适合用于 TS 含量低于 20%、相对较湿的有机废弃物，因为固体颗粒有可能聚集在反应器底部并堵塞喷射器；沼气加压的能耗较高（Momayez et al.，2019）。

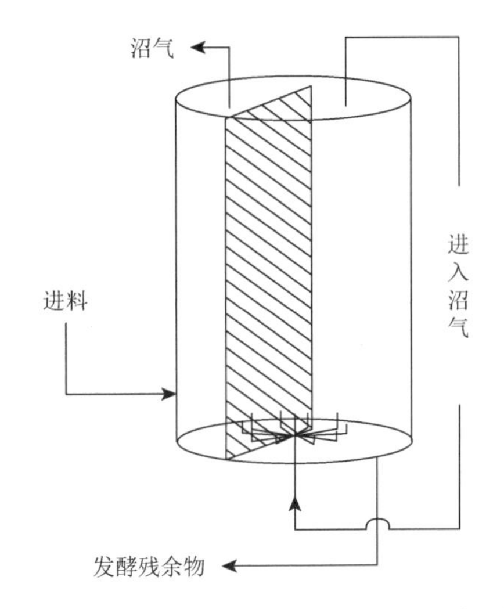

图 2-12　Valorga 连续式干发酵系统示意图

3. 多级干式发酵工艺

将原料转化为沼气的过程需要通过一系列生化反应，每步生化反应要求的最佳条件并不相同。因此，如果采用多相反应器使每步反应都在最佳条件下进行，有望提高整个沼气发酵过程的反应速率和产气效率。可将产酸相和产甲烷相分离构成两相反应器，并使两相均处于最优运行条件，进而提高发酵效率。一般通过微生物淋滤形成产酸相，淋滤过程还可以调节有机负荷、氧气含量，改变反应器构造等，为了抑制微生物淋滤过程产甲烷，可向产酸相中通入微量氧气，营造微好氧环境，加速产酸过程。同时，淋滤产生的渗滤液中含有大量有机酸，再泵入升流式厌氧污泥床（upflow anaerobic sludge blanket，UASB）反应器内进行高效发酵。两相反应器的第一相主要用于有机物的水解和酸化，其反应速率的限制步骤为纤维素、半纤维素等大分子物质的水解，而第二相主要进行乙酸化和甲烷化过程，产甲烷菌生长速率较慢是其限制步骤。

相对于单相沼气发酵反应器，两相系统除了能提高整体反应速率外，还能维持较高的微生物稳定性，尤其是处理易降解、不稳定原料（如易降解的餐厨垃圾）时。但是，由于两相厌氧消化系统构造复杂、初次投资成本较高，在工程应用中仍然倾向于采用技术上更为简单的单相工艺。多级干发酵工艺的应用仅占目前工程的10%左右（de Baere，2000）。当处理易降解原料时，则采用控制负荷、共发酵等方式提升系统的稳定性。两相系统根据第二相有无微生物截留可分为无截留和有截留两类，存在抑制物时，第二相采用微生物截留方式有利于保持稳定的消化性能。

1）无截留的两相系统

最早使用的是无截留两相系统。一种形式是将两个完全混合式反应器串联，每个反应器都可作为单独的单相消化系统；另外一种形式是两个推流式反应器串联，可以按“湿-湿”方式运行，也可以按“干-干”方式运行。总体来讲，无截留的两相系统在产气率和容积负荷等方面与单相系统没有明显区别。两相系统对冲击负荷的缓冲作用主要体现在处理易降解餐厨垃圾，因为这类有机垃圾厌氧消化的限制性步骤不是水解酸化，而是甲烷化。

2）有截留的两相系统

为了提高两相系统的反应效率，以及抗冲击负荷和抗抑制的能力，有必要提高第二相（产甲烷段）的产甲烷菌浓度，通常有两种途径：一是固液分离，将水力停留时间和固体停留时间分离，延长固体停留时间，通常采用内置沉淀装置的接触反应器，或者采用膜系统将微生物拦截，使其保留在系统中。二是在第二相中，设置能提供微生物附着生长的填料，提高反应器内的生物量。要求进入反应器的物料中颗粒物含量较低，原料经过第一相的水解后，需要去除其中的颗粒物（图2-13）。

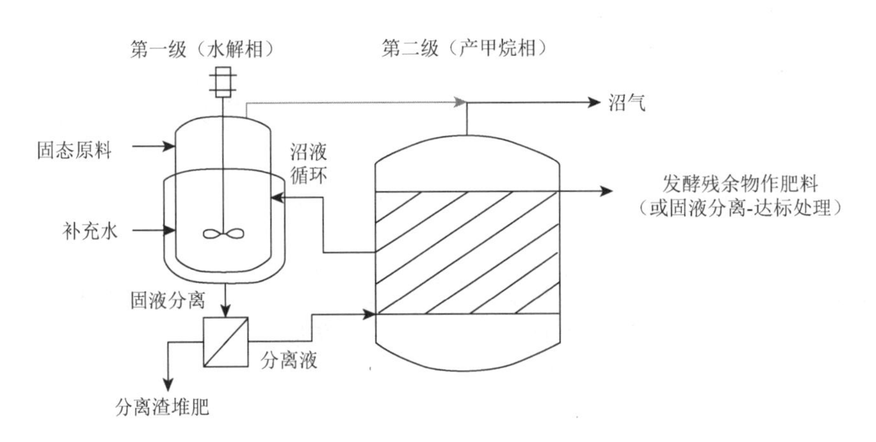

图2-13　典型的两级厌氧消化系统示意图（Martin et al.，2003）

Biopercolat工艺是一种有截留的多级干发酵工艺，第一级是液化/水解反应器，第二级是产甲烷反应器，通常采用UASB或有填料的反应器。水解在水解反应器进行，同时还可采用微曝气。第二级在水力停留时间7d条件下实现完全消化。多级干发酵工艺的有机负荷高，例如，Biopercolat工艺的有机负荷（organic loading rate，OLR）可达15kg VS/(m^3·d)，微生物停留时间长，使产甲烷菌对高氨浓度具有较强抵抗力（Kothari et al.，2014）。

不同干发酵工艺各有其适用条件、优势和缺陷，几种干发酵工艺性能的对比见表 2-1。

表 2-1　几种干发酵工艺比较（Rocamora et al.，2020）

工艺	物料流态	发酵温度/℃	TS 含量/%	HRT/d	OLR/[kg VS/(m³·d)]	VS 去除率/%	甲烷产率*/(m³/kg VS)
Dranco	↓	50～55	20～40	20	10～15	40～70	0.21～0.30
Kompogas	→	55	30	29	4.3	60～70	0.39～0.58
Valorga	↑↓	37～55	36～60	20～33	10～15	60～65	0.21～0.30
BEKON	→	40～55	40	28～35		65～70	0.17～0.37
BIOferm	→	37	25	28		50～55	0.21～0.35

* 处理市政有机垃圾，这里是指去除产气率。

2.3.3　发酵系统加热

干发酵系统的加热方式主要有加热枪、盘管热水循环、蒸汽加热等。加热枪加热以中央供热系统为核心，将一系列加热枪插入容器内对物料进行加热。这种方式中，加热设备容易损坏，换热面积小，多用于单轴卧式沼气发酵罐的加热。盘管热水循环加热是将盘管嵌入沼气发酵罐罐壁和底板内或者罐壁和底板表面（图 2-14）。盘管热水循环换热效率高，换热面积大，对入口温度要求较低，沼气发酵罐内没有机械加热设施，没有机械损坏的风险，多用于多轴卧式沼气发酵罐的加热。蒸汽加热是在物料再循环过程中用蒸汽对物料进行额外的加热，沼气发酵罐内部无加热设备，没有机械损坏的风险，但是必须生产蒸汽，运行操作要求高，如果加热时间过短，会造成一定程度热能浪费，多用于立式沼气发酵罐的加热（施振华等，2018）。也有采用搅拌器换热管加热，多用于卧式沼气发酵罐加热。

图 2-14　罐壁盘管热水循环加热（来源：Thöni Industriebetriebe GmbH）

2.3.4 发酵系统混合搅拌

有效的混合搅拌对保持高效沼气生产和运行稳定至关重要，搅拌混合不畅往往导致过程发酵抑制和产气效率降低。搅拌可以促进微生物和底物的接触，均化反应物料和温度，提高反应速率和甲烷产率。另外，搅拌还能防止浮渣与沉渣层的形成。

干发酵系统混合可分为反应器内和反应器外混合。搅拌方式主要分为机械搅拌与流体回流搅拌两大类。机械搅拌又分为单轴式、多轴式和巨型桨式机械搅拌等多种类型。流体回流搅拌分为高压沼气回流与物料回流循环搅拌两种类型。

1. 单轴式机械搅拌器

单轴式机械搅拌器为单个纵向（轴向）搅拌器，配有数个桨。该搅拌系统只配一台电机，因此总装机功率较低，但也具有以下不足：只有一台电机，无备用，电机故障会停止搅拌；搅拌器只有一根长轴，扭矩过大的情况下有断裂的风险；在沼气发酵反应器内部分区域不能有效混合，导致混合不均匀（施振华等，2018）。采用单轴式机械搅拌器的主要有 Kompogas、Eisenmann 系统。而且，Eisenmann 搅拌器采用浮动式，搅拌器漂浮在物料上，只有沼气发酵罐清空时才需要支撑，支撑可从外部调节，密封和轴承系统可从外部触及并更换，罐内没有轴承（图 2-15）。

图 2-15　Eisenmann 长轴搅拌器（来源：Eisenmann Anlagenbau GmbH）

2. 多轴式机械搅拌器

多轴式机械搅拌器（图 2-16）为横向搅拌器，每个搅拌器配有数个桨叶。多轴式机械搅拌系统具有如下优点：沼气发酵反应器几乎没有长度限制，因为搅拌器的轴是垂直于反应器物料流动方向，不会过长；电机与搅拌器一一对应，因此一个搅拌器发生故障不会影响整体运行，稳定性更好；沼气发酵反应器每个区域的物料能得到有效混合；通过间歇运行搅拌器可实现较低的能耗。但由于有多个电机，总装机功率较大。

图 2-16　多轴式机械搅拌器（来源：上海闸源环境科技有限公司）

3. 巨型桨式机械搅拌器

巨型桨式机械搅拌器是一种低转速大扭矩的水平轴桨式搅拌器，由驱动电机、减速机、扭力锁、外支架、内支架、搅拌轴、悬臂桨叶等部件构成。搅拌轴轴长可达 11m，轴上不同方向间隔安装长度大约 2m 的桨叶，桨叶末端呈铲状（图 2-17）。根据不同的反应器规模确定安装个数。通过分布在反应器内不同高度的桨叶完成物料混合，桨叶还具有破除分层和结壳的作用。通过牢靠的多级行星齿轮变速，在保障足够强大扭矩的前提下，电动机功率和自身能耗较低。通过周期性的运行，24h 的在线率可低至 30%以内。巨型桨式机械搅拌器多用于立式沼气发酵罐。

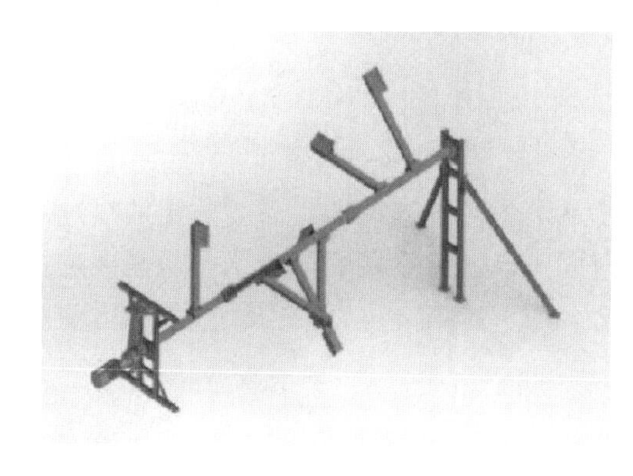

图 2-17　巨型桨式机械搅拌器（来源：湖北绿鑫生物质能装备有限公司）

4. 高压沼气回流搅拌器

压缩机将产生的沼气泵入沼气发酵罐内，通过反应器下部的喷嘴喷出高压沼气，沼气穿过高固体含量物料，达到有效的局部混合，并防止反应器内相分离。通常，每 15min 喷射沼气一次。高压沼气回流搅拌系统通过分区间歇运行搅拌器，稳定性更好；反应器内没有移动的机械部件，不会有内部机械损坏的风险；基本能实现全方位无死角搅拌。但是，需要防爆压缩机，启动阶段沼气产量少时，混合效果较差，沼气加压的能耗较高。

5. 物料回流循环搅拌器

通过设在沼气发酵反应器外的泵将物料从邻近出料口的位置抽出，再从进料口泵入，进行循环搅拌，使用的设备简单、维修方便。但是，其搅拌效果较差，容易引起短流，部分区域混合不均匀，为了达到良好的混合，需要较大的循环流量，能耗较高。

6. 浮渣与沉渣控制

不同发酵系统有不同的浮渣与沉渣控制手段。卧式单轴设备主要通过用搅拌器控制浮渣与沉渣，整个沼气发酵反应器内可以实现良好的物料混合，但无法消除局部死区。卧式多轴设备通过搅拌器实现分区域混合，沉渣通过搅拌器输送至出料区，浮渣层在每个搅拌区内被搅拌破坏，能有效控制浮渣与沉渣。Valorga 系统通过高压沼气进行搅拌混合，整个沼气发酵反应器内可以实现良好的物料混合。Dranco 系统则从锥底去除沉渣，通过回流去除浮渣，但垂直循环系统需要消耗较高的能量（施振华等，2018）。

2.3.5 发酵系统出料

出料系统主要有重力出料、泵出料、真空出料等三种形式。

1. 重力出料

重力出料是依靠重力作用，发酵残余物自动从出料口流出，系统简单，无须动力设备，不耗能，不需要额外维护费用。重力出料一般用于物料浓度不太高（TS 含量小于 12%）的立式沼气发酵罐出料。

2. 泵出料

泵出料是通过螺杆泵或转子泵将发酵残余物从沼气发酵罐抽出，需要防止抽料过多形成负压而破坏罐体。这种出料方式的优点是坚固可靠，但设备磨损较严重，需要进行精心的设备维护。该系统适用物料 TS 含量为 12%～18%的立式、卧式沼气发酵罐出料。

3. 真空出料

真空出料系统由吸料管、排料管、缓冲罐、四通阀、安全阀、油气分离器、真空泵、吸料口、排料口和空气管等组成（图 2-18）。在缓冲罐的吸料口、排料口设置电动阀。真空泵通过油气分离器和空气管与缓冲罐连接，利用四通阀控制气体的流向，实现相应的吸料、排料工作。吸料时通过真空泵将缓冲罐内的空气抽出，使缓冲罐内形成负压，打开吸料管电动阀，缓冲罐内的负压将发酵残余物（沼渣沼液）吸入缓冲罐内，完成沼气发酵罐的出料工作。然后，改变四通阀的控制方向，真空泵向缓冲罐内泵入压缩空气，在缓冲罐内形成正压，打开出料管上电动阀，即可通过排料管完成缓冲罐内沼渣沼液排出。当缓冲罐需要清淤时，打开罐体底部排渣口阀门，即可完成清淤工作（吕建强和王连，2011）。

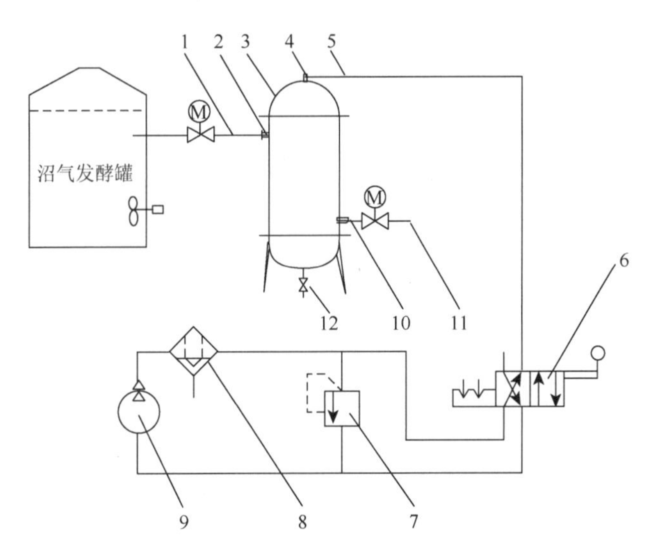

图 2-18　真空出料系统示意图

1. 吸料管；2. 吸料口；3. 缓冲罐；4. 进出气口；5. 空气管；6. 四通阀；7. 安全阀；8. 油气分离器；9. 真空泵；10. 排料口；11. 排料管；12. 排渣口

真空出料系统坚固耐磨，可以排出石块、玻璃和骨头等粗大杂物。泵不与腐蚀性的沼渣沼液接触，减少了维修与磨损。但是，该系统比较复杂，需配备真空泵与空压机，不能连续出料。该系统主要用于物料 TS 含量大于 18%的卧式沼气发酵罐的出料。

第3章 猪粪干式沼气发酵

3.1 猪粪产生量及特性

3.1.1 猪粪产生量

猪粪是良好的沼气发酵原料，猪粪产生量与品种、饲料、猪的生长阶段密切相关。根据《畜禽养殖业粪便污染监测核算方法与产排污系数手册》（董红敏，2019），猪粪产生量见表3-1。

表3-1 不同地区猪粪产生量

地区	饲养阶段	参考体重/kg	粪便量/(kg/d)
华北	保育	27	1.04
	育肥	70	1.81
	妊娠	210	2.04
东北	保育	23	0.58
	育肥	74	1.44
	妊娠	175	2.11
华东	保育	32	0.54
	育肥	72	1.12
	妊娠	232	1.58
中南	保育	27	0.61
	育肥	74	1.18
	妊娠	218	1.68
西南	保育	21	0.47
	育肥	71	1.34
	妊娠	238	1.41
西北	保育	30	0.77
	育肥	65	1.56
	妊娠	195	1.47

3.1.2 猪粪理化特性

不同研究者测出的猪粪理化特性见表3-2，平均干物质含量为 29.15%，平均总碳含量33.21%，平均含氮量2.70%，平均C/N比12.36。

表 3-2　猪粪理化性质

序号	TS 含量/%	总碳含量/%	总氮含量/%	总磷含量/%	C/N 比	参考文献
1	31.7	20.55	3.24		11.3	（黄国锋等，2002）
2	25.0	73（有机质）	1.2	0.7	16	（张相锋等，2002）
3	26.00	38.55	2.76		13.97	（陈广银等，2009）
4	32.3	41.3	3.61	6.45	13.0	（吕凯等，2001）
5	21.2	34.7	3.4		10.2	（楚莉莉等，2011）
6	29.12	34.28	1.77		19.37	（杨乐等，2022）
7	24.4	39.71	2.22		17.9	（宋修超等，2021）
8	27.5	39.4	3.9		10.1	（李丹妮等，2021a）
9	37.37	57.9（有机质）	3.16	8.68（P_2O_5）	10.6	（蒋家霞等，2020）
10	36.88	45.31	1.69		26.8	（傅国志等，2020）
11	25.4	39.41	4.08		9.65	（李奥等，2019）

李书田等（2009）对我国 40 个猪粪样品的测定结果表明，按干基计，猪粪含氮量范围为 0.20%～5.19%，平均为 2.28%，有 25.0%、32.5%、25.0%的样品含氮量分别在 1.0%～2.0%、2.0%～3.0%、3.0%～4.0%。猪粪含磷量范围较大，为 0.39%～9.05%，平均为 3.97%，有 55.0%的样品含磷量在 3.0%～6.0%，40.5%的样品含磷量大于 5.0%，含磷量大于 6.0%的样品还有 13.0%。猪粪含钾量范围较大，为 0.94%～6.65%，平均为 2.09%，57.5%的样品含钾量在 1.0%～2.0%，32.5%的样品含钾量在 2.0%～3.0%，含钾量大于 3.0%的样品只有 7.5%。但是，按照表 3-2 的数据平均，含氮量为 2.70%，按照表 3-3 粗蛋白含量除以 6.25，含氮量为 3.02%，较为接近。如果按照表 3-2 的猪粪干物质平均值 29.15%（含水率 70.85%）折算，鲜基中猪粪含氮量应该是 0.787%。这意味着在猪粪干式沼气发酵过程中，氨氮浓度可能达到 7000mg/L 左右。

表 3-3　猪粪营养成分

粪便种类	含量/%							参考文献
	粗蛋白	粗脂肪	粗纤维	粗灰分	钙	磷	水分	
猪粪		15.7	12.5	19.9	5.34	6.45	67.7	（吕凯等，2001）
猪粪	18.9	6.6	20.0	18.1	38.0（无氮浸出物）			（中国农业大学等，1997）

3.1.3　猪粪产沼气的有利及不利因素

目前，规模化猪场主要采用水泡粪或者机械刮粪工艺清粪，清除的干粪量较少，排出的是粪尿混合物，通过固液分离可以分离出部分粪渣。粪渣主要是纤维类物质，缺乏流动性，并且产气性能有所下降。

3.2　猪粪干式沼气发酵产气性能

3.2.1　原料产气率

很多研究者都是通过序批式沼气发酵试验获得原料产气率。不同研究者获得的原料产气率（实际是产沼气潜力）有很大差异，有的高达 0.577m^3 沼气/kg TS 投加，而低的只有 0.112m^3 CH_4/kg TS 投加，大约相当于 0.187m^3 沼气/kg TS 投加。如果按照沼气中甲烷含量折算，表 3-4 中通过序批式发酵试验获得的原料产气率平均值为 0.351m^3 沼气/kg TS 投加。实际上，序批式发酵试验只能了解原料产沼气（甲烷）潜力。工程上需要的是原料产气率，与原料特性、发酵温度、进料浓度、进料负荷有关，进料浓度、进料负荷、容积产气率越高，原料产气率越低，原料产气率需要根据连续（半连续）发酵试验确定。根据本书作者团队的研究结果，在保证容积产气率为 1.5～2.0m^3/(m^3·d)的条件下，猪粪连续（半连续）试验的原料产气率可达到 0.300m^3 沼气/kg TS 投加。

表 3-4　不同研究者获得的猪粪干式沼气发酵产气性能

序号	底物含量（TS）/%	运行方式	发酵温度/℃	容积产气率/[m^3/(m^3·d)]	原料产气率	甲烷含量/%	参考文献
1	20	序批式	36		0.454m^3 沼气/kg TS 投加	59.66	（郑盼等，2019a）
2	20	序批式	37		0.577m^3 沼气/kg TS 投加	50～70	（郑盼等，2019b）
3	20	序批式	37		0.140m^3 CH_4/kg VS 投加	75.0	（李丹妮等，2021b）
4	17.6	序批式	37		0.189m^3 CH_4/kg TS 投加	55.0	（齐利格娃等，2018；2019）
5	20	序批式	37		0.112m^3 CH_4/kg TS 投加	65.7	（宋香育等，2017）
6	15	序批式	36		0.321m^3 沼气/kg TS 投加	58.7	（张振等，2019）
7	20	序批式	37		0.391m^3 沼气/kg TS 投加	51.24	（郑盼等，2018）
8	28.3	序批式	35		0.307m^3 沼气/kg VS 投加		（Xiao et al.，2019）
9	25.8	序批式	35		0.186～0.251m^3 CH_4/kg TS 投加		（Xiao et al.，2021）
10	22～25	连续	36	1.88～2.29	0.117～0.143m^3 沼气/kg TS 投加	61.5	（盛迎雪等，2016）
11	28.3	连续	35	1.51	0.320m^3 沼气/kg TS 投加	64.1	（Xiao et al.，2019
12	25.5	连续	35	0.467～2.30	0.256～0.467m^3 沼气/kg TS 投加	51.4～66.0	（Xiao et al.，2019）

续表

序号	底物含量（TS）/%	运行方式	发酵温度/℃	容积产气率/[m^3/(m^3·d)]	原料产气率	甲烷含量/%	参考文献
13	20	连续	25	2.40	0.540m^3 沼气/kg TS 投加	65.0	（Chen et al.，2015）
14	25	连续	25	1.92	0.432m^3 沼气/kg TS 投加	65.0	（Chen et al.，2015）
15	30	连续	25	0.911	0.205m^3 沼气/kg TS 投加	60.0	（Chen et al.，2015）
16	35	连续	25	0.644	0.145m^3 沼气/kg TS 投加	75.0	（Chen et al.，2015）

3.2.2　容积产气率

大多数猪粪干式沼气发酵的研究采用序批式发酵试验，主要获得原料产气潜力。通过序批式发酵试验计算得到的容积产气率，结果都偏低，因为在整个发酵期间没有补料。要获得容积产气率，需要进行连续发酵试验。从表 3-4 的数据可以看出，在 25℃条件下，猪粪干式沼气发酵小试试验最高容积产气率可达到 2.40m^3/(m^3·d)。在 36℃条件下，猪粪干式沼气发酵中试试验最高容积产气率可达到 2.71m^3/(m^3·d)（表 3-15）。因此，在 25～35℃条件下，工程上猪粪干式沼气发酵的容积产气率可取 1.5～2.0m^3/(m^3·d)，对应容积负荷为 5.0～7.0kg TS/(m^3·d)。

3.3　猪粪干式沼气发酵影响因素

3.3.1　接种物

有研究表明，猪粪与秸秆比（VS 质量比）1∶1 条件下，接种量 50%的处理组在第 7 天最先达到第 1 个产气高峰，随后迅速下降；第 2 个产气高峰在第 31 天出现，甲烷体积分数为 32.66%，发酵启动速度明显快于其他处理组，加大接种量有利于加快达到产气高峰。40%接种量的处理组在第 16 天达到第 1 个产气高峰，甲烷体积分数为 39%；接种量 30%的处理组在第 17 天达到第 1 个产气高峰，甲烷体积分数为 51.88%。猪粪与秸秆比 2∶1 条件下，接种量 50%的处理组在第 14 天达到第 1 个产气高峰，甲烷体积分数为 55%；接种量 40%和 30%的处理组分别在第 12 天和第 18 天达到第 1 个产气高峰，甲烷体积分数分别为 41%和 57%。在相同原料配比下，接种量的提高有利于产气高峰的提前及 VS 产气量的增加。在猪粪与秸秆比 1∶1 条件下，接种量为 50%时，达到最佳发酵效果（李奥等，2019）。

在另一项猪粪干式沼气发酵研究中，纯猪粪发酵时，接种物占比 20%（VS 质量比），混合接种和分层接种的甲烷产率分别为 45.7mL/g VS 和 140.4mL/g VS。猪粪与玉米秸秆共发酵时，混合接种和分层接种的甲烷产率分别为 121.5mL/g VS 和 148.2mL/g VS。猪粪与玉米秸秆共发酵分层接种组和猪粪分层接种组的氨氮质量浓度在第 56 天分别达到 4.4mg/g 和 3.1mg/g，产气未受明显抑制。在接种物占比较低的情况下，添加玉米秸秆和分层接种有利于降低挥发性脂肪酸（VFA）的积累（李丹妮等，2021b）。

3.3.2 进料浓度

进料浓度对猪粪干式沼气发酵有明显影响。以新鲜猪粪为原料的连续干式沼气发酵试验中（下推流反应器），稳定运行期间，进料 TS 含量为 20%、25%、30%和 35%反应器的容积产气率分别为 2.40L/(L·d)、1.92L/(L·d)、0.911L/(L·d)和 0.644L/(L·d)，原料产气率分别为 0.540L/g TS、0.432L/g TS、0.205L/g TS 和 0.145L/g TS，TS 降解率分别为 46.5%、45.4%、53.2%和 55.6%。随着进料 TS 含量的增加，氨氮浓度达到最大值 3500mg/L。当氨氮浓度超过 3000mg/L 时，沼气产量受到明显抑制。流动性试验表明，当原料 TS 含量小于 35%时，发酵残余物 TS 含量小于 15.8%，出料流速大于 0.98m/s，残余物很容易从下推流反应器中排出。综合考虑产气速率和原料利用率，进料 TS 不宜超过 30%（Chen et al.，2015）。

3.3.3 温度

温度是影响沼气发酵最重要的参数。在初始氨氮浓度为 500mg/L 的条件下，不同温度下猪粪序批式干式沼气发酵试验结果表明，低温（20℃）、中温（35℃）、高温（55℃）下甲烷产率分别为 186.2mL CH_4/g TS、245.4mL CH_4/g TS、250.6mL CH_4/g TS。相比低温（20℃）下甲烷产率，中温（35℃）下的甲烷产率提高 31.8%，但是高温（55℃）下甲烷产率与中温（35℃）接近，只提高了 2.12%（表 3-5）（Xiao et al.，2021）。

表 3-5　不同温度下猪粪干式沼气发酵甲烷产率及拟合结果（Xiao et al.，2021）

温度	实测甲烷产率 /(mL CH_4/g TS)	拟合最大产甲烷潜力 P /(mL CH_4/g TS)	拟合最大产甲烷速率 R_m/[mL CH_4/(g TS·d)]	拟合停留时间 λ/d	拟合 R^2
低温（20℃）	186.2±2.2	196.2±3.0	4.20±0.1	4.7±0.6	0.9878
中温（35℃）	245.4±5.4	245.5±1.0	15.8±0.3	1.8±0.1	0.9978
高温（55℃）	250.6±2.0	239.2±2.0	16.8±0.5	8.8±0.2	0.9958

序批式沼气发酵产气数据可以用修正的 Gompertz 模型[式（3-1）]（Lay et al.，1999）拟合：

$$M = P\exp\left\{-\exp\left[(\lambda - t)\frac{R_m}{P}e + 1\right]\right\} \tag{3-1}$$

式中，M 表示累积甲烷产率观测值，mL CH_4/g TS；P 表示最大产甲烷潜力，mL CH_4/g TS；R_m 表示最大产甲烷速率，mL CH_4/(g TS·d)；λ 表示停留时间，d；t 表示观测时间，d；e 表示自然常数，为 2.71828。

相比低温（20℃）条件，中温（35℃）下的拟合最大产甲烷潜力提高 25.1%，但是高温（55℃）下拟合最大产甲烷潜力甚至比中温（35℃）低。理论上，只要发酵时间足够长，最大产甲烷潜力应该是接近的。最大产甲烷速率 R_m 更能反映产气速率。中温（35℃）下拟合最大产甲烷速率比低温（20℃）提高 276%，而高温（55℃）下拟合最大产甲烷速率比中温（35℃）只提高 6.33%（表 3-5）（Xiao et al.，2021）。

猪粪湿式沼气发酵中，10℃、15℃、20℃、25℃、30℃、35℃下的容积甲烷产率分别为 0.034L CH_4/(L·d)、0.136L CH_4/(L·d)、0.796L CH_4/(L·d)、1.294L CH_4/(L·d)、1.527L CH_4/(L·d)、1.952L CH_4/(L·d)，25℃、35℃下的产气效率明显高于 15℃下的，分别提高 8.51 倍和 13.4 倍，35℃下的产气效率比 25℃只提高了 50.9%（杨红男和邓良伟，2016）。15℃、25℃、35℃下，猪粪干式沼气发酵的容积甲烷产率分别为 0.125L CH_4/(L·d)、0.783L CH_4/(L·d)、0.821L CH_4/(L·d)（Deng et al.，2016），25℃、35℃下的产气效率明显高于 15℃下的，分别提高 5.26 倍和 5.57 倍，微生物活性低是 15℃时产气效率低的主要原因，35℃下的产气效率比 25℃只提高了 4.85%。从上述数据可以看出，温度对干式发酵的影响没有对湿式发酵影响大。对比上述猪粪干、湿式沼气发酵产气效率可以发现，15℃、25℃、35℃下干式沼气发酵的容积甲烷产率分别只有湿式沼气发酵的 91.9%、60.5%、42.1%，说明猪粪干式沼气发酵产气效率明显低于湿式沼气发酵。

3.3.4　反应器

本书作者团队在 25℃条件下，采用下进料上出料的上推流厌氧反应器（up plug-flow type anaerobic reactor，UPAR）和上进料下出料的下推流厌氧反应器（down plug-flow type anaerobic reactor，DPAR）（图 3-1）进行了猪粪干式沼气发酵的试验研究，结果见表 3-6 和表 3-7（陈闯，2012）。

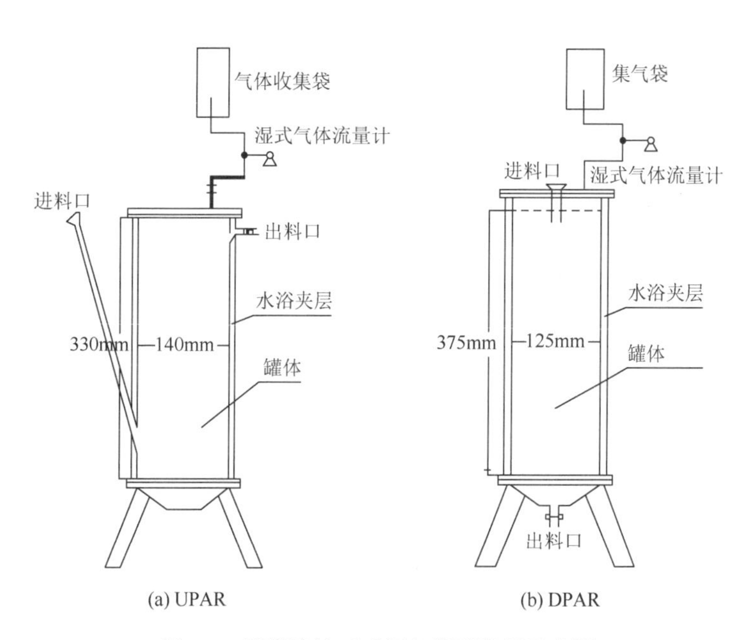

图 3-1　猪粪连续干式沼气发酵装置示意图

表 3-6　猪粪在 UPAR 中干式沼气发酵的产气性能（陈闯，2012）

进料 TS 含量/%	温度 /℃	产气速率 /(L/d)	CH_4 含量 /%	容积产气率 /[L/(L·d)]	TS 产气率 /(L/g TS)	VS 产气率 /(L/g VS)
20	25	10.8	62.5	2.40	0.54	0.66
25	25	7.8	64.0	1.73	0.39	0.48
30	25	4.0	61.0	0.89	0.20	0.25
35	25	2.8	74.3	0.62	0.14	0.17

注：表中数据均为不同 TS 进料阶段稳定后试验数据的平均值。

表 3-7　猪粪在 DPAR 中干式沼气发酵的产气性能（陈闯，2012）

进料 TS 含量/%	温度 /℃	产气速率 /(L/d)	CH_4 含量 /%	容积产气率 /[L/(L·d)]	TS 产气率 /(L/g TS)	VS 产气率 /(L/g VS)
20	25～28	10.8	65.0	2.40	0.540	0.665
20	18～20	5.00	55.0	1.11	0.250	0.307
25	25±2	8.65	65.0	1.92	0.432	0.532
30	25±2	4.10	60.0	0.911	0.205	0.252
35	25±2	2.90	75.0	0.644	0.145	0.178

注：表中数据均为不同 TS 进料阶段稳定后试验数据的平均值。

采用 UPAR 时，进料 TS 含量（质量分数）20%、25%、30%、35%的容积产气率分别为 2.40L/(L·d)、1.73L/(L·d)、0.89L/(L·d)、0.62L/(L·d)，原料产气率分别为 0.54L/g TS、0.39L/g TS、0.20L/g TS、0.14L/g TS。而采用 DPAR 时，在温度为 25～28℃下，进料 TS 含量（质量分数）20%、25%、30%、35%的容积产气率分别为 2.40L/(L·d)、1.92L/(L·d)、0.911L/(L·d)、0.644L/(L·d)；原料产气率分别为 0.540L/g TS、0.432L/g TS、0.205L/g TS、0.145L/g TS。进料 TS 含量为 20%时，两种反应器的产气效率差别不大，但当进料 TS 含量为 25%、30%、35%时，与 UPAR 相比，DPAR 的产气效率分别提高了 11.0%、2.36%、3.87%（陈闯，2012）。

在温度(25±2)℃条件下，固定出料体积(500mL)，设定的出料 TS 含量分别为 10.5%、12.5%、14.0%、15.2%、17.1%，采用不同反应器对不同 TS 含量的出料进行了流速测定。结果表明，UPAR 出料流速分别为 0.507m/s、0.300m/s、0.123m/s、0.035m/s、0.002m/s，DPAR 出料流速分别为 2.58m/s、1.99m/s、1.53m/s、0.99m/s、0.55m/s，相比于 UPAR，DPAR 出料流速分别提高了 409%、563%、1144%、2729%、27400%。可以看出，DPAR 出料流速明显高于 UPAR，且当出料 TS 含量超过 17%时，DPAR 依然能顺利出料，而 UPAR 在出料 TS 含量超过 15%时，出料开始出现困难（陈闯，2012）。徐则等（2017）提出了猪粪干式沼气发酵物料流动的临界流速为 6mm/s，根据这一临界流速判断，UPAR 出料 TS 含量为 17.1%时，出料流速只有 0.002m/s（2mm/s），不具有流动性。也就是说，UPAR 在进料 TS 含量达到 35%时，出料 TS 含量为 17.1%，不具有流动性。而 DPAR 在进料 TS 含量达到 35%时，出料 TS 含量为 15.2%，具有较好的流动性，即使出料 TS 含量达到 17%，仍然具有流动性。

基于产气性能、出料流动考虑，DPAR 明显优于 UPAR，更适合猪粪干式沼气发酵。

3.3.5　负荷

本书作者团队在 35℃条件下研究了负荷对干式沼气发酵的影响，在有机负荷 1.0g TS/(L·d)、3.0g TS/(L·d)、5.0g TS/(L·d)、7.0g TS/(L·d)、9.0g TS/(L·d)的条件下，猪粪干式沼气发酵平均容积产气率依次为 0.467L/(L·d)、0.951L/(L·d)、1.47L/(L·d)、2.07L/(L·d)、2.30L/(L·d)（表 3-8）。各反应器的容积产气率随着有机负荷升高而逐步增加，但是增加幅度逐渐降低，以 2.0g TS/(L·d)的幅度升高有机负荷时，容积产气率在 1.0～9.0g TS/(L·d)范围内的提升幅度依次为 94.2%～107%、54.7%～59.4%、37.9%～40.8%、11.1%～11.3%（Xiao et al.，2022）。试验中，升高有机负荷通过缩短固体停留时间实现，因而有机负荷的升高会减少物料的停留时间，缩短了微生物对底物的降解时间。在反应器中，微生物的数量相对固定，当微生物利用底物的能力达到最大时，微生物对底物的利用能力趋近极限，容积产气率达到最大值。所以，在一定温度下，容积产气率随有机负荷的增加而上升，然后增速减缓直至不再增加，此时的容积产气率视为该温度下的最大容积产气率（杨红男和邓良伟，2016）。

表 3-8　35℃下有机负荷对猪粪干式发酵产气性能的影响（Xiao et al.，2022）

有机负荷/[g TS/(L·d)]	容积沼气产率/[L/(L·d)]	原料沼气产率/(L/g TS)	容积甲烷产率/[L CH_4/(L·d)]	原料甲烷产率/(L CH_4/g TS)	沼气中甲烷含量/%
1.0	0.467±0.189	0.467±0.189	0.241±0.093	0.241±0.093	51.4±11.0
1.5	0.522±0.046	0.348±0.031	0.310±0.025	0.207±0.017	59.3±1.7
3.0	0.951±0.133	0.317±0.044	0.606±0.086	0.202±0.029	63.8±2.0
5.0	1.47±0.100	0.294±0.020	0.970±0.068	0.194±0.014	66.0±1.3
7.0	2.07±0.182	0.296±0.027	1.29±0.115	0.183±0.016	62.5±2.7
9.0	2.30±0.099	0.256±0.011	1.39±0.062	0.154±0.007	60.5±1.5

容积产气率与有机负荷的关系可以用动力学模型（Yang et al.，2016）表征，如式（3-2）所示：

$$R_{\mathrm{P}} = \frac{R_{\mathrm{Pmax}}}{1 + \mathrm{e}^{K_{\mathrm{D}}(K_{\mathrm{LR}} - L_{\mathrm{r}})}} \tag{3-2}$$

式中，R_{p} 表示容积甲烷产率，L CH_4/(L·d)；R_{Pmax} 表示最大容积甲烷产率，L CH_4/(L·d)；K_{LR} 表示与有机负荷相关的半饱和常数，L CH_4/(L·d)；L_{r} 表示有机负荷，g TS/(L·d)；K_{D} 表示 R_{p} 趋近 R_{Pmax} 的速度。

$$R_{\mathrm{P}} = \frac{1.46}{1 + \mathrm{e}^{0.58(3.70 - L_{\mathrm{r}})}} \tag{3-3}$$

利用上述模型对猪粪干式沼气发酵产甲烷数据进行拟合，结果如式（3-3）所示，R^2 值为 0.9965，显示出了较好的拟合效果，说明猪粪湿式沼气发酵动力学模型仍然能很好地描述猪粪干式沼气发酵过程有机负荷对容积产气率的定量影响。最大容积甲烷产率拟合值为 1.46L CH_4/(L·d)，与实测值接近。

在猪粪干式沼气发酵试验中，35℃下最大容积沼气产率达到 2.30L/(L·d)，比相同条件下猪粪湿式沼气发酵最大容积沼气产率[2.87L/(L·d)（杨红男和邓良伟，2016）]低 19.9%。

甲烷含量呈现先增加后降低的趋势，主要是因为前期产甲烷菌数量较少，而后期则因为负荷过高。挥发性有机酸浓度先降低后增加的变化趋势可以解释这种现象（表 3-8、表 3-9）。

表 3-9　35℃下有机负荷对猪粪干式发酵系统氨氮及挥发性有机酸的影响（Xiao et al.，2022）

有机负荷/[g TS/(L·d)]	氨氮浓度/(mg/L)	游离氨浓度/(mg/L)	挥发性有机酸浓度/(mg VFA/L)
1.0	3433±198	283±111	3001±1375
1.5	3571±40	352±41	543±52
3.0	3788±132	340±24	1259±217
5.0	4094±445	360±78	2370±890
7.0	3654±610	213±57	2614±1037
9.0	2324±269	92±41	3691±952

干式沼气发酵试验接种物的氨氮浓度为 3600mg/L。试验启动后，反应器中氨氮浓度逐渐升高，并在有机负荷为 5.0g TS/(L·d)时达到峰值 4094mg/L，随着反应继续进行，有机负荷逐渐升高至 7.0g TS/(L·d)、9.0g TS/(L·d)时，反应器内氨氮浓度开始下降，至反应结束时，最终氨氮浓度只有 2324mg/L。在有机负荷为 1.0～1.5g TS/(L·d)阶段，反应器内氨氮浓度相对于接种物有所下降，可能是因为进料的稀释和部分氨氮随残余物排出，即输入猪粪的氨氮浓度低于反应器中混合物（污泥）中氨氮浓度，并且排出的氨氮量大于输入与释放氨氮量之和。而在有机负荷为 3.0～5.0g TS/(L·d)阶段，由于输入猪粪的降解，排出的氨氮量小于输入与释放氨氮量之和，氨氮开始在反应器中积累，氨氮浓度迅速上升。随着有机负荷继续提升至 7.0～9.0g TS/(L·d)，氨氮浓度开始下降，可能是因为在有机负荷较高情况下，猪粪在反应器中的停留时间较短，有机物降解转化不彻底，氨氮释放较少，同时，有机负荷增加使进、出料量增加，排出的氨氮量大于输入与释放氨氮量之和。这些结果说明，高有机负荷[≥7.0g TS/(L·d)]可降低有机氮向氨氮转化，有利于降低混合物中氨氮浓度，进而减轻氨氮对猪粪干式沼气发酵的抑制作用，容积沼气产率数据（表 3-8）也显示反应器在此高有机负荷条件下仍可以维持稳定正常产气。游离氨浓度变化趋势与氨氮浓度一致，在有机负荷为 5.0g TS/(L·d)时达到峰值（360mg/L），在试验结束时最终浓度为 92mg/L（Xiao et al.，2022）。

3.3.6 搅拌

干式沼气发酵进料浓度高、传质效果差，通常需要搅拌。齐利格娃（2019）在发酵料液 TS 含量 20.1%、发酵温度 37℃、搅拌时间 20min 的条件下，研究了机械搅拌强度与周期对猪粪与水稻秸秆联合干式沼气发酵过程的影响。处理 T1（搅拌强度为 15r/min，搅拌周期为 6h）、T2（搅拌强度为 15r/min，搅拌周期为 12h）、T3（搅拌强度为 45r/min，搅拌周期为 6h）、T4（搅拌强度为 45r/min，搅拌周期为 12h）、CK（无搅拌）的累积 VS 甲烷产率分别为 193.3mL CH_4/g VS、226.7mL CH_4/g VS、182.5mL CH_4/g VS、230.6mL CH_4/g VS 和 245.4mL CH_4/g VS，其中 T2、T4 处理与 CK 无显著性差异（$p<0.05$），正交设计数据直观分析（除去 CK 处理）表明 T2 处理（搅拌强度为 15r/min，搅拌周期为 12h）为最优组合。环境因子分析表明，发酵初期搅拌增加了 VFA 的积累，搅拌周期较短的处理，其挥发性脂肪酸积累更严重。因此，发酵前期搅拌并不能提高沼气产量，搅拌强度低的处理日沼气产量较高，且搅拌周期越短，日沼气产量越高；在发酵后期，搅拌可以均衡日沼气产量，避免大幅度波动，稳定发酵系统，搅拌周期为 12h 处理的产气量高于其他处理。搅拌周期对产甲烷速率的影响大于搅拌强度，较低搅拌强度及较短搅拌周期的组合可以减少猪粪与水稻秸秆联合干式沼气发酵的迟滞期，但搅拌并未提高猪粪与水稻秸秆的原料产气率，反而会延长发酵周期，且频率过高的搅拌会导致甲烷产率降低。

3.3.7 氨、酸抑制

本书作者团队进行了不同初始氨氮浓度下不同温度对猪粪干式沼气发酵影响的试验，得出了以下结果。

在低温（20℃）条件下，初始氨氮浓度 500mg/L、1500mg/L、2500mg/L、3500mg/L 的处理，试验结束时氨氮浓度分别为 710mg/L、1488mg/L、2255mg/L、3174mg/L（表 3-10），与对应初始氨氮浓度差值分别为 210mg/L、−12mg/L、−245mg/L、−326mg/L。反应器中氨氮浓度变化主要取决于氨氮的释放量、排出量。如果释放的氨氮量大于排出的氨氮量，反应器混合物中氨氮浓度就会增加，否则就会减少。氨氮释放量主要来源于反应混合物中蛋白质水解；排出氨氮量包括出料带走的氨氮，以及一部分进入气相并随沼气排出的氨氮。初始氨氮浓度较高的处理中，氨氮浓度降低主要是因为蛋白质水解效率随氨氮浓度的增加而降低，排出的氨氮量大于水解产生的氨氮量，从而使猪粪释放的氨氮量随初始氨氮浓度的增加而降低（Xiao et al.，2021）。

表 3-10　不同温度及初始氨氮浓度下猪粪干式发酵氨氮浓度变化情况

温度/℃	初始氨氮浓度/(mg/L)			
	500	1500	2500	3500
20	710	1488	2255	3174
35	840	1763	2927	3820
55	1672	2615	3611	4527

注：表中氨氮浓度单位为 mg/L。

在中温（35℃）条件下，试验结束时最终氨氮浓度分别为 840mg/L、1763mg/L、2927mg/L、3820mg/L（表 3-10），与相应初始氨氮浓度差值分别为 340mg/L、263mg/L、427mg/L、320mg/L。各处理最终氨氮浓度与初始氨氮浓度差值为 263～427mg/L，变化相对较小，说明猪粪中蛋白质水解效率基本一致。

在高温（55℃）条件下，试验开始后，由于有机物的迅速水解，猪粪中的氮元素在 7d 内被释放出来，氨氮浓度迅速上升并在反应器运行期间维持稳定。初始氨氮浓度 500mg/L、1500mg/L、2500mg/L、3500mg/L 的处理，试验结束时氨氮浓度分别为 1672mg/L、2615mg/L、3611mg/L、4527mg/L（表 3-10），与初始氨氮浓度差值分别为 1172mg/L、1115mg/L、1111mg/L、1027mg/L。各处理组差值基本一致，说明猪粪水解释放的氨氮基本一致（Xiao et al.，2021）。

在初始氨氮浓度 500～3500mg/L 范围内，最终氨氮浓度与初始氨氮浓度的差值说明，猪粪在干式发酵过程中，蛋白质水解效率随温度的升高而升高。低温条件下，猪粪中蛋白质水解随氨氮浓度的升高而降低，初始氨氮浓度对水解过程有较大影响。中、高温条件下，蛋白质水解效率基本不受氨氮浓度影响（Xiao et al.，2021）。

在低温（20℃）条件下，由于微生物活性较低，有机物水解速率较慢，挥发性脂肪酸（VFA）的生成速率也较慢。随初始氨氮浓度升高，VFA 峰值分别为 3547mg/L、3542mg/L、2917mg/L、2970mg/L（表 3-11）。VFA 峰值明显下降，说明有机物水解酸化受到了抑制。在中温（35℃）条件下，VFA 可在较短时间内积累到最大值，并在随后的一周内降解到较低值。所有反应器内 VFA 浓度均可在发酵前 23 天被降解到 600mg/L 以下，并在发酵后期保持稳定。各初始氨氮浓度条件下，VFA 峰值范围为 2430～2555mg/L（表 3-11）。各反应器达到 VFA 峰值的时间逐渐延长，说明猪粪水解酸化速率会随着氨氮浓度的升高而减缓。在高温（55℃）条件下，有机物的水解酸化速率较快，VFA 的生成速率也较快。各反应器均在反应启动后一周内达到 VFA 峰值，但停留时间较长，为 6.5～12.5d。在初始氨氮浓度为 500mg/L、1500mg/L、2500mg/L、3500mg/L 条件下，VFA 峰值分别为 8031mg/L、7443mg/L、6383mg/L、7109mg/L（表 3-11）。随着氨氮浓度的逐渐升高，VFA 降解至 600mg/L 以下所需时间逐渐延长（Xiao et al.，2021）。

表 3-11 不同温度及初始氨氮浓度下猪粪干式发酵 VFA 峰值及 HPr/HAc 比值变化情况

指标		初始氨氮浓度/(mg/L)			
		500	1500	2500	3500
VFA 峰值/(mg/L)	20℃	3547	3542	2917	2970
	35℃	2430	2555	2432	2502
	55℃	8031	7443	6383	7109
HPr/HAc	20℃	33.6	33.1	23.8	21.7
	35℃	15.6	19.9	13.5	12.5
	55℃	0.864	0.562	0.697	1.11

在初始氨氮浓度为 500～3500mg/L，低温下猪粪干式沼气发酵过程挥发性脂肪酸生

成速率和消耗速率受氨氮浓度影响较为明显，当初始氨氮浓度大于2500mg/L时，抑制作用较为明显。低温加剧了丙酸（HPr）降解难度，丙酸在反应器中积累现象较为明显。在低温和氨氮的共同胁迫下，丙酸降解速率随氨氮浓度的升高而降低。中温下猪粪干式沼气发酵过程中，VFA峰值受氨氮浓度影响小，但达到峰值时间随氨氮浓度升高而延长，降解速率随氨氮浓度升高而降低。在低、中温猪粪干式沼气发酵反应器中，丙酸是主要的挥发性脂肪酸，在发酵前期到中期占VFA的90%以上，其积累时间随氨氮浓度升高而增加。在高温条件下，猪粪中有机物水解酸化效率相对于低、中温有大幅度的提升，挥发性脂肪酸在较短时间内大量积累，随后缓慢降解，降解速率高于低温、慢于中温，并随氨氮浓度的升高而减缓。在高温猪粪干式沼气发酵体系中，乙酸（HAc）是主要的挥发性脂肪酸，占比大于55%（Xiao et al.，2021）。

沼气发酵系统的稳定性可以用丙酸/乙酸（HPr/HAc）比值判定，比值低于1.4表示发酵系统稳定，高于1.4认为发酵系统失衡（Ahring et al.，1995）。如表3-11所示，HPr/HAc比值随着温度的升高而降低。在低温和中温条件下，由于丙酸积累时间较长，HPr/HAc比值较高，均在10.0以上，并随初始氨氮浓度的升高呈现降低趋势，其原因是高氨氮浓度环境造成了包括乙酸在内的挥发性脂肪酸在反应器中的积累。在高温条件下，HPr/HAc比值较低，受氨氮浓度影响小（Xiao et al.，2021）。

在20℃下，初始氨氮浓度为500～3500mg/L范围内，氨氮浓度对猪粪干式沼气发酵产气性能影响较为明显（表3-12）。最大产甲烷潜力（P）随氨氮浓度的升高呈现先升高后降低的趋势，当初始氨氮浓度大于2500mg/L时，氨氮会抑制猪粪的降解转化，降低甲烷产量。500mg/L、1500mg/L、2500mg/L、3500mg/L下的甲烷产率分别为186mL CH_4/g TS、204mL CH_4/g TS、177mL CH_4/g TS和132mL CH_4/g TS，初始氨氮浓度1500mg/L的甲烷产率相比初始氨氮浓度500mg/L的对应值，没有降低，而是略有增加，说明没有氨抑制。相对初始氨氮浓度500mg/L的甲烷产率，初始氨氮浓度2500mg/L、3500mg/L的甲烷产率分别降低4.84%和29.0%。相对初始氨氮浓度500mg/L的拟合最大产甲烷速率，初始氨氮浓度1500mg/L、2500mg/L、3500mg/L的最大产甲烷速率分别降低5.21%、12.09%、34.12%。

表3-12　不同温度及初始氨氮浓度下猪粪干式沼气发酵原料产气率及其拟合情况

温度	初始氨氮浓度/(mg/L)	实测甲烷产率/(mL CH_4/g TS)	拟合最大产甲烷潜力 P/(mL CH_4/g TS)	拟合最大产甲烷速率 R_m/[mL CH_4/(g TS·d)]	拟合停留时间 λ/d	拟合 R^2
低温（20℃）	500	186±2	196±3	4.22±0.13	4.75±0.64	0.9878
	1500	204±3	214±5	4.00±0.13	4.13±0.78	0.9839
	2500	177±2	173±4	3.71±0.14	6.98±0.77	0.9828
	3500	132±2	129±2	2.78±0.09	10.00±0.60	0.9888
中温（35℃）	500	245±5	245±1	15.8±0.3	1.79±0.14	0.9978
	1500	233±1	235±2	12.6±0.3	2.97±0.22	0.9960
	2500	231±4	231±2	11.6±0.3	3.11±0.22	0.9963
	3500	204±3	210±2	9.48±0.17	4.71±0.19	0.9977

续表

温度	初始氨氮浓度/(mg/L)	实测甲烷产率/(mL CH_4/g TS)	拟合最大产甲烷潜力 P/(mL CH_4/g TS)	拟合最大产甲烷速率 R_m/[mL CH_4/(g TS·d)]	拟合停留时间 λ/d	拟合 R^2
高温（55℃）	500	251±2	239±2	16.8±0.5	8.84±0.24	0.9958
	1500	245±5	243±1	14.0±0.3	7.33±0.15	0.9984
	2500	241±8	240±1	15.1±0.3	10.80±0.10	0.9987
	3500	239±8	255±3	13.0±0.3	12.50±0.20	0.9976

在35℃下，反应器产甲烷性能随氨氮浓度的升高而降低，在500～2500mg/L的初始氨氮浓度范围内，各反应器甲烷产率差异较小。500mg/L、1500mg/L、2500mg/L、3500mg/L条件下的甲烷产率分别为245mL CH_4/g TS、233mL CH_4/g TS、231mL CH_4/g TS、204mL CH_4/g TS，相对初始氨氮浓度500mg/L的甲烷产率，初始氨氮浓度1500mg/L、2500mg/L、3500mg/L的甲烷产率分别降低4.90%、5.71%、16.73%。初始氨氮浓度对中温猪粪干式沼气发酵的影响主要体现在产甲烷速率和停留时间上，相对初始氨氮浓度500mg/L的产甲烷速率，初始氨氮浓度1500mg/L、2500mg/L、3500mg/L的产甲烷速率分别降低20.3%、26.6%、40.0%，停留时间分别延长65.9%、73.7%、163.1%。当初始氨氮浓度增加到1500mg/L时，中温条件下猪粪干式沼气发酵受到明显抑制作用。

在55℃下，各反应器的甲烷产率与最大产甲烷潜力相近，产甲烷情况的差异主要体现在产甲烷速率和停留时间上。1500mg/L、2500mg/L、3500mg/L条件下的产甲烷速率相对初始氨氮浓度500mg/L的产甲烷速率分别降低16.7%、10.1%、22.6%。相比初始氨氮浓度500mg/L，初始氨氮浓度1500mg/L、2500mg/L、3500mg/L的停留时间分别增加−17.1%、22.2%、41.4%。

以上分析表明，当初始氨氮浓度大于2500mg/L时，氨氮对猪粪干式沼气发酵的抑制作用较为明显。

在初始氨氮浓度为500～3500mg/L范围内，中、高温条件下的猪粪干式沼气发酵原料产气率受氨氮影响较小。低温、高氨氮浓度条件下的猪粪干式沼气发酵原料产气率受氨氮影响较大，主要是由于发酵时间限制，反应器底物未降解完全，还没有达到最终原料产气率。在中、高温条件下，所有处理30d就能达到最终原料产气率。而在低温条件下，初始氨氮浓度为500mg/L、1500mg/L的处理，60d达到最终原料产气率；初始氨氮浓度为2500mg/L的处理，70d达到最终原料产气率；而初始氨氮浓度为3500mg/L的处理，至试验结束时（79d）仍未达到最终原料产气率。

3.4　猪粪干式沼气发酵改进措施

3.4.1　氨吹脱

氨吹脱能实质减少发酵物料中氨氮含量，但是费用比较高，存在二次污染的问题。在55℃下水解发酵7d，猪粪的氨氮浓度从3418mg/kg增加到6313mg/kg，在pH 10.2

[使用 $Ca(OH)_2$ 调节 pH]的条件下吹脱可以去除 90%的氨氮，而在 pH 8.8（不调节 pH）下吹脱只能去除 85%的氨氮。在后续干式沼气发酵过程中，对照组（未吹脱猪粪）氨氮浓度为 3.0～4.0g/kg，pH 8.8 和 pH 10.2 吹脱组的氨氮浓度分别只有 1.6～1.8g/kg、1.1～1.5g/kg。对照组、pH 8.8 和 pH 10.2 吹脱组的甲烷产率分别为 11.3mL/kg VS、40.6mL/kg VS 和 39.0mL/kg VS，相较对照组，pH 8.8 和 pH 10.2 吹脱组的甲烷产率分别提高 259%、245%（Huang et al.，2019）。

3.4.2　混合发酵

与低氮原料混合发酵是解决高氮原料氨抑制的主要措施。在一项研究中，猪粪与水稻秸秆比（VS 质量比）1∶0、3∶1、2∶1、1∶1、1∶2、1∶3、0∶1 的甲烷产率分别为 188.8mL/g VS、204.0mL/g VS、213.4mL/g VS、198.1mL/g VS、168.5mL/g VS、169.6mL/g VS 和 124.7mL/g VS，猪粪与水稻秸秆比为 2∶1 时累积 VS 甲烷产率最高，与猪粪单独发酵处理相比甲烷产率提高 13.0%。协同效应分析表明，猪粪与水稻秸秆不同配比混合发酵均存在协同作用，当配比为 2∶1 时协同效应最大，实测值比按照各自甲烷产率的预测值增加的百分率达到 27.5%（齐利格娃等，2018）。但是，在猪粪与水稻秸秆干式沼气发酵另一项研究中，猪粪与秸秆比（VS 质量比）为 1∶1 和 2∶1 的累积 VS 甲烷产率分别达到 127.07mL/g VS 和 116.91mL/g VS，几种接种量（30%、40%、50%）条件下，猪粪与秸秆比为 1∶1 的累积甲烷产率均高于 2∶1 的累积甲烷产率（李奥等，2019）。

在猪粪和石竹梅秸秆混合发酵中[发酵浓度 15%、发酵温度（36±1）℃]，粪草比（TS 质量比）为 3∶0、2∶1、1∶1、1∶2 和 0∶3 时原料产气率分别为 321mL/g TS、327mL/g TS、399mL/g TS、121mL/g TS 和 50mL/g TS，以 VS 计的原料产气率分别为 446mL/g VS、417mL/g VS、491mL/g VS、143mL/g VS 和 54mL/g VS，表明猪粪和石竹梅秸秆在 1∶1 条件下的产气效果最好（张振等，2019）。

3.4.3　出料回流

出料回流不仅可以接种，而且可以稀释抑制物质，调节碱度。在一项中试研究中，为了防止氨氮浓度的进一步升高，出料进行固液分离后将沼渣回流，沼渣中的氨氮只占出料（未固液分离）氨氮的 10%。回流沼渣的量为进料量的一半，由于回流沼渣中所含氨氮浓度较低，系统氨氮浓度平缓下降，由初始的 5000mg/L 降低到 4500mg/L 左右。氨氮浓度的变化对沼气产量无显著影响，即氨氮抑制现象不明显，而且系统较稳定。甲烷含量不降反增，即由 55%～60%提高到 60%～65%。但如果是消化液回流，则导致系统的氨氮浓度持续升高，即由大约 4800mg/L 逐渐升高到 6000mg/L，沼气产量逐渐下降，由 $38m^3/d$ 降为 $28m^3/d$（曹秀芹等，2017）。

3.4.4　热处理

热处理可以提高纤维素类物质的水解。有一项研究表明，没有热处理的对照组在固体停留时间（SRT）为 41d 和 29d 条件下的甲烷产率分别为 199.3mL CH_4/g VS 和 60.4mL CH_4/g VS，固体停留时间为 29d 的对照组出现大量泡沫，试验终止。处理组（70℃下对猪粪预处理 3d）在固体停留时间为 41d [OLR 4.0kg VS/(m^3·d)]、35d [OLR 5.2kg VS/(m^3·d)]、29d、23d 条件下的甲烷产率分别为 314.6mL CH_4/g VS、416.0mL CH_4/g VS、298.0mL CH_4/g VS、69.9mL CH_4/g VS。热处理组甲烷含量为 60%～65%。在固体停留时间为 41d 条件下，热处理可以提高甲烷产率 57.9%。在固体停留时间为 29d 条件下，没有经过热处理的对照组不能正常产沼气，热处理组仍然能正常产气。在固体停留时间 41d、35d、29d 条件下，发酵混合物氨氮浓度达到 4000mg/L；在固体停留时间为 23d 条件下，氨氮浓度达到 5000mg/L（Hu et al.，2019）。

3.4.5 添加铁基材料

铁对沼气发酵具有促进作用。不加添加剂的对照组，添加零价铁（5g/L）、磁铁矿（5g/L）及两者混合物（2.5g/L 零价铁+2.5g/L 磁铁矿）组的甲烷产率分别为 80.5mL/g VS、94.7mL/g VS、98.8mL/g VS、98.1mL/g VS，与对照相比，添加零价铁、磁铁矿和两者混合物组甲烷产率分别增加 17.6%、22.7%和 21.9%（Zhang et al.，2021）。

在发酵浓度为 20%的条件下，不添加对照组、添加活性炭（干物质 5%）、添加磁铁粉（干物质 5%）、添加灰分（干物质 5%）处理组的猪粪干式沼气发酵体系的沼气产率分别为 454mL/g TS、582mL/g TS、502mL/g TS、510mL/g TS 或 576mL/g VS、738mL/g VS、637mL/g VS、647mL/g VS，甲烷含量分别为 59.66%、59.29%、59.20%、56.27%。相比对照组，添加活性炭、磁铁粉和灰分处理组的累积产气量分别提升了 28.2%、10.6%和 12.3%（郑盼等，2019）。

3.4.6 添加炭基材料

炭基材料广泛用于厌氧消化效率的提升。在发酵浓度为 20%左右、中温（37℃）条件下，猪粪干式沼气发酵小试研究中，添加 0%、1%、5%和 10%（以发酵体系干物质计）活性炭时原料产气率分别为 391mL/g TS、392mL/g TS、440mL/g TS 和 411mL/g TS。活性炭添加量为发酵体系干物质的 5%时，对猪粪干式发酵产气效果提升 15.5%。添加活性炭可以缩短猪粪干式沼气发酵的发酵时间，且活性炭添加量越多，发酵时间越短（郑盼等，2018）。

在中温（37℃）条件下，以猪粪为主要发酵原料的干式沼气发酵中，VFA 质量浓度随蛭石和生物炭添加比例的增加而降低，第 25 天后 VFA 质量浓度迅速降低，相比生物炭和蛭石，海泡石的不同添加比例差异不显著。与猪粪单独发酵相比，不同生物炭添加比例下迟滞期可缩短 31.23%～83.90%。10%添加比例下，蛭石、海泡石和生物炭使挥发性固体（VS）产气率分别提高了 98.97%、76.78%和 93.06%；当添加比例达到 20%时，甲烷产率分别可达 106.38mL/g VS、106.68mL/g VS 和 126.23mL/g VS。这表明三种添加剂均能够缓解猪粪干式沼气发酵过程的酸抑制，提高甲烷产率，总体上生物炭效果优于蛭石和海泡石（李丹妮等，2019）。

在本书作者团队进行的猪粪干式沼气发酵试验中，没有添加活性炭的对照组、分散添加颗粒活性炭组和包裹添加颗粒活性炭组的甲烷产率分别为307mL/g VS、316mL/g VS和314mL/g VS，添加活性炭的处理组比对照组的甲烷产率提高2.28%～2.93%，分散添加颗粒活性炭比包裹添加颗粒活性炭的甲烷产率稍有提高，但是差异不显著（Xiao et al.，2019）。在猪粪连续干式沼气发酵试验研究中，在35℃、容积负荷4.72g TS/(L·d)条件下运行145d，没有添加活性炭的对照组和添加颗粒活性炭（活性炭包裹在多孔尼龙袋中，活性炭质量占反应器发酵混合物质量的4.2%）处理组的平均容积产气率分别为1.51L/(L·d)和1.67L/(L·d)，原料产气率分别为0.320L/g TS和0.354L/g TS。添加颗粒活性炭组的产气效率比对照组提高10.6%，沼气中平均甲烷含量分别为64.1%和64.3%。对照组和添加颗粒活性炭处理组的最大氨氮浓度分别为4851mg/L和5239mg/L，平均氨氮浓度分别为2760mg/L和3183mg/L。对照组和添加颗粒活性炭处理组的最大VFA浓度分别为7020mg/L和4000mg/L，平均VFA浓度分别为2963mg/L和2064mg/L。添加颗粒活性炭并没有降低氨氮浓度，但是显著降低了VFA的浓度，使系统更加稳定（Xiao et al.，2019）。进一步，在不同有机负荷下，进行了添加颗粒活性炭改善猪粪干式沼气发酵效率试验。从表3-13可以看出，在发酵温度35℃条件下，有机负荷为1.0g TS/(L·d)、1.5g TS/(L·d)、3.0g TS/(L·d)、5.0g TS/(L·d)、7.0g TS/(L·d)和9.0g TS/(L·d)时，添加颗粒活性炭组的容积沼气产率比对照组分别提高9.85%、2.30%、6.20%、9.52%、7.25%和7.39%，容积甲烷产率分别提高13.69%、2.90%、6.44%、9.28%、7.75%和9.35%。添加颗粒活性炭，容积甲烷产率提高的效率比容积沼气产率更高。从表3-13还可以看出，低有机负荷和高有机负荷时，提高的效率更高。

表3-13　35℃下添加颗粒活性炭对不同有机负荷猪粪干式发酵产气性能的影响（Xiao et al.，2022）

有机负荷/[g TS/(L·d)]	对照组		添加颗粒活性炭处理组		添加颗粒活性炭提升效率/%	
	容积沼气产率/[L/(L·d)]	容积甲烷产率/[L CH_4/(L·d)]	容积沼气产率/[L/(L·d)]	容积甲烷产率/[L CH_4/(L·d)]	容积沼气产率	容积甲烷产率
1.0	0.467±0.189	0.241±0.093	0.513±0.182	0.274±0.094	9.85	13.69
1.5	0.522±0.046	0.310±0.025	0.534±0.065	0.319±0.037	2.30	2.90
3.0	0.951±0.133	0.606±0.086	1.01±0.142	0.645±0.090	6.20	6.44
5.0	1.47±0.100	0.970±0.068	1.61±0.160	1.06±0.101	9.52	9.28
7.0	2.07±0.182	1.29±0.115	2.22±0.137	1.39±0.087	7.25	7.75
9.0	2.30±0.099	1.39±0.062	2.47±0.123	1.52±0.070	7.39	9.35

从干式沼气发酵系统氨氮浓度（表3-14）看，对照组、添加颗粒活性炭处理组的氨氮浓度都是先增加，在有机负荷为5.0g TS/(L·d)时达到最大值后开始下降，在有机负荷为1.0～7.0g TS/(L·d)阶段，添加颗粒活性炭组的氨氮浓度低于对照组，减少2.01%～6.60%。其原因主要是颗粒活性炭对反应器中氨氮有一定的吸附能力，可降低反应器中发酵液氨氮浓度。当有机负荷提升至9.0g TS/(L·d)时，因为前期吸附氨氮解吸和有机物降解两方面的作用，添加颗粒活性炭组的氨氮浓度高于对照组（Xiao et al.，2022）。

表 3-14　35℃下添加颗粒活性炭对猪粪干式沼气发酵系统氨氮及挥发性有机酸的影响
（Xiao et al.，2022）

有机负荷/[g TS/(L·d)]	氨氮浓度/(mg/L)		挥发性脂肪酸浓度/(mg/L)	
	对照组	添加颗粒活性炭组	对照组	添加颗粒活性炭组
1.0	3433±198	3248±231	3001±1375	2247±1348
1.5	3571±40.0	3456±176	543±52.0	468±81.0
3.0	3788±132	3712±96.0	1259±217	1206±280
5.0	4094±445	3864±321	2370±890	3223±1181
7.0	3654±610	3413±530	2614±1037	2743±741
9.0	2324±269	2406±211	3691±952	2353±640

在整个试验运行期间，各反应器内 VFA 浓度均低于抑制浓度。但是，每当提高有机负荷时，挥发性脂肪酸在各阶段初期均有一个较为明显的累积过程，随后在一定范围内波动变化或稳定在某一浓度，说明有机负荷变化会对产甲烷菌造成一定冲击，使其需要一定适应时间。反应器启动初期，挥发性脂肪酸快速积累，VFA 浓度较高。随着试验继续进行，产甲烷菌逐渐适应发酵环境，积累在反应器中的挥发性脂肪酸被微生物降解转化，并且添加活性炭组中挥发性脂肪酸转化速率高于对照组。当有机负荷为 1.5g TS/(L·d)时，对照组、添加颗粒活性炭组挥发性脂肪酸浓度均稳定在较低水平。当有机负荷为 5.0g TS/(L·d)时，添加颗粒活性炭组的挥发性脂肪酸浓度总体水平高于对照组，原因是颗粒活性炭的添加增强了产酸菌的活性，促进了挥发性脂肪酸的产生。当有机负荷超过 5.0g TS/(L·d)时，对照组中的挥发性脂肪酸浓度呈逐渐增加趋势，而添加颗粒活性炭组则呈逐渐降低趋势，在有机负荷 9.0g TS/(L·d)时，对照组、添加颗粒活性炭组 VFA 平均值分别为 3691mg/L 和 2353mg/L。这说明在高有机负荷条件下添加颗粒活性炭能使产甲烷菌保持较高活性，及时降解转化大分子有机物酸化产生的挥发性脂肪酸（Xiao et al.，2022）。

3.5　猪粪干式沼气发酵技术应用案例

1. 原料及接种物

干式沼气发酵中试原料为当天取自猪舍的新鲜粪便，猪粪含水率为 75%～78%，VS 含量为 78%～84%，氨氮浓度为 1571mg/L。接种物为北京某养牛场的湿式沼气发酵系统排出的消化液，含水率为 93.1%，VS/TS 为 69.2%。

2. 试验装置

猪粪干式沼气发酵中试系统主要包括：进料单元、沼气发酵单元、出料单元、保温及配套设备等，如图 3-2 所示（盛迎雪等，2016）。

（1）进料单元：物料和回流沼渣充分混合后由螺旋输送机输送设备送入沼气发酵反应器。

（2）沼气发酵单元：是整个系统的核心，总容积 24m^3。沼气发酵反应器内设有水平轴机械搅拌装置，桨叶在轴上按照一定间隔排列。试验期间进行间歇搅拌，搅拌 2h 停 2h，转速为 1r/min。

（3）出料单元：沼气发酵反应器产生的发酵残余物经泵送至螺旋挤压固液分离机进行固液分离。沼渣一部分用于接种物回流，一部分用于堆肥。

（4）保温：为了使沼气发酵反应器的温度保持在 36℃左右，在其内部设置加热盘管，加热盘管内的热水由热水储罐提供，热水循环利用，温度可随需要调节。

（5）配套设备：主要包括物料计量设备、电控柜、流量计等。物料在上料前采用电子秤称量。通过电控柜，可对热水储罐温度、反应器温度、搅拌方式及转速等参数进行调整。

图 3-2　猪粪干式沼气发酵中试系统装置图（盛迎雪等，2016）

3. 运行结果

运行前 11 天，为了尽快将反应器内的液位提高到设计值，沼气发酵反应器只进料不出料。从第 16 天开始增加回流，回流量与进料量的质量比为 1∶2。通过消化液回流，一方面减少沼液排放量，另一方面可以利用沼液的碱度维持系统所需的适宜 pH，保持沼气发酵反应器内微生物活性。在进料初始阶段，产气量上升明显，最高时达到了 33.50m^3/d，但是随着进料量的提高，产气量并没有上升，基本维持在 30～35m^3/d，而且当进料量提高到 400kg/d 时，沼气产量出现了较大的波动，最大为 55m^3/d，最小为 25m^3/d。沼气中 CH_4 含量变化不大，在 57%～62%（盛迎雪等，2016）。

当系统进料量为 500kg/d 时，VFA 浓度和总碱度（total ammonia，TA）较稳定，VFA 浓度基本维持在 5000mg/L。但是当进料量由 500kg/d 提高到 550kg/d 时，VFA 浓度呈线性增长趋势，最高达到 9000mg/L。为了防止酸败，第 38 天至第 40 天停止进料 3d，此过程中产气量急剧下降。第 41 天 VFA 浓度有所降低，开始恢复进料，VFA 浓度持续降低至 5000mg/L，并保持稳定（盛迎雪等，2016）。

随着进料时间的增加，系统中氨氮逐渐累积。回流使一部分氨氮又进入系统内，加之回流物料中有机氮在产酸过程中转化成为无机氮，氨氮浓度会不断升高。而且回流量越大，氨氮浓度升得越高。当氨氮浓度增加到5000mg/L时，氨氮浓度保持稳定。从第42天开始，为了防止氨氮浓度进一步增加，对出料进行固液分离，只回流沼渣，因为沼渣中氨氮只占出料（未固液分离）氨氮的10%，氨氮浓度由初始的5000mg/L降低到4500mg/L左右（盛迎雪等，2017）。

随着进料量由600kg/d提高到800kg/d，沼气产量基本稳定，没有明显增加。当进料量为600kg/d时，沼气产量为45～55m^3/d，相当于容积产气率为1.88～2.29$m^3/(m^3 \cdot d)$。当进料量为670kg/d时，沼气产量有不同程度的降低。当进料量为720kg/d、800kg/d时，虽然沼气产量较高，但是原料产气率较低（表3-15）（盛迎雪等，2017）。

表3-15　猪粪干式沼气发酵中试产气性能（盛迎雪等，2017）

进料量/(kg/d)	沼气产量/(m^3/d)	容积产气率/[$m^3/(m^3 \cdot d)$]	原料产气率*/(m^3/kg TS 投加)
500	35～40	1.46～1.67	0.280～0.320
600	45～55	1.88～2.29	0.300～0.367
670	35～40	1.46～1.67	0.209～0.239
720	40～55	1.67～2.29	0.222～0.306
800	45～65	1.88～2.71	0.225～0.325

* 按照猪粪含水率75%（即TS含量为25%）计算。

第 4 章　牛粪干式沼气发酵

4.1　牛粪产生量及特性

4.1.1　牛粪产生量

牛粪不仅是沼气发酵的良好原料，而且还可以作为沼气发酵启动过程的接种物。牛粪产生量受牛的种类、生长阶段、饲料类型等因素影响。根据《畜禽养殖业粪便污染监测核算方法与产排污系数手册》（董红敏，2019），奶牛、肉牛的产粪量分别见表 4-1、表 4-2。表 4-1 和表 4-2 给出的是产污系数。另外，在用作沼气发酵原料计算时，还需考虑粪便的收集率。奶牛粪便的收集率通常在 70%左右，肉牛粪便的收集率在 80%左右，夏季收集率通常低于冬季收集率（程鹏，2008）。

表 4-1　不同地区奶牛粪便产生量

地区	饲养阶段	参考体重/kg	粪便量/(kg/d)
华北	育成牛	375	14.83
	产奶牛	686	32.86
东北	育成牛	312	15.67
	产奶牛	665	33.47
华东	育成牛	370	15.09
	产奶牛	540	31.60
中南	育成牛	328	16.61
	产奶牛	624	33.01
西南	育成牛	370	15.09
	产奶牛	540	31.60
西北	育成牛	378	10.50
	产奶牛	670	19.26

表 4-2　不同地区肉牛粪便产生量

地区	饲养阶段	参考体重/kg	粪便量/(kg/d)
华北	育肥牛	406	15.01
东北	育肥牛	372	13.89
华东	育肥牛	462	14.80

续表

地区	饲养阶段	参考体重/kg	粪便量/(kg/d)
中南	育肥牛	316	13.87
西南	育肥牛	431	12.10
西北	育肥牛	378	10.50

4.1.2 牛粪理化特性

表 4-3 汇总了不同研究者得出的牛粪理化特性数据，平均起来，牛粪干物质（TS）含量为 22.70%、总碳含量 35.49%、总氮含量 1.99%、C/N 比 18.42。李书田等（2009）对我国 52 个牛粪样品进行采样测定，按干基计的结果为，牛粪全氮含量范围为 0.32%～4.13%，平均为 1.56%，有一半以上的样品含氮量为 1.0%～2.0%，小于 1.0%和大于 2.0%的样品分别占 27.0%和 21.2%。牛粪含磷量范围为 0.22%～8.74%，平均为 1.49%，36.5%的样品含磷量为 0.5%～1.0%，40.4%的样品含磷量为 1.0%～2.0%，含磷量大于 2.0%的样品只有 17.3%。牛粪中钾元素的含量较低，平均含钾量为 1.96%，59.6%的样品含钾量为 1.0%～2.0%，含钾量 2.0%～3.0%和大于 3.0%的比例分别为 19.2%和 13.5%。按照表 4-4 中粗蛋白含量除以 6.25，含氮量为 1.91%，而表 4-3 中牛粪含氮量平均值为 1.99%，较为接近。如果按照牛粪平均干物质含量 22.70%折算，鲜基中牛粪含氮量大约为 0.45%。这意味着牛粪干式沼气发酵过程中，氨氮浓度可能达到 4000mg/L 左右。

表 4-3 牛粪理化特性

牛粪种类	TS 含量/%	总碳含量/%	总氮含量/%	C/N 比	参考文献
奶牛粪	26.46	38.78	2.16	17.95	（Xu et al.，2019）
奶牛粪	17.7	24.31	2.14	11.36	（怀宝东等，2020）
奶牛粪	20.79	28.61	2.38	12.02	（吴梦婷等，2020）
奶牛粪	27	39.12	1.705	22.94	（赵旭等，2020）
奶牛粪	17.2	35.5	2.01	17.6	（王世伟等，2019）
奶牛粪	18	34.35	1.97	17	（韩相龙等，2019）
牛粪	19.14	33.2	1.76	18.86	（冉文娟等，2022）
肉牛粪	24.64	40.82	1.5	27.31	（高建程等，2008）
肉牛粪	28.8	42.42	1.67	25.4	（苏鹏伟等，2021）
肉牛粪	28.34	40.37	1.97	20.81	（靳光等，2021）
肉牛粪	19.33	34.09	2.34	14.57	（刘文杰等，2020）
肉牛粪	24.98	34.29	2.26	15.17	（葛勉慎等，2019）

表 4-4　牛粪营养成分

牛粪种类	含量/%					参考文献
	粗蛋白	粗脂肪	粗纤维	粗灰分	无氮浸出物	
奶牛粪	12.46		23.45	15.35		（贺初勤，2016）
奶牛粪	12.7	2.5	37.5	16.1	29.4	（中国农业大学等，1997）
肉牛粪	10.63		25.65	18.72		（贺初勤，2016）
牛粪	11.96	2.19	20.72	18.17	46.96	（中国农业大学等，1997）

4.1.3　牛粪产沼气的有利及不利因素

牛粪本身含有产甲烷菌，以牛粪为原料的沼气工程启动快。但是，牛粪中杂草较多，并且奶牛粪含砂量还比较高，发酵浓度较低时容易形成浮渣和沉砂，高浓度干式发酵有望解决浮渣和沉砂的问题。

4.2　牛粪干式沼气发酵产气性能

4.2.1　原料产气率

不同研究者获得的牛粪原料产气率差距很大，低的只有 0.104m^3/kg TS 投加，而高的可达 0.369m^3/kg TS 投加，与牛的饲料、牛粪存放时间有关（表 4-5）。平均起来，牛粪原料产气率为 0.226m^3/kg TS 投加。

表 4-5　不同研究者获得的牛粪干式沼气发酵产气性能

粪便类型	底物浓度（TS）/%	运行方式	发酵温度/℃	容积产气率/[m^3/(m^3·d)]	原料产气率	甲烷含量/%	参考文献
奶牛粪	20	序批式	35	0.23	0.104m^3/kg TS 投加	52.96	（祝其丽等，2013）
水牛粪	20	序批式	35	0.31	0.140m^3/kg TS 投加	53.69	（祝其丽等，2013）
黄牛粪	20	序批式	35	0.21	0.130m^3/kg TS 投加	52.51	（祝其丽等，2013）
奶牛粪	20	序批式	37	0.558（最高 1.10）	0.177m^3/kg TS 投加	51.3	（李金平等，2020）
牛粪	20	序批式	37		0.365m^3/kg TS 投加	41～55	（夏挺等，2017）
牛粪	进料 18.33	连续	37	1.82～2.21	0.199～0.242m^3/kg TS 投加	58	（冯磊和李润东，2011）
牛粪	进料 15.34	序批式	35		0.127～0.152m^3/kg TS 投加		（李靖，2021）

续表

粪便类型	底物浓度（TS）/%	运行方式	发酵温度/℃	容积产气率/[$m^3/(m^3·d)$]	原料产气率	甲烷含量/%	参考文献
牛粪	进料 16.3	序批式	35	1.07			（李靖，2021）
奶牛粪	进料 40	序批式	55	0.73	$0.25m^3$/kg TS 投加		（张陈等，2021）
奶牛粪	15.18	序批式	35		$0.344m^3$/kg TS 投加	57.04	（Jha et al.，2013）
奶牛粪	15.15	序批式	55		$0.369m^3$/kg TS 投加	57.23	（Jha et al.，2013）
奶牛粪	进料 20～24	序批式	28		0.229～0.286L CH_4/g VS 投加	60	（Rajagopal et al.，2019）
奶牛粪	进料 20～24	序批式	20		0.112～0.140L CH_4/g VS 投加	53	（Rajagopal et al.，2019）

4.2.2 容积产气率

大多数牛粪干式沼气发酵的研究采用序批式发酵试验，主要获得原料产气率或称为沼气产率或甲烷产率（methane yield）。序批式试验计算的容积产气率都偏低，因为在整个发酵期间没有补料。要获得容积产气率，需要进行连续发酵试验。冯磊和李润东（2011）采用有效容积为 25L 的完全混合式厌氧反应器进行了牛粪连续干式沼气发酵试验，进料 TS 含量为 18.33%，每天进料量 1.25kg，HRT 为 20d，发酵温度 37℃，每 4h 搅拌 10min，搅拌速率为 120r/min。在稳定运行阶段（第 21～90 天），系统第 85 天达到最大产气速率，为 110.3L/d，罐内物料 TS 含量为 8.17%，整个稳定运行阶段平均产气速率为 55.37L/d，相当于容积产气率 $2.21m^3/(m^3·d)$，系统未出现酸化现象。试验运行至第 90 天后出现严重的氨氮抑制问题，氨氮浓度达到 2850mg/L，TS 含量为 12%～16%，第 91～150 天的平均产气速率下降至 23.1L/d，产气速率只有高峰期的 40.2%左右。采用稀释回流沼液的方法，30d 后（第 150 天）氨氮浓度降低至 1689mg/L，产气速率回升至 45.5L/d，相当于容积产气率 $1.82m^3/(m^3·d)$，TS 含量维持在 17.5%～19.5%（冯磊和李润东，2011）。从牛粪干式沼气发酵中试试验看，在中温条件下，牛粪干式沼气发酵的容积产气率能达到 $2.0m^3/(m^3·d)$ 左右。

4.3 牛粪干式沼气发酵影响因素

4.3.1 接种物

牛粪自身带有产甲烷菌，可以不用接种而自然启动。但是，添加接种物能缩短启动时间，提高产气效率。在一项研究中，接种物干物质量比为 10%、20%、30%、40%和 50%试验组的原料产气率分别为 128mL/g TS、132mL/g TS、152mL/g TS、141mL/g TS 和

140mL/g TS，即接种量 30%试验组＞40%试验组＞50%试验组＞20%试验组＞10%试验组（李靖，2021）。另一项接种对牛粪干式沼气发酵影响试验表明，接种量越大，发酵启动越快。接种比（占发酵物料鲜基比）20%、30%、40%和 50%试验组的原料产气率分别为 111mL CH_4/g TS、122mL CH_4/g TS、136mL CH_4/g TS 和 132mL CH_4/g TS，甲烷含量分别为 52.42%、51.05%、51.35%和 52.76%，当接种比为 40%时产气效果最佳（张振，2020）。

4.3.2　温度

牛粪在不同发酵温度条件下所表现的产气效果相差很大。当发酵温度为 35℃时，牛粪原料产气率可达 170mL/g TS，较 25℃（77.5mL/g TS）与 55℃（165mL/g TS）条件下原料产气率分别提高 119%与 3.03%（李靖，2021）。但是，另一项研究得出的结果是，高温干式沼气发酵的产气量比中温的增加大约 10%（Jha et al.，2013）。在容积为 80L 的序批式干式沼气发酵试验中，20℃下的原料产气率为 0.112～0.140L CH_4/g VS 投加，而 28℃下的原料产气率为 0.229～0.286L CH_4/g VS 投加，28℃的原料产气率比 20℃的约提高 50%。28℃下的甲烷含量大约为 60%，而 20℃下的甲烷含量大约为 53%。90%～100%的病原微生物（如大肠杆菌、链球菌、革兰氏阴性菌、沙门氏菌、克雷伯氏菌）被去除（Rajagopal et al.，2019）。

4.3.3　原料浓度

发酵浓度对牛粪沼气发酵具有明显影响。发酵物料 TS 含量为 20%、22%、24%、26%的原料产气率分别为 135mL CH_4/g TS、140mL CH_4/g TS、126mL CH_4/g TS、122mL CH_4/g TS，甲烷含量分别为 53.01%、52.89%、55.77%、52.87%，表明 TS 含量为 22%时产气效果最佳（张振，2020）。李金平等（2020）采用 3m^3 发酵罐，在 37℃下对比了干式发酵和湿式发酵产气性能的差别，序批式发酵试验结果表明，原料 TS 含量为 20%的干式发酵系统累积产气量为 51.375m^3，最大日产气量可达 2.198m^3，分别比 TS 含量为 8%的湿式发酵多产沼气 11.076m^3 和 0.301m^3。干式沼气发酵的容积产气率为 0.558$m^3/(m^3·d)$，比湿式沼气发酵组提高了 15.95%，干式、湿式发酵系统产生的沼气中甲烷体积分数分别为 51.3%和 48.6%。但是，另一项研究却得出了相反的趋势，中温下干式、湿式沼气发酵的原料产气率分别为 0.344L/g TS、0.375L/g TS，甲烷含量分别为 57.04%、57.99%；高温下干式、湿式沼气发酵的原料产气率分别为 0.369L/g TS、0.404L/g TS，甲烷含量分别为 57.23%、58.09%。中温、高温下干式沼气发酵比湿式沼气发酵原料产气率分别低 8.27%、8.66%。高温干式沼气发酵比中温干式沼气发酵原料产气率高 7.27%，而高温湿式沼气发酵比中温湿式沼气发酵原料产气率高 7.73%（Jha et al.，2013）。

4.3.4　搅拌

干式沼气发酵进料浓度较高，一般需要搅拌。搅拌强度、频率都对产气性能有较大影响。在 35℃下，不同搅拌方式对干清牛粪沼气发酵产气性能影响试验结果表明，低强度间隙搅拌（转速 10r/min，每 3h 搅拌 2min）试验组与连续搅拌（转速 10r/min）和无搅拌试验组相比，累积产气量更高，可达 11048mL，较无搅拌试验组和连续搅拌试验组分别提高 62.06%和 22.81%，且间歇搅拌试验组较其他两个试验组的产气高峰也有所提前，认为干清牛粪干式沼气发酵应选用低强度的间歇式搅拌（李靖，2021）。

4.3.5 抑制物

畜禽粪便干式沼气发酵的主要抑制因素是氨氮。牛粪 TS 含量为 15.18%，序批式干式沼气发酵氨氮浓度达到 1300mg/L 左右（Jha et al.，2013）。底物 TS 含量为 20%的牛粪干式沼气发酵试验中，氨氮浓度上升到 457～1352mg/L，湿式发酵（TS 含量为 8%）试验组的氨氮浓度为 361～1030mg/L（李金平等，2020）。在发酵底物 TS 含量为 22%的牛粪干式沼气发酵中（序批式发酵），物料的氨氮浓度为 910～1080mg/L（张振，2020）。尽管牛粪含氮量相比猪粪和鸡粪低，但是，试验中也发现氨氮对牛粪干式沼气发酵具有抑制作用。一项研究表明，当进料牛粪 TS 含量为 18.3%时，连续干式发酵试验运行至第 90 天后出现严重的氨氮抑制问题，氨氮浓度达到 2850mg/L 时，产气速率只有高峰期的 40.2%左右（冯磊和李润东，2011）。

4.4 牛粪干式沼气发酵改进措施

4.4.1 添加酶制剂

添加酶制剂可以提高沼气发酵产气效率，已有许多试验研究。但是，由于酶制剂价格比较昂贵，工程中较少采用。在发酵温度 55℃，TS 含量 40%，接种物含量 30%的条件下，进行牛粪干式沼气发酵。结果表明，木聚糖酶的添加不能缩短产沼气周期，但能提升沼气产量。试验组（添加原料质量 1%的木聚糖酶）累积产气量比对照组提升了 22%，原料产气率为 0.25L/g TS，容积产气率为 $0.73m^3/(m^3·d)$（张陈等，2021）。

4.4.2 添加生物炭

生物炭广泛用于提升沼气发酵效率的试验研究中，不同原料、不同温度下制备的生物炭具有不同的效果。在核桃壳生物炭添加量为发酵物料 TS 量 4%的条件下，添加 300℃、400℃、500℃、600℃热解生物炭和不添加生物炭的对照组的原料产气率分别为 38mL CH_4/g TS、63mL CH_4/g TS、96mL CH_4/g TS、135mL CH_4/g TS 和 104mL CH_4/g TS，甲烷含量分别为 45.1%、48.5%、50.8%、54.4%和 51.1%。300℃、400℃热解生物炭对发酵造成了抑制，500℃热解生物炭相比对照组在发酵前期起到一定促进效果。600℃热解生物炭对发酵的提升效果最佳，在 20～30d 发酵中期阶段尤为突出，缩短了发酵周期，提高了甲烷产率；甲烷产率达到了 183mL/g VS，比对照提高了 30.52%（张振，2020）。

4.4.3　添加核桃壳灰分和粉煤灰

废弃物灰分含有微量元素，可能对沼气发酵具有促进作用。添加发酵物料 TS 量 2%、6%、10%的核桃壳灰分和不添加对照组的甲烷产率分别为 138mL CH_4/g TS、134mL CH_4/g TS、108mL CH_4/g TS 和 110mL CH_4/g TS，甲烷含量分别为 50.76%、52.43%、51.99%和 50.39%。添加 6%和 10%核桃壳灰分组的甲烷含量高于对照组和添加 2%核桃壳灰分组，整个发酵周期中，前 25 天为发酵高峰期。添加 2%和 6%核桃壳灰分组对奶牛粪干式沼气发酵起到了促进作用，相比对照组甲烷产率分别提高了 25.45%和 21.82%。但是添加 10%的核桃壳灰分发生了抑制，甲烷产率比对照组降低 1.82%。在试验结束后，测定发酵后物料 pH、VFA 浓度，发现 pH 随着核桃壳灰分添加量增加而升高，VFA 浓度随着核桃壳灰分添加量增加而降低，有利于干式沼气发酵过程进行（张振，2020）。

粉煤灰具有吸附功能，并含有微量元素，也被用作沼气发酵促进剂。添加发酵物料 TS 量 2%、6%、10%的粉煤灰组和不添加对照组的甲烷产率分别为 122mL CH_4/g TS、119mL CH_4/g TS、116mL CH_4/g TS 和 110mL CH_4/g TS，甲烷含量分别为 52.89%、54.02%、51.77%和 51.18%。相比对照组，添加 2%、6%、10%的粉煤灰组分别提高了奶牛粪干式沼气发酵甲烷产率 10.91%、8.18%、5.45%。这表明粉煤灰的添加促进了奶牛粪干式沼气发酵，其作用效果类似于添加核桃壳灰分（张振，2020）。

4.4.4　添加磁铁粉

磁铁粉含有的铁对沼气发酵有促进作用。添加发酵物料 TS 量 2%、5%、8%的磁铁粉组和不添加对照组的原料产气率分别为 130mL CH_4/g TS、154mL CH_4/g TS、147mL CH_4/g TS 和 130mL CH_4/g TS，甲烷含量分别为 54.52%、60.82%、58.12%和 49.98%，分别提高了奶牛粪原料产气率 0.0%、18.5%、13.1%。适量磁铁粉的添加可以促进奶牛粪干式沼气发酵产甲烷性能，这可能是因为微量元素 Fe 的作用。磁铁粉最适宜添加量为发酵物料 TS 量的 5%（张振，2020）。

4.4.5　添加蛭石

蛭石吸附性较强，具有良好的阳离子交换性，也用于改善沼气发酵性能。在发酵物料 TS 含量 22%、温度 37℃条件下，添加发酵物料 TS 量 2%、5%、8%的蛭石组和不添加对照组的原料产气率分别为 208mL CH_4/g TS、222mL CH_4/g TS、196mL CH_4/g TS 和 184mL CH_4/g TS，甲烷含量分别为 55.42%、55.70%、58.71%和 55.92%。添加 2%、5%、8%的蛭石组分别提高了奶牛粪干式沼气发酵原料产气率 13.04%、20.65%、6.52%。发酵前期添加蛭石的处理组降低了反应的 VFA 积累，减轻了酸化程度。蛭石最适宜添加量为发酵物料 TS 量的 5%（曾静等，2021）。

上述外源添加剂促进效果都是在序批式发酵试验中获得的，在实际生产过程，主要是连续或半连续方式运行，在此状态下这些外源添加剂能否获得促进效果，还需要进一步试验。

4.5　牛粪干式沼气发酵技术应用案例

上海森农有机肥加工中心牛粪干式沼气发酵项目是有机肥加工中心的配套工程，每天处理畜禽粪便约 25t，设计沼气发酵罐容积 500m^3，进料浓度 15%～25%，发酵温度 35～38℃，项目实景、原料及发酵后沼渣见图 4-1、图 4-2、图 4-3。

图 4-1　上海森农有机肥加工中心牛粪干式沼气发酵项目实景图（韩立宏和刘会友，2014）

图 4-2　上海森农有机肥加工中心牛粪干式沼气发酵项目发酵前的牛粪（韩立宏和刘会友，2014）

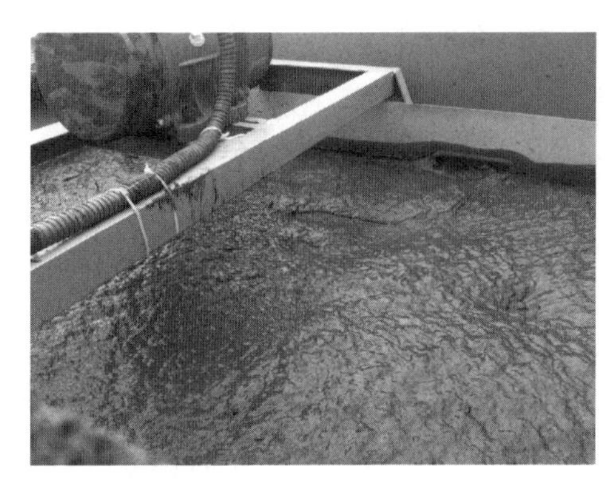

图 4-3　上海森农有机肥加工中心牛粪干式沼气发酵项目发酵后沼渣（来源：上海济兴能源环保技术有限公司）

为了提升上海地区好氧堆肥、有机肥生产工艺水平，消除臭气和蚊蝇对周边居民产生的影响，首先采用沼气发酵工艺对畜禽粪便进行处理，项目年处理畜禽粪便 9125t，主要产品产量如下：

（1）日产沼气 1000m^3，年产沼气量达 36.5 万 m^3，所产沼气用于沼气发电和代替柴油作为供热锅炉燃料，所产生的电力及热能全部供给沼气工程和沼渣加工中心自用；

（2）年产干沼渣约 6000t，用作固态有机肥加工原料。

该沼气工程的建设方是有机肥加工中心，不同于传统的畜禽粪便养殖场作为建设方。有机肥加工中心专业收集周边养殖户的畜禽粪便，畜禽粪便先经过沼气发酵，再进行好氧堆肥发酵，相比原来直接进行好氧堆肥生产有机肥的工艺，臭气、蚊蝇等二次污染明显降低，同时有机肥肥效增加，整个厂区和周边环境大大改善，有望构建新型畜禽粪便资源利用模式。

该项目经过多年的运行，效果良好，不仅厂区内和周边环境得到了改善，而且产生良好的经济效益，确保了项目持续稳定运行。有机肥加工中心的有机肥销售渠道成熟，加上对沼气合理利用产生的效益，使得该沼气工程产出大于投入，并且沼气工程所产生的经济效益比传统的养殖场沼气工程更加稳定。

采用干式沼气发酵工艺，经过多年的运行实践，显示出比传统湿式沼气发酵工艺不可比拟的优势。处理原料种类多，不仅处理厂区周边十多个牛场产生的牛粪，还收集处理周边 1 个豆腐制品厂的污泥和 1 个中药厂的残渣。牛粪、污泥、残渣等废弃物通过收集车运输至沼气工程，不需要任何预处理就直接进入沼气发酵罐。该沼气工程系统简单，只需一个人监视。经过上海几个寒冷冬季的考验，沼气发酵罐不需要外加能源即可维持发酵系统的正常运行，沼液量少。生产的有机肥供给周边的大棚蔬菜使用，产生的沼气供厂区的内腐殖酸加工厂使用（韩立宏和刘会友，2014）。

第5章　鸡粪干式沼气发酵

5.1　鸡粪产生量及特性

5.1.1　鸡粪产生量

相对于猪粪、牛粪产生量，鸡粪产生量差异较小。根据《畜禽养殖业粪便污染监测核算方法与产排污系数手册》(董红敏，2019)，蛋鸡、肉鸡的产粪量分别见表5-1、表5-2。表5-1和表5-2给出的是产污系数。另外，在用作沼气发酵原料时，还需考虑粪便的收集率。养鸡场鸡粪排泄量一般按0.10～0.12kg/(只·d)估算。

表5-1　不同地区蛋鸡粪便产生量

地区	种类	参考体重/kg	粪便量/(kg/d)
华北	育雏育成	1.2	0.08
	产蛋鸡	1.9	0.17
东北	育雏育成	1.0	0.06
	产蛋鸡	1.5	0.10
华东	育雏育成	1.2	0.07
	产蛋鸡	1.7	0.15
中南	育雏育成	1.3	0.12
	产蛋鸡	1.8	0.12
西南	育雏育成	1.3	0.12
	产蛋鸡	1.8	0.12
西北	育雏育成	1.2	0.06
	产蛋鸡	1.5	0.10

表5-2　不同地区肉鸡粪便产生量

地区	饲养阶段	参考体重/kg	粪便量/(kg/d)
华北	商品肉鸡	1.0	0.12
东北	商品肉鸡	1.6	0.18
华东	商品肉鸡	2.4	0.22
中南	商品肉鸡	0.6	0.06
西南	商品肉鸡	0.6	0.06
西北	商品肉鸡	1.6	0.18

5.1.2　鸡粪营养成分与理化特性

鸡的肠道较短，对饲料的消化吸收能力差，饲料中有 70%～80%的营养成分未被消化吸收就排出体外，因此鸡粪中粗蛋白含量达 20%～30%。几位研究者报道的鸡粪营养成分见表 5-3。

表 5-3　鸡粪营养成分

鸡粪种类	含量/%							参考文献
	粗蛋白	粗脂肪	粗灰分	粗纤维	钙	磷	水分	
烘干鸡粪	26.16	2.22	36.53	8.73	10.76	2.22		（钱永清等，1994）
烘干蛋鸡粪	30.12	4.82	29.23	11.83	9.08	2.48	12.28	（刘明生等，2013）
风干鸡粪	30.32	4.82	38.64	10.62	10.01	2.46	4.86	（吕绪东和王纯，2003）
风干蛋鸡粪	22.34	2.44	31.03	10.72	10.00	2.35	12.00	（王晓明，2013）

注：表中数据加和有的不为 100%，是由测试误差造成的。

不同研究者报道的鸡粪理化特性见表 5-4。平均起来，含水率 69.58%、总有机碳含量 33.13%、总氮含量 4.13%、C/N 比 8.80。李书田等（2009）对我国 59 个鸡粪样品进行了采样测定，按干基计的结果为，鸡粪含氮量为 0.60%～4.85%，平均 2.08%，主要集中在 1.0%～2.0%和 2.0%～3.0%，分别占样品总数的 37.3%和 35.6%，含氮量大于 3.0%的样品占 15.3%。鸡粪含磷（P_2O_5）量为 0.39%～6.75%，平均为 3.53%，小于 3.0%的样品占 28.8%，含磷量为 3.0%～4.0%的样品占 35.6%，含磷量为 4.0%～5.0%的样品占 22.0%，大于 5.0%的样品占 13.6%。鸡粪含钾（K_2O）量为 0.59%～4.63%，平均 2.38%，含钾量为 1.0%～2.0%的样品占 30.5%，含钾量为 2.0%～3.0%的样品占 47.5%，大于 3.0%的样品占 18.6%。按照表 5-3 中粗蛋白含量除以 6.25，含氮量为 4.36%，与表 5-4 的含氮量平均值 4.13%较为接近。如果按照鸡粪平均含水率 69.58%（干物质含量 30.42%）折算，鲜基中鸡粪含氮量为 1.31%。这意味着鸡粪干式沼气发酵过程中，氨氮浓度可能达到 13000mg/L 左右。在 35℃下，通过微生物水解，鸡粪中 90%的有机氮可在 4d 内转化为氨氮（Sürmeli et al.，2017）。

表 5-4　鸡粪理化性质

鸡粪种类	含水率/%	有机碳含量/%	N 含量/%	P_2O_5 含量/%	K_2O 含量/%	C/N 比	参考文献
蛋鸡粪	73.73	66.23（有机质）	5.62	3.31	2.81	6.88	（王文林等，2021）
鸡粪	69.31	25.66	2.96			8.67	（张陆等，2022）
肉鸡粪	72.71	40.068（VS/TS 85.49%）	4.728			9.765	（王立闯等，2021）

续表

鸡粪种类	含水率/%	有机碳含量/%	N 含量/%	P_2O_5 含量/%	K_2O 含量/%	C/N 比	参考文献
鸡粪	74.64	29.65	3.77			7.81	（崔少峰等，2020）
鸡粪	66.4	30.87				11.35	（陈文旭等，2021）
鸡粪	63.72	39.41	4.73			8.33	（王秀红等，2021）
蛋鸡粪	72.26	62.56（VS/TS）	3.39	2.94	2.88		（Li et al.，2015）
肉鸡粪	63.88	62.47（VS/TS）	3.70	2.54	1.923		（Li et al.，2015）

5.1.3　鸡粪产沼气的有利及不利因素

鸡粪中有机物含量高、养分充足，产气潜力大。鸡粪中含氮化合物占比较高，含氮化合物如蛋白质、核酸、尿素或尿酸经厌氧转化的最终产物是氨氮。氮是微生物必需的营养元素。氨氮除了作为营养物质外，还可以作为碳酸氢盐的反离子，因此，较高氨氮浓度能确保产甲烷体系足够的缓冲能力，以应对不严重的酸化现象，从而增加工程的稳定性。但是，高氨氮浓度容易造成沼气发酵体系氨抑制，特别是在干式沼气发酵的情况下。产甲烷菌对氨的耐受性一般比其他厌氧微生物弱。相比氢营养型产甲烷菌，乙酸营养型产甲烷菌对氨抑制更敏感。

鸡粪中含有羽毛、砂粒，发酵过程中容易形成沉渣，并且沉渣较为结实。另外，不同于奶牛粪中的砂，鸡粪中的砂包裹于有机物中，所以对砂的去除更为困难。需要采取措施尽量避免砂粒进入沼气发酵反应器。羽毛也是鸡粪沼气发酵的问题之一，容易引起进料泵堵塞。相对湿式沼气发酵，砂粒沉淀、羽毛堵塞等问题对干式沼气发酵工艺的影响更小一些。

5.2　鸡粪干式沼气发酵产气性能

鸡粪湿式沼气发酵原料产气率为 200～360mL/g VS，原料产气率随着鸡龄增加而变化，青年鸡粪产气率高，随着消化道逐渐成熟而降低（Fuchs et al.，2018）。纯鸡粪干式沼气发酵的原料产气率只有 20～140mL/g VS（表 5-5），基本不能正常产沼气。因此，目前没有纯鸡粪干式沼气发酵连续试验成功的研究，也就没有纯鸡粪干式沼气发酵容积产气率的数据。

表 5-5　不同研究者获得的鸡粪干式沼气发酵原料产气率

序号	底物浓度（TS）/%	发酵温度/℃	原料产气率	氨氮浓度/(g/L)	参考文献
1	25	35	0	17	（Abouelenien et al.，2009a）
2	25	55	0	17	（Abouelenien et al.，2009a）
3	25	35	49mL CH_4/g VS 投加	6.3	（Abouelenien et al.，2009a）

续表

序号	底物浓度（TS）/%	发酵温度/℃	原料产气率	氨氮浓度/(g/L)	参考文献
4	25	55	103.5mL CH_4/g VS 投加	6.1	（Abouelenien et al.，2009a）
5	25	37	28～31mL CH_4/g VS 投加	8～14	（Abouelenien et al.，2009b）
6	25	55	0	8～14	（Abouelenien et al.，2009b）
7	25	65	0	8～14	（Abouelenien et al.，2009b）
8	19.8	35～37	22mL/g VS 去除	14.08	（Bujoczek et al.，2000）
9	20	37	20mL CH_4/g VS 投加	8.5	（Bi et al.，2020）
10	17	35	0.9mL/g VS 投加	1.66	（Magbanua et al.，2001）
11	20	35	51mL/g COD 投加	10.0	（Markou，2015）
12	20	35	140mL/g VS 投加	10.2	（Farrow et al.，2017）

5.3 鸡粪干式沼气发酵改进措施

就原料形态而言，鸡粪最适合作为干式沼气发酵的原料。但是，由于鸡粪含氮量高，其干式沼气发酵的最大问题是氨抑制，对此，研究者进行了大量研究，采取了不同的改进措施。

5.3.1 稀释

克服氨抑制的常用方法是稀释底物。鸡粪通常被稀释到 TS 含量约为 10%，反应器中对应的总氨氮（total ammonia nitrogen，TAN）浓度范围为 5.0～7.0g/L（Fuchs et al.，2018）。Bujoczek 等（2000）的研究表明稀释因子对鸡粪沼气发酵的影响至关重要，虽然在 TS 含量为 10%条件下沼气发酵仍然可行，但是稀释至 TS 含量为 5%后，甲烷产量最高。鸡粪稀释后再发酵实际就是湿式沼气发酵，存在一些问题。第一，稀释会降低有机物浓度，从而降低沼气发酵动力学速度；在给定的水力停留时间下，减小容积去除负荷；第二，稀释会增加沼液数量，进而增加沼液运输成本。

5.3.2 混合发酵

鸡粪的 C/N 比为 6～12，沼气发酵最适 C/N 比一般为 20～30，将鸡粪与其他含碳量高的原料混合可以增加 C/N 比。在缓减氨抑制策略中，混合发酵是目前最具有效益优势的方法，也最容易实现。混合发酵原料包括小麦秸秆、水稻秸秆、玉米秸秆、城市有机垃圾、废弃食物、污水处理厂污泥、玉米青贮饲料、大象草、海草、芒草和微藻等。其中，农产品加工废弃物来源丰富、容易获得，并且有机质含量相对较高，是常用的混合发酵原料。宋佳楠等（2022）采用 30L（有效容积 20L）的沼气发酵罐进行鸡粪与玉米秸秆（总质量为 3000g，质量比为 9∶1）的干式沼气发酵，接种污泥量为 3000mL，

TS 含量达到 20%以上，实验温度为 37℃，第 0～30 天间隔两日加 1000g 原料，第 31～90 天每日加 1000g 原料，第 91～103 天每日加 2000g 原料。在整个沼气发酵过程中，氨氮浓度维持在 700～1050mg/L，每天甲烷产量 20～43L，相当于容积产气率 1.00～2.15L/(L·d)。在另一项研究中，鸡粪与秸秆比（VS 质量比）为 1∶0、5∶2、1∶1，稳定阶段 OLR 分别为 7.31g/(L·d)、7.49g/(L·d)、7.88g/(L·d)，甲烷日产量平均值分别为 12.5L、17.5L、20.7L，容积产气率分别为 0.625L/(L·d)、0.875L/(L·d)、1.035L/(L·d)，消化系统中的总氨氮浓度先增加后降低，到试验结束时大约为 860mg/L（李旭等，2021）。但是，原料的季节性和运输费用高是影响混合发酵的主要问题，特别是对于大型、特大型鸡粪处理沼气工程，混合发酵的局限性更加明显（Hagos et al.，2017；Fuchs et al.，2018）。

5.3.3 氨去除

氨去除能彻底解决氨抑制的问题，主要方法有氨固定（形成鸟粪石）、离子交换（沸石、螯合剂、含铁黏土）、吹脱等。

有研究认为，采用鸟粪石沉淀方法可以降低氨氮浓度。鸟粪石处理组床层氨氮浓度 3900mg/L，滤液氨氮浓度 1400mg/L，而对照组床层氨氮浓度达 5860mg/L，滤液氨氮浓度 4250mg/L。在序批式试验中，鸟粪石沉淀可以提高禽粪干式沼气发酵（进料 TS 含量大约 20%）沼气产率 30%（470～607mL/g VS）。在半连续干式沼气发酵试验（进料 TS 含量 20%）中，在三个负荷[1.5kg VS/(m^3·d)、3.0kg VS/(m^3·d)、4.5kg VS/(m^3·d)]下，负荷为 1.5kg VS/(m^3·d)时产气性能最好，鸟粪石处理组床层氨氮浓度 3500mg/L，而对照组床层氨氮浓度达到 8000mg/L，处理组的沼气产量比对照组的平均提高了 150%，处理组甲烷含量为 59.7%，而对照组只有 44.1%（Farrow et al.，2017）。

目前氨去除最常采用的方法是吹脱（Shapovalov et al.，2020）。吹脱是流体与气体渗透的过程。氨吹脱通常在高温下进行，典型工艺的温度范围为 50～85℃，常见的吹脱介质为空气（Jardin et al.，2006）。空气在闭环中循环，以减少热能输入。新鲜空气的加热需要大量能量，为了使水蒸气饱和空气，也需要蒸发热。在洗气塔中，将氨从吹脱气中回收，洗涤吸收剂通常采用硫酸，最后形成硫酸铵，也有研究尝试用硝酸。作为一种替代，循环沼气也可以作为吹脱介质（Walker et al.，2011）。在 50℃、初始 pH 8～9 条件下，发酵 4d，鸡粪中 80%的有机氮转化成氨氮。采用旋转式汽化器（转速 35r/min），压力维持在 65kPa（绝对压力），以 5L/min 的流速循环沼气（5L 反应器）吹脱去除氨氮，吹脱的氨氮用硫酸吸收，吹脱能去除 82%的氨氮（初始氨氮浓度 16g/L）。发酵混合物中氨氮浓度维持在 2g/kg 污泥以下，脱氨鸡粪、脱氨鸡粪与鲜鸡粪混合物的甲烷产率分别为 195mL/g VS、157mL/g VS（Abouelenien et al.，2010）。在欧洲纯鸡粪沼气工程中，氨去除主要采用吹脱技术。首先对产生的沼渣沼液进行固液分离，采用吹脱技术去除沼液中氨，去除氨的沼液回流进入沼气发酵反应器，可降低反应器本身的氨氮浓度。例如，荷兰 Dalfsen 市的 Greendal Vergisting 沼气工程，采用氨吹脱工艺可减少 80%氨氮，并产生浓度为 40%的硫酸铵溶液。德国 Bremen 市的 Roeblingen 沼气工程，采用序批式氨吹脱工艺去除沼液中氨氮，沼液再循环到厌氧反应器以降低发酵混合液的氨氮浓度，吹脱过程只需要利用热电厂多余热量，不需要进行 pH 调节。与其他氨吹脱工艺不同的是，该工程利用烟气脱硫石膏进行氨吸收，产物为浓硫酸铵溶液和固体碳酸钙的混合物。吹脱需要高效传质的填料汽提塔，但是填料吹脱塔容易堵塞，不适合含固量高的液体，因此，必须严格去除固体物质（Fuchs et al.，2018）。

5.3.4　添加微量元素

在沼气发酵过程中，多种酶起到关键作用，如水解酶、脱氢酶、甲基转移酶等，这些酶的活性中心往往是由关键氨基酸和金属活性位点共同起作用，当发酵过程中缺乏微量元素（如 Fe、Co、Ni、Se 等）时会造成参与产沼气发酵过程中关键酶的活性降低甚至失活。加入微量元素，可使微生物合成更多代谢相关的酶，进而促进反应的快速发生。Ortneret 等（2014）认为添加微量元素对富氮屠宰场废弃物高效沼气发酵十分重要。在使用鸡粪作为原料的情况下，Se 被视为关键元素（Molaey et al.，2018a）。Se 对丙酸氧化菌和氢营养型产甲烷菌的互营至关重要，缺 Se 可导致抑制，而补充 Se 可以在高的有机负荷下运行沼气发酵系统。此外，Co 在乙酸氧化或氢营养产甲烷途径中具有作用，随着有机负荷的增加，Co 可能变成限制因素。进一步的研究表明，Co、Ni、Mo 和 W 在沼气发酵过程发挥了重要作用，其主要作用是强化氢营养型产甲烷菌的活性（Molaey et al.，2018b）。以麦秸与鸡粪为原料的序批式中温沼气发酵小试研究中，确定的 Fe^{2+}、Co^{2+}、Ni^{2+} 最佳浓度分别为 210mg/L、32mg/L、32mg/L。当 Fe^{2+}、Co^{2+}、Ni^{2+}的添加浓度在适宜范围内时，可显著（$p<0.05$）提高发酵系统产 CH_4 潜力及溶解性化学需氧量（chemical oxygen demand，COD）去除率，累积 CH_4 产量分别为 322mL/g VS、331mL/g VS、357mL/g VS，相比对照组（245mL/g VS）显著（$p<0.05$）提高 31.4%、35.1%、45.7%，几种微量元素提高 CH_4 产量的能力为 $Ni^{2+}>Co^{2+}>Fe^{2+}$（王文鑫等，2021）。

5.3.5　微生物驯化

多项研究指出，微生物菌群的驯化可以大大降低氨抑制的影响（Rajagopal et al.，2013）。培养驯化需要适当的时间，随着氨氮浓度的升高，驯化时间还需要延长。微生物的充分驯化可能需要 2 个月甚至更长时间。因此，建议使用适应高氨氮浓度的接种物，以尽量缩短启动时间（Calli et al.，2005）。生物强化是将特定的微生物添加到生物处理系统中，通过调控微生物菌群提高发酵系统运行性能，既是克服短期氨抑制的手段，也可以作为一种长期措施（Fotidis et al.，2013；Nzila，2017）。在完全混合式厌氧反应器中，在氨氮浓度为 5g/L 条件下，通过添加快速生长的 *Methanoculleus bourgensis*（一种氢营养型产甲烷菌）进行生物强化，在稳态条件下甲烷产量增加了 31.3%（Fotidis et al.，2014）。然而，生物强化有很大的不确定性，Fotidis 等（2013）发现，加入耐氨的乙酸氧化菌并不能改善处理高氨氮原料上流式厌氧污泥床反应器的性能。生物强化几乎只在实验室规模的沼气发酵装置中进行过研究，尽管一些商业生物强化剂已经进入市场，但是生产规模的应用仍然很少（Nzila，2017）。

5.3.6　添加吸附剂

吸附剂主要包括沸石、膨润土、活性炭等，可以缓解氨抑制（Poirier et al.，2017）。这类材料的作用机制有所不同，包括高比表面积固定微生物、吸附溶液中氨氮、通过调节 pH 影响氨/铵离子平衡、吸附 H_2S 或长链脂肪酸以减轻抑制影响（Romero-Güiza et al.，2016）。在中温（35℃）连续沼气发酵试验中，添加热改性膨润土能提高沼气发酵过程稳定性，并且甲烷产量提升 41%（Ma et al.，2018）。中温条件下添加沸石使鸡粪沼气发酵的沼气产率提高了 27%（Ziganshina et al.，2017）。但是，本书作者研究团队在进行鸡粪干式沼气发酵半连续试验中，投加沸石组初期有改善，较长时间运行后（100d 以后）几乎没有改善效果，甲烷含量在试验第III阶段降到 12%（表 5-7、表 5-8）（Zhou et al.，2022）。

5.3.7　添加炭基材料

炭基材料（包括活性炭、生物炭、碳纤维布、单壁碳纳米管等）具有比表面积大、吸附能力强、环境友好及原料来源广等特点，在污染物的吸附和降解去除等方面表现出了广阔的应用前景。越来越多的研究表明，炭基材料在提升沼气发酵效能方面有着积极作用。本书作者研究团队在序批式试验的基础上，进一步进行了鸡粪干式沼气发酵半连续试验，沼气发酵反应器总容积为 2500mL，工作容积为 1600mL。试验开始前，先向沼气发酵反应器添加接种污泥 1600g。进料鸡粪 TS 含量为 22.14%，鸡粪停留时间为 64d，容积有机负荷（OLR）为 3.46g TS/(m^3·d)。反应器中添加颗粒活性炭、沸石和麦饭石的量均为 100g/L。为了防止添加剂随着出料而流失，先将颗粒活性炭、沸石和麦饭石用 40 目尼龙袋包裹后，再放入沼气发酵反应器中（Zhou et al.，2022）。

根据产气性能，将整个鸡粪干式沼气发酵试验分为三个阶段。如表 5-6 所示，对照组和处理组的 TAN 浓度随试验的进行不断增加。第III阶段，对照组、沸石组、颗粒活性炭组和麦饭石组的 TAN 浓度平均值分别为 14302mg/L、12530mg/L、11530mg/L 和 13401mg/L。与对照组 TAN 浓度（14302mg/L）相比，三个处理组的 TAN 浓度略有下降。颗粒活性炭组 TAN 浓度最低，但最高也达到 11530mg/L（表 5-6）。早期研究报道称，由于原料和发酵条件不同，氨氮抑制浓度范围很广，从 3000mg/L 到 7500mg/L（Chen et al.，2008；Fuchs et al.，2018）。Niu 等（2013）研究发现，在鸡粪沼气发酵过程中，在 TAN 浓度 8000mg/L 和 VFA 浓度 25000mg/L 的协同抑制下，甲烷产生几乎停止（Zhou et al.，2022）。

表 5-6　添加不同吸附剂的鸡粪干式沼气发酵 TAN 和游离氨浓度变化

参数	阶段	对照组	沸石组	颗粒活性炭组	麦饭石组
TAN 浓度/(mg/L)	第 I 阶段	7409±159	7146±126	7056±129	7211±98
	第 II 阶段	13281±216	11407±265	10896±215	11689±257
	第III阶段	14302±221	12530±301	11530±317	13401±284

续表

参数	阶段	对照组	沸石组	颗粒活性炭组	麦饭石组
游离氨浓度/(mg/L)	第Ⅰ阶段	496±66	435±106	398±57	448±96
	第Ⅱ阶段	1888±188	1644±146	1337±89	1680±105
	第Ⅲ阶段	3526±147	3048±108	2353±122	3295±124

据报道，游离氨（NH_3）比离子铵（NH_4^+）毒性更强，由于其具有可穿透细胞膜的能力，导致细胞内质子失衡，同时也干扰代谢酶，从而抑制 VFA 降解和厌氧微生物菌群生长。如表 5-6 所示，随着试验的进行，各处理组的游离氨浓度也不断增加。试验后期，对照组、沸石组、颗粒活性炭组和麦饭石组的游离氨浓度分别达到 3526mg/L、3048mg/L、2353mg/L 和 3295mg/L。以往研究认为，可接受的游离氨浓度为 800～900mg/L（Fuchs et al.，2018）。经过长期驯化后，Hansen 等（1998）将游离氨抑制浓度扩大到 1100mg/L。可见，鸡粪类干式沼气发酵试验中，游离氨的浓度远高于先前报道的抑制浓度范围。

如表 5-7 所示，在第Ⅰ阶段（第 1～70 天），对照组、处理组的氨氮浓度都在 7000mg/L 左右，颗粒活性炭组和沸石组的平均沼气产率相似，分别为 0.370L/kg VS 和 0.356L/kg VS，但沸石组沼气产率不稳定，呈明显下降趋势。麦饭石组的沼气产率与对照组表现相同，对照组、麦饭石组分别为 0.221L/kg VS 和 0.184L/kg VS。这说明在氨氮浓度为 7000mg/L 条件下，颗粒活性炭组和沸石组基本没有受到氨抑制，而对照组、麦饭石组已经受到氨抑制。第Ⅱ阶段（第 71～160 天），氨氮浓度达到 11000mg/L 左右，颗粒活性炭组的沼气产率略有下降，但保持相对稳定，平均为 0.313L/kg VS；可是，沸石组平均沼气产率急剧下降至 0.191L/kg VS；对照组与麦饭石组的沼气产率持续下降到低水平，分别为 0.126L/kg VS 和 0.109L/kg VS。这说明在氨氮浓度为 11000mg/L 时，除了颗粒活性炭组，对照组、沸石组和麦饭石组都已经受到氨抑制。第Ⅲ阶段（第 161～224 天），除了颗粒活性炭组氨氮浓度仍然维持在 11500mg/L 左右以外，对照组和处理组氨氮浓度均达到 12500mg/L 以上，颗粒活性炭组的沼气产率略有下降，但保持相对稳定，平均为 0.255L/kg VS。其他三组的沼气产率进一步下降，对照组、沸石组和麦饭石组的沼气产率分别下降到 0.052L/kg VS、0.097L/kg VS、0.056L/kg VS，几乎不能正常产气。这说明在氨氮浓度为 12000mg/L 以上时，鸡粪干式沼气发酵不能正常产气。而添加颗粒活性炭基本上还能正常产气，说明添加颗粒活性炭能显著改善鸡粪干式沼气发酵的产气性能（Zhou et al.，2022）。

表 5-7　投加不同添加剂的鸡粪干式沼气发酵产气性能

参数	阶段	对照组	沸石组	颗粒活性炭组	麦饭石组
容积沼气产率/[L/(L·d)]	第Ⅰ阶段	0.592±0.024	0.954±0.027	0.990±0.028	0.492±0.018
	第Ⅱ阶段	0.337±0.015	0.511±0.021	0.837±0.025	0.293±0.017
	第Ⅲ阶段	0.138±0.002	0.259±0.008	0.683±0.019	0.150±0.005

续表

参数	阶段	对照组	沸石组	颗粒活性炭组	麦饭石组
沼气产率/(L/kg VS)	第Ⅰ阶段	0.221±0.009	0.356±0.010	0.370±0.010	0.184±0.007
	第Ⅱ阶段	0.126±0.006	0.191±0.008	0.313±0.009	0.109±0.006
	第Ⅲ阶段	0.052±0.001	0.097±0.003	0.255±0.007	0.056±0.002
甲烷产率/(L/kg VS)	第Ⅰ阶段	0.071 ±0.002	0.168±0.007	0.198±0.005	0.071±0.002
	第Ⅱ阶段	0.031 ±0.001	0.059±0.002	0.163±0.004	0.026±0.002
	第Ⅲ阶段	0.005 ±0.000	0.012±0.000	0.128±0.004	0.005±0.000

各组容积沼气产率与沼气产率的变化趋势一致。第Ⅲ阶段，颗粒活性炭组的容积沼气产率约为 0.683L/(L·d)，对照组、沸石组和麦饭石组分别下降到 0.138L/(L·d)、0.259L/(L·d)和 0.150L/(L·d)。与对照组相比，颗粒活性炭组的沼气生产效率（容积产气率）提高了395%（Zhou et al.，2022）。

颗粒活性炭加入后，鸡粪干式沼气发酵甲烷产率达到 0.128L/g VS。早期的研究报道显示，鸡粪湿式沼气发酵试验（进料 TS 含量为 5%～10%）可以获得 0.266～0.360L/g VS 甲烷产率（Bi et al.，2020b；Pan et al.，2019；Niu et al.，2013），与之相比，添加颗粒活性炭获得的甲烷产率不是很高，离湿式沼气发酵的甲烷产率还有差距。但是，与之前鸡粪干式沼气发酵试验结果相比，甲烷产率得到了极大提升。在以往的鸡粪干式沼气发酵试验研究中，基本没有获得成功。一项研究显示，在 35℃下对进料 TS 含量为 21.7%的鸡粪进行干式沼气发酵，结果没有甲烷产生（Bujoczek et al.，2000）。另一项研究用 TS 含量为 17.4%的鸡粪进行干式沼气发酵，甲烷产率极低，不超过 0.9mL/g VS（Magbanua et al.，2001）。Abouelenen 等（2009b）用 TS 含量为 25%的鸡粪在 37℃下进行干式沼气发酵，获得甲烷产率仅为 0.031L/g VS，而 Bi 等（2020b）用 TS 含量为 20%的鸡粪进行干式沼气发酵，获得的甲烷产率也只有 0.020L/g VS。对比可以发现，添加颗粒活性炭后，甲烷产率得到了极大提高。

沼气中甲烷含量是判断沼气发酵过程稳定性的关键指标，其范围为 50%～70%（Bujoczek et al.，2000）。如表 5-8 所示，在第Ⅰ阶段，对照组、沸石组、颗粒活性炭组和麦饭石组的甲烷平均含量分别为 32.00%、47.13%、53.38%和 38.63%。在第Ⅱ阶段，对照组、沸石组、颗粒活性炭组和麦饭石组的甲烷平均含量分别下降到 24.67%、30.75%、52.02%和 24.22%。在第Ⅲ阶段，除了颗粒活性炭组保持在 50%以上，其他三组的甲烷含量下降到 10%左右。当 TAN 浓度达到 7000～12000mg/L 时，颗粒活性炭的加入提高了鸡粪干式沼气发酵系统耐受高氨氮和挥发性有机酸浓度的能力，使系统处于正常产甲烷状态（甲烷含量超过 50%）。一方面，高的甲烷含量可能是由 TAN 浓度过高引起的。以前的研究报道称，H_2/CO_2 营养型产甲烷菌比乙酸营养型产甲烷菌更能耐受高浓度氨氮。因此，氢营养型产甲烷菌可利用 H_2/CO_2 产甲烷，从而降低沼气中的 CO_2 含量（Chen et al.，2015）。另一方面，脂肪酸产生与平衡消耗也是甲烷含量增加的一个因素（Zhou et al.，2022）。

表 5-8　投加不同添加剂的鸡粪连续干式沼气发酵产生的沼气中甲烷平均含量

参数	阶段	对照组	沸石组	颗粒活性炭组	麦饭石组
甲烷含量/%	第Ⅰ阶段	32.00±1.34	47.13±3.26	53.38±3.23	38.63±1.88
	第Ⅱ阶段	24.67±1.25	30.75±2.15	52.02±2.14	24.22±2.43
	第Ⅲ阶段	9.83±0.56	12.00±0.62	50.33±2.91	9.67±0.52

VFA 的产生和消耗之间的平衡对于沼气系统的稳定性至关重要。氨氮、VFA 和 pH 之间的相互作用创造了一种平衡，在处理高氨原料时尤为显著。在鸡粪干式沼气发酵过程中，反应器混合物中乙酸（HAc）、丙酸（HPr）和丁酸（HBu）组成的 VFA 的变化如表 5-9 所示。在第Ⅰ阶段，对照组、沸石组、颗粒活性炭组和麦饭石组的平均 VFA 值分别为 2999mg/L、1130mg/L、2147mg/L 和 5100mg/L，已呈现出较大差距。其后，对照组、沸石组和麦饭石组 VFA 浓度持续增加，至第 60 天，对照组和麦饭石组的 VFA 分别急剧增加到大约 10000mg/L 和 12000mg/L。同时，颗粒活性炭组和沸石组的 VFA 也分别增加到约 5000mg/L 和 3000mg/L。在第Ⅱ阶段，对照组、沸石组、颗粒活性炭组和麦饭石组的 VFA 平均浓度分别达到了 17945mg/L、10636mg/L、7886mg/L 和 21534mg/L。在第Ⅲ阶段，除颗粒活性炭组外，其他三组的 VFA 浓度继续增加。对照组、沸石组、颗粒活性炭组和麦饭石组的 VFA 平均浓度分别为 28421mg/L、12750mg/L、5817mg/L 和 26241mg/L（Zhou et al.，2022）。正如之前所报道，TAN 浓度的增加导致了 VFA 的积累。当 TAN 浓度从 5000mg/L 增至 10000mg/L 时，VFA 浓度从 2000mg/L 急剧增加至 15000mg/L（Niu et al.，2013）。在之前的鸡粪湿式沼气发酵研究中，当 TAN 浓度从 10000mg/L 增至 16000mg/L 时，VFA 的浓度约为 15000mg/L（Niu et al.，2013）。在 TS 含量为 20%的鸡粪干式沼气发酵中，当 TAN 浓度达到 8500mg/L 时，VFA 浓度最终达到约 25200mg/L（Bi et al.，2020）。

表 5-9　投加不同吸附剂的鸡粪干式沼气发酵系统中 VFA 浓度变化

参数	阶段	对照组	沸石组	颗粒活性炭组	麦饭石组
挥发性脂肪酸浓度/(mg/L)	第Ⅰ阶段	2999±112	1130±81	2147±57	5100±103
	第Ⅱ阶段	17945±267	10636±193	7886±198	21534±451
	第Ⅲ阶段	28421±309	12750±269	5817±149	26241±327
乙酸浓度/(mg/L)	第Ⅰ阶段	2316±126	922±64	1802±181	4033±393
	第Ⅱ阶段	12696±722	6255±506	4636±375	16013±698
	第Ⅲ阶段	22154±994	7095±553	2107±252	19406±931
丙酸浓度/(mg/L)	第Ⅰ阶段	601±32	189±19	257±33	801±109
	第Ⅱ阶段	4540±210	4064±258	3003±212	4797±309
	第Ⅲ阶段	5465±272	5081±316	3581±198	6085±374
丁酸浓度/(mg/L)	第Ⅰ阶段	81±11	18±5	87±23	241±29
	第Ⅱ阶段	709±85	318±42	247±41	724±56
	第Ⅲ阶段	801±118	574±67	130±22	751±46

VFA 浓度高于 6000mg/L 被视为系统失衡的标志（Hu et al.，2019）。颗粒活性炭组的氨氮浓度为 10000～14000mg/L 时，平均 VFA 浓度低于 6000mg/L，能维持系统的稳定运行。在其他组中，VFA 浓度高于 6000mg/L，系统不能稳定运行。

四组反应器中乙酸浓度在第Ⅰ阶段均保持相对较低水平，第Ⅱ阶段迅速增加。之后，对照组、沸石组和麦饭石组的乙酸浓度短暂下降，并在第Ⅲ阶段继续上升。但是，颗粒活性炭组的乙酸浓度在第Ⅲ阶段逐渐降低。四组反应器的丁酸浓度在第Ⅰ阶段也都保持相对较低的水平，在此之后，对照组、沸石组和麦饭石组的丁酸浓度迅速增加，颗粒活性炭组的丁酸浓度在第Ⅱ阶段增加，但第Ⅲ阶段逐渐降低。四组反应器的丙酸浓度变化趋于一致，均在第Ⅰ阶段保持相对较低水平，然后增加并最终保持在相对稳定的高水平，颗粒活性炭组也不例外（Zhou et al.，2022）。

总之，颗粒活性炭组的 VFA 浓度较低，约为 6000mg/L，与其他组相比，颗粒活性炭的加入能使沼气发酵系统更加稳定地运行。一方面，可能是因为颗粒活性炭的多孔结构和吸附特性可以为转化 VFA 的微生物与产甲烷菌提供附着条件。然而沸石和麦饭石也具有同样的吸附特性，但是 VFA 浓度最终却不断增加。这表明微生物附着可能不是导致产气效率提升的主要原因。另一方面，在添加颗粒活性炭的反应器中，VFA 的降解路径可能没有被阻断，从而保证了氨抑制下的稳态产气。在其他研究中也获得了类似的结果。Pan 等（2019）发现，添加生物炭有效地促进了 VFA 的消耗，尤其加速了乙酸向甲烷的转化。Xiao 等（2019）也发现颗粒活性炭提高了 VFA 转换效率，特别是促进了丙酸和丁酸的降解。此外，在城市固体有机废弃物干式沼气发酵早期阶段，在极高 VFA 浓度（约 30000mg/L）积累情况下，添加炭基导电材料的厌氧反应器最终促进了乙酸和丁酸的完全降解（Dang et al.，2017）。

沼气中甲烷含量和发酵混合物中 VFA 浓度都反映出，添加颗粒活性炭可以维持系统稳定运行，而添加沸石、麦饭石和没有添加吸附剂的反应器则不能维持系统稳定运行。

5.4　鸡粪干式沼气发酵技术应用案例

5.4.1　中试案例

1. 发酵原料及添加剂

鸡粪干式沼气发酵中试原料为新鲜鸡粪，TS 含量为 20%～28%，不同季节 TS 含量有所不同。添加剂（活性炭）购于河南某公司。接种污泥取自猪场粪污处理沼气工程，TS 含量约为 15%。

2. 试验装置

中试试验装置建设于农业农村部沼气科学研究所双流公兴基地。中试装置包括进料系统、沼气发酵罐、沼气脱水脱硫装置、储气柜等单元。进料系统包括：进料池，直径 1.8m，高 1.3m；配套转子泵，压力 0～1MPa，转速 200～400r/min；配套粉碎机，型号

HRPS3-3，功率 2.2kW。沼气发酵罐为焊接钢板结构，直径 2.4m，高 2.5m，有效容积 $10m^3$；沼气发酵罐设有桨叶式机械搅拌器，功率 4kW，转速 14～15r/min。储气柜水封池及钟罩均为焊接钢板结构，水封池直径 2.8m，高 1.975m，有效容积 $5m^3$，钟罩直径 2.0m，高 1.775m。试验装置照片如图 5-1 所示。

图 5-1　鸡粪干式沼气发酵中试沼气工程照片

3. 试验启动与运行

中试工程设计日处理新鲜鸡粪 200kg，进料 TS 含量大于 15%。首先将初始接种污泥（TS 含量 15%）约 1500kg 加入沼气发酵罐中，而后每隔一个月逐步泵入新鲜鸡粪（TS 含量 20%）约 200kg，直至加满沼气发酵罐，历时大约 1 年。加满反应器后，开始记录沼气产量（记为第 1 天）。

4. 运行结果

该中试沼气工程进料鸡粪 TS 含量为 20%～28%，前期（第 93 天前）已处于抑制状态，氨氮浓度达到约 10000mg/L，此时容积产气率为 $0.063m^3/(m^3·d)$。运行第 93 天，向沼气发酵罐中加入 300kg 活性炭，但是之后的容积产气率仍然较低，约为 $0.1m^3/(m^3·d)$。如图 5-2 所示，第一次加入活性炭并没有明显改善产气效果，产气量较低。在第 147 天时，再次向沼气发酵罐中加入 300kg 活性炭，容积产气率开始逐渐上升，在第 178 天达到 $0.594m^3/(m^3·d)$。之后，逐渐间断向沼气发酵罐进料。在第 250 天后，连续向沼气发酵罐进料，每天进料新鲜鸡粪 70～350kg，进料有机负荷在 1.43～7.03kg $TS/(m^3·d)$，平均有机负荷为 3.00kg $TS/(m^3·d)$。

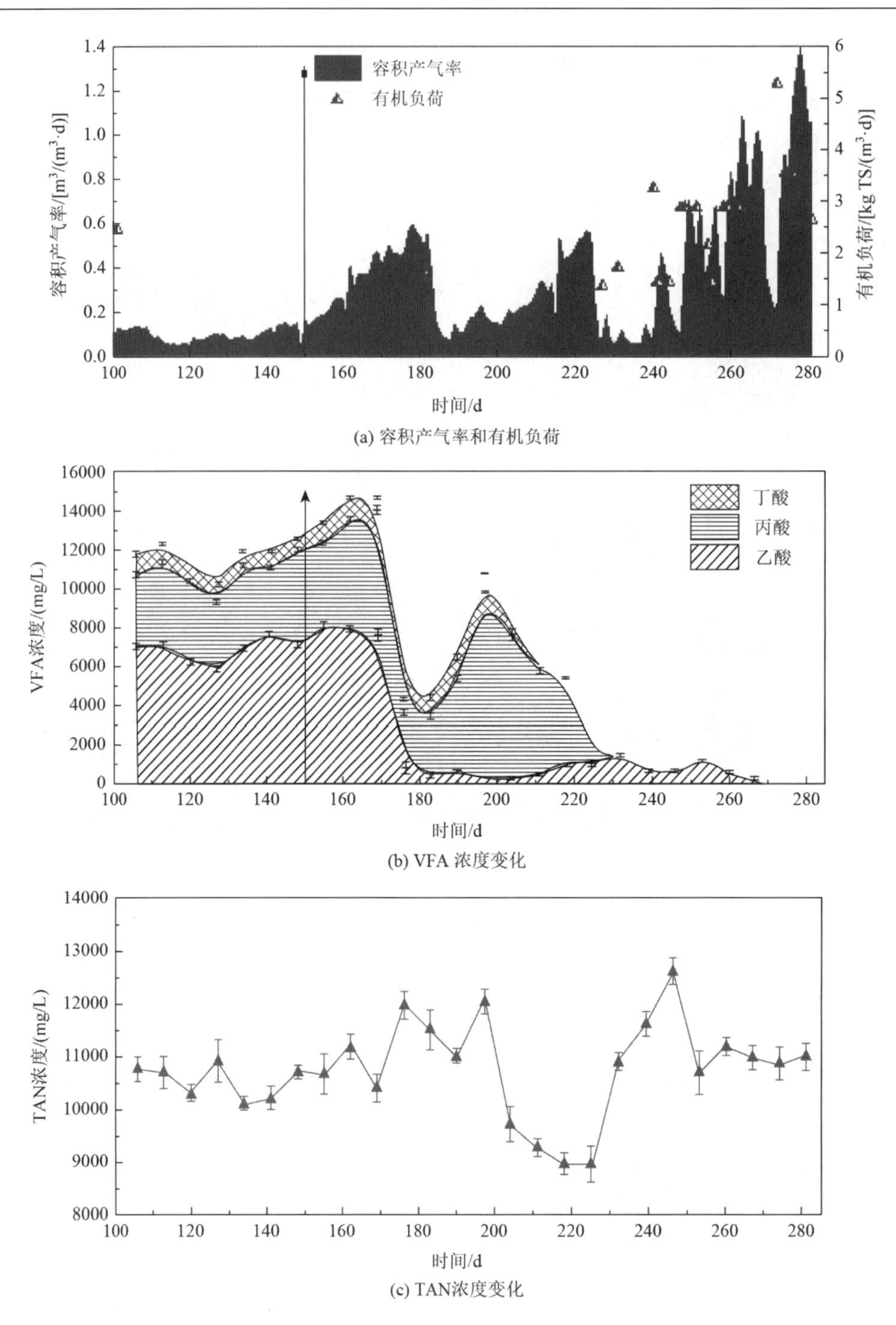

图 5-2　鸡粪干式发酵中试沼气工程的运行情况

图 5-2（a）表明，第二次加入活性炭后，鸡粪干式沼气发酵体系从抑制状态恢复产气，容积产气率也逐渐上升，在第 277 天达到了最高容积产气率，为 1.39m^3/(m^3·d)。在第 147 天，即第二次加入活性炭后，甲烷含量明显上升。第 100～147 天，平均甲烷含量

为47%；第148～280天，平均甲烷含量达到74%，说明整个沼气发酵系统处于正常的产气状态。另一方面，VFA浓度随着活性炭的加入呈现先增加后逐渐波动降低的趋势。在第100～147天，平均VFA浓度为10013mg/L。在第二次活性炭加入之后的20d，即第167天时，VFA的积累达到了最大值，约15000mg/L，此后VFA浓度整体波动下降。而第167～280天，平均VFA浓度为2966mg/L，特别是在运行后期（第230天以后），沼气发酵系统几乎没有VFA的积累，VFA浓度均低于1000mg/L［图5-2（b）］。在整个鸡粪干式沼气发酵中试装置运行过程中，罐内TAN的浓度高达12000mg/L［图5-2（c）］，但系统仍然能正常产气。

5.4.2　生产规模工程应用案例

生产规模应用工程位于湖北省京山市，主要设施设备包括：混合搅拌池（3m^3）、泵坑（12m^3）、沼气发酵罐（总容积120m^3，有效容积105m^3），配套进料转子泵，压力0～1MPa，转速200～400r/min，流量5～10m^3/h（图5-3）。

（a）沼气发酵罐

（b）进料设备

图5-3　鸡粪干式发酵生产规模沼气工程照片

运行效果：进料鸡粪TS含量达20%以上，鸡粪不加水稀释直接处理，每天处理鸡粪0.6～1.2t，氨氮浓度达到9500mg/L以上，沼气日产量40～77m^3，甲烷含量达到58.3%。

第 6 章　秸秆干式沼气发酵

6.1　秸秆产生量及特性

6.1.1　秸秆产生量

作物秸秆产生量主要根据作物经济产量进行估算。作物的生物量一般包括作物经济产量、地上茎秆产量、根部生物量三部分。通过以上三部分质量的测定，可以得出三部分之间的比例系数，再根据作物的经济产量即可估算作物秸秆的产量。目前，主要采用草谷比法进行秸秆产生量估算，表 6-1 是根据王晓玉等（2012）获得的平均草谷比、国家统计局公布的作物产量估算得到的秸秆产生量。

表 6-1　主要作物秸秆草谷比和秸秆产量

作物	草谷比	平均经济产量/(kg/hm^2)	秸秆产量/(kg/hm^2)	秸秆亩产量/(kg/666m^2)
水稻	1.04	7779	8090	539
小麦	1.28	4687	5999	400
玉米	1.07	5870	6281	430
高粱	1.60	4101	6561	419
大豆	1.35	1820	2457	164
油菜	2.90	1885	5467	364
棉花	2.87	1458	4184	279
烟草	0.66	2134	1408	94.0
甘蔗	0.34	68600	23324	1555
甜菜	0.37	49793	18423	1228

根据贮藏方式不同，秸秆分为青贮秸秆和黄贮秸秆。青贮是在作物长到灌浆期后，含水率为 65%～75%时将全株作物收割切碎，然后及时窖藏，在密闭缺氧的条件下通过乳酸菌的发酵作用，将秸秆中可溶性碳水化合物转化成乳酸，使原料 pH 下降到 3.8～4.2，抑制其他有害微生物的繁殖，达到将作物秸秆软化的目的。青贮能增加秸秆可生物降解性能。青贮过程能够减少环境中微生物对糖类的利用，同时抑制秸秆自身的木质化过程，最大限度保留青贮秸秆中游离糖含量。青贮后的秸秆，大部分有机质转移到液相，可大大提高沼气发酵效率和秸秆利用率。黄贮是作物籽实收获后，将秸秆切碎装入黄贮窖中，添加适量水和生物菌剂，然后压实储存。在厌氧条件下，微生物将大量

纤维素、半纤维素，甚至一些木质素分解，并转化为糖类，糖类经有机酸发酵转化为乳酸、乙酸和丙酸，并抑制丁酸菌和霉菌等有害菌的繁殖，最后达到与青贮同样的储存效果。

6.1.2　秸秆成分与理化特性

作物秸秆的主要成分是纤维素、半纤维素和木质素。纤维素是由β-D-葡萄糖通过β-1, 4-糖苷键连接而成的线型结晶高聚物，聚合度大，分子量高达 200～2000。葡萄糖的β-1, 4-糖苷键连接方式使纤维素几乎所有的羟基和其他含氧基团与其分子内或相邻分子上的含氧基团形成分子内和分子链之间的氢键，氢键使很多纤维素分子共同组成结晶结构，进而组成复杂的基元纤维、微纤维、结晶区等纤维素聚合物的超分子结构。纤维素的特殊结构使纤维素酶很难接近纤维素分子内部糖苷键。半纤维素在结构和组成上变化很大，一般由较短、高分枝的杂多糖链组成，常见的有木聚糖、阿拉伯木聚糖、葡甘露聚糖、半乳葡甘露聚糖等。半纤维素链上连接着数量不等的甲酰基和乙酰基，其分枝结构使半纤维素无定形化，比较容易被水解为糖类。木质素是以苯丙基为基本结构单元连接而成的高分枝多分散性高聚物，非常难溶于水，与纤维素和半纤维素相互交联，在细胞壁内形成三维结构。纤维素是细胞壁的主要成分，在纤维素周围充填着半纤维素和木质素，半纤维素和木质素阻碍了纤维素酶与纤维素分枝的直接接触，使作物秸秆难以被微生物转化。主要作物秸秆的纤维素、半纤维素和木质素含量见表 6-2（田宜水等，2010）。

表 6-2　主要作物秸秆中纤维素、半纤维素和木质素含量（田宜水等，2010）

原料种类	含量/%		
	纤维素	半纤维素	木质素
玉米秸秆	34.0	37.5	22.0
水稻秸秆	32.0	24.0	12.5
小麦秸秆	30.5	23.5	18.0

我国主要秸秆的理化特性见表 6-3。我国玉米秸秆、水稻秸秆和小麦秸秆中氮素（N）平均含量分别为 0.85%、0.78%和 0.64%，磷素（P_2O_5）平均含量分别为 0.53%、0.42%和 0.27%，钾素（K_2O）平均含量分别为 1.59%、2.31%和 1.53%（李廷亮等，2020）。

表 6-3　我国主要作物养分含量（李廷亮等，2020）

原料种类	含量/%		
	N	P_2O_5	K_2O
玉米秸秆	0.79～0.91（0.85）	0.43～0.62（0.53）	1.44～1.75（1.59）
水稻秸秆	0.72～0.83（0.78）	0.35～0.50（0.42）	2.11～2.52（2.31）
小麦秸秆	0.60～0.69（0.64）	0.21～0.30（0.27）	1.32～1.74（1.53）

注：表中括号内数值为平均值。

6.1.3　秸秆产沼气的有利及不利因素

相对于畜禽粪便，作物秸秆干物质含量高，单位鲜重的沼气产率高，原料和沼渣的运输比较经济，并且产生沼液少，是干式沼气发酵较为理想的原料。但是作物秸秆作为沼气发酵原料也有一些缺点：①秸秆中含有大量的纤维素、半纤维素和木质素，这些抗降解结构是沼气发酵的第一个障碍；②秸秆原料的碳氮比较高，一般在 50 以上，不适宜沼气发酵微生物的正常生长，所以纯秸秆沼气工程启动时间较长；③作物秸秆季节性强，需要较长时间储存，储存设施占地面积大；④秸秆在沼气发酵装置中容易产生浮渣，出料困难，比较适合干式沼气发酵。

6.2　秸秆干式沼气发酵产气性能

不同研究者获得的几种主要秸秆原料产气率见表 6-4。表中数据按照甲烷含量 60%、VS/TS 折算，玉米秸秆、水稻秸秆、小麦秸秆原料产气率平均值分别为 0.286m^3/kg TS、0.240m^3/kg TS、0.221m^3/kg TS。《秸秆沼气工程工艺设计规范》（NY/T 2142—2012）推荐，在 35℃条件下，玉米秸秆、水稻秸秆、小麦秸秆的原料产气率分别为 0.33～0.35m^3/kg TS、0.30～0.31m^3/kg TS、0.32～0.33m^3/kg TS，可作为秸秆沼气工程设计的参考依据。

表 6-4　不同研究者得到的秸秆干式沼气发酵原料产气率

秸秆类型	底物浓度（TS）/%	运行方式	发酵温度/℃	容积产气率/[m^3 CH_4/(m^3·d)]	原料产气率/（m^3 CH_4/kg VS 投加）	甲烷含量/%	参考文献
玉米秸秆	22	序批式	37		0.239		（Abbassi-Guendouz et al.，2012）
玉米秸秆	22	序批式	37		0.272	50～60	（Zhu et al.，2010）
玉米秸秆	18～19	序批式	37		0.132		（Brown et al.，2012）
水稻秸秆	20	序批式	35		0.223（沼气）	60～65	（王晨等，2022）
水稻秸秆	19.35	序批式	21～29		0.240	45～62	（李东等，2008）
水稻秸秆	23	序批式	35		0.278（沼气）		（梁越敢等，2011）
高粱秸秆	17	序批式	37		0.196	60	（Zhang et al.，2016）
小麦秸秆	20	序批式	37		0.283		（Lin et al.，2014）
小麦秸秆		连续	37	0.239	0.096	55.8	（Pohl et al.，2012）
小麦秸秆		连续	55	0.403	0.161	54.9	（Pohl et al.，2012）
小麦秸秆	18～19	序批式	37		0.124		（Brown et al.，2012）

Pohl 等（2012）采用两级反应器（UASS-AF）处理小麦秸秆，负荷 2.5g VS/(L·d)，沼

气主要在第一级反应器（UASS）产生，中温、高温下容积产气率分别为0.428L沼气/(L·d)、0.734L沼气/(L·d)，容积甲烷产率分别为0.239L CH_4/(L·d)、0.403L CH_4/(L·d)。《秸秆沼气工程工艺设计规范》（NY/T 2142—2012）推荐，在中温、高温条件下秸秆沼气发酵容积产气率分别为 0.80m^3/(m^3·d)、1.0m^3/(m^3·d)。实际工程运行数据甚至达到 4.0m^3/(m^3·d)以上，比小试试验数据高，可能是因为小试试验所用污泥不是秸秆沼气发酵污泥，试验时间太短，特别是很少进行连续发酵试验。

6.3　秸秆干式沼气发酵影响因素

6.3.1　原料性质

1. TS含量

增加干式沼气发酵TS的含量可以减少沼气发酵升温能量，降低沼液产生量和反应器体积。而TS含量对甲烷产率的影响更为显著。当玉米秸秆TS含量从1%增加到18%时，甲烷产生速率随TS含量的增加而增加；当TS含量从18%增加到28%时，甲烷产生速率开始下降（Xu et al.，2014）。另一项猪粪与水稻秸秆共发酵的试验中，当反应器中TS含量为18%～27%时，产气量稳定且较高（0.564～0.580m^3/kg VS），没有挥发性脂肪酸积累。但当反应器TS含量超过28%时，发生丙酸和乙酸积累，反应速率急剧下降（Riya et al.，2018）。Abbassi-Guendouz等（2012）以纸板为原料，研究了8个TS含量水平（10%～35%）对沼气发酵的影响。结果表明，当TS含量从10%增加到25%时，甲烷产率略有下降，TS含量增加到30%、35%时，甲烷产率明显下降。甲烷产生速率则随着TS含量的增加而不断降低。低含水率导致发酵料液黏度高，使得原料和微生物间传质缓慢（Bollon et al.，2013）。当TS含量从8%增加到25%时，扩散系数降低73%。高固体含量也可能导致气体堵塞，二氧化碳和氢气释放受困而成为抑制剂，可能降低产甲烷菌的活性（Bollon et al.，2013）。

2. C/N比

干式沼气发酵适宜的C/N比在20～30。过高的C/N比，产甲烷菌快速吸收可利用的氮满足其合成蛋白质需求，导致氮饥饿，因此沼气产量大幅下降。另一方面，C/N比低，总氨氮量增加，高氨氮浓度对产甲烷菌有毒害作用，增加了氨抑制风险，可能导致系统故障。对于大多数秸秆类沼气发酵原料，C/N比高（通常大于50），导致启动慢，易酸化。解决这个问题的方法是将秸秆与低C/N比（低于20）的原料共发酵。添加猪粪调节水稻秸秆C/N比的干式沼气发酵（TS含量为20%）试验表明，C/N比为68（纯秸秆）、60、55、50、40、34、30、9（纯猪粪）的原料产气率分别为223L沼气/kg TS、275L沼气/kg TS、287L沼气/kg TS、294L沼气/kg TS、303L沼气/kg TS、314L沼气/kg TS、327L沼气/kg TS、327L沼气/kg TS。当反应体系C/N比升至50时，单位干物质沼气产率为 294L/kg TS，相比 C/N 比 30 的最优组下降 10.1%，说明水稻秸秆干式沼气发酵系统的 C/N 比上限可设置为 50（王晨等，2022）。

6.3.2 接种物

接种是干式沼气发酵反应器启动的重要步骤。接种物组成对干式沼气发酵的启动时间、稳定性和甲烷产量有显著影响。畜禽粪便、活性污泥、瘤胃液、湿式沼气发酵和干式沼气发酵的沼渣沼液都可以作为接种物。沼渣沼液，特别是秸秆沼气发酵的沼渣沼液含有活性较高的产甲烷菌群，作为接种物性能更好，也更能适应厌氧环境。有一项研究（Forster-Carneiro et al.，2007）采用了 6 种接种物，即玉米青贮、消化的餐厨垃圾与稻壳混合物、牛粪、猪粪、消化污泥、猪粪与消化污泥混合物，结果显示，当用消化污泥作为接种物时，COD 和 VS 去除率最高，甲烷产量也最高。使用沼渣沼液作为接种物，可为后续的干式沼气发酵提供缓冲能力以及氮和微量元素（Ge et al.，2016）。也有研究表明，接种液态牛粪沼气发酵残余物的启动速度及累积产气量均明显优于玉米秸秆干式沼气发酵沼渣为接种物的处理，以液态牛粪沼气发酵残余物作为接种物时，原料与接种物 VS 质量比（F/I 比）为 1、3、5 时的总产气量差异不显著（$p>0.05$）；用秸秆干式沼气发酵沼渣作为接种物时，F/I 比为 1 的沼气发酵罐能正常启动，但原料产气率为 66.9L/kg VS，比接种液态牛粪沼气发酵残余物的低 26%，F/I 比为 3 和 5 的沼气发酵罐则由于过度酸化而导致发酵失败（韩梦龙等，2014）。

在湿式沼气发酵接种研究中，由于产甲烷阶段是限速步骤，主要关注产甲烷菌群的行为。然而，在干式沼气发酵中，水解阶段同样也发挥关键作用，充足的水解微生物也是重要因素。Xu 等（2013）使用牛粪消化池出料作为接种物，相比餐厨垃圾和污水厂污泥消化池出料作为接种物，可以分别获得高出 30%和 100%的甲烷产量，主要是因为牛粪消化池出料中含有数量较多的水解微生物。同样，Gu 等（2014）发现，水稻秸秆沼气发酵用牛粪消化出料作为接种物，获得了最高的甲烷产量，因为牛粪消化出料含有纤维素酶和葡聚糖酶，并且比其他接种物的营养更均衡。

接种物数量也是影响甲烷产量和稳定运行的重要因素。接种物数量主要用原料与接种物质量比（F/I 比）、原料与微生物质量比（F/M 比）或者底物与接种物质量比（S/I 比）表征。接种物的数量不仅影响微生物的种群，还影响发酵过程的理化性质。在初始阶段（如在 300d 的发酵中前 10～30 天）的影响更明显，但后期不显著（Yang et al.，2015）。在序批式干式沼气发酵中，为了给启动阶段提供更多产甲烷菌，应该大量接种。接种量大可以缩短启动时间，增加甲烷产量。然而，过度接种会占用有效空间，从而降低容积产气率。有研究表明，在中温条件下，玉米秸秆干式沼气发酵在 F/I 比（VS 质量比）为 2.43 时沼气产量最高，而高温条件下的沼气产量最高 F/I 比为 4.58。因此，在中温条件下，F/I 比为 2～3 对秸秆干式沼气发酵比较合适。在高温条件下，F/I 比应该相对较高（Li et al.，2011）。在一些研究中，低 F/I 比时获得更高产气效果，部分原因是接种物提供了额外的水分，降低了发酵混合物 TS 含量，有利于传质和微生物生长（Yang et al.，2015）。

6.3.3 预混/渗滤液回流

由于干式沼气发酵物料固含量较高，黏度也高，在反应器内连续搅拌困难，因此有必要在进料前将原料和接种物进行预混，序批式干式沼气发酵工艺尤其需要预混。Zhu 等（2010）在实验室规模下模拟研究发现，当 F/I 比为 3 时，将 50%的接种物与原料部分预混，再将另外 50%的接种物从沼气发酵反应器顶部加入，获得了与 100%接种物预混几乎相同的甲烷产量。从沼气发酵反应器顶部加入的接种物，逐渐渗透穿过底物，可以成功启动干式沼气发酵反应器，但启动时间远远长于完全预混合的反应器。尽管部分预混启动慢，但是启动后运行良好。部分预混可以减少接种量，也被用于酸化反应器的恢复。为防止酸化，玉米秸秆通常需要小于 4 的 F/I 比。然而，通过将部分接种物与原料预混，然后分两次加入剩余接种物，玉米秸秆可以在更高的 F/I 比（6）下启动干式沼气发酵（Zhu et al.，2015），因为部分预混限制了过量 VFA 往产甲烷菌迁移，从而防止接种物酸化。然而，F/I 比高的部分预混处理相较于 F/I 比低的完全预混处理，甲烷产生速率显著降低，因为 VFA 往产甲烷菌的传质较慢（Zhu et al.，2015）。研究人员还发现，对于 F/I 比 10 导致酸化失败的沼气发酵反应器，通过从顶部添加接种物，将总 F/I 比降低为 4，成功恢复了失败的沼气发酵反应器。

渗滤液回流循环可以重新分配底物、营养物质和微生物，常用于提高干式沼气发酵传质过程（André et al.，2015）。然而，有的研究认为渗滤液回流循环不能显著增加甲烷产量（Zhu et al.，2014），有的研究认为可以大幅度增加甲烷产量（El-Mashad et al.，2006），也有研究认为渗滤液回流循环只能在早期提高甲烷产量，第 19 天后对甲烷产生速率没有影响（André et al.，2015）。造成这种差异的原因是多次循环回流导致氨、VFA 和其他代谢产物在渗滤液中积累，抑制微生物活性。因此，渗滤液循环回收通常需要加清水稀释抑制物，或者通过处理去除抑制物。

6.3.4 温度

通常认为，沼气发酵的最适温度是两个温度范围，即中温（30～40℃）和高温（50～60℃）。然而，一些研究人员最近的报道认为，秸秆最适沼气发酵温度在上述两个温度范围之外。Liu 等（2018）发现玉米秸秆的最佳沼气发酵温度为 44℃，甲烷产量比 35℃、38℃和 41℃时高 16.2%～40.6%。Hupfauf 等（2018）在玉米秸秆和牛粪共发酵试验研究中发现，沼气最高产量出现在 45℃，比 37℃和 55℃时分别高 12.8%和 9.6%。绝大多数商业运行的干式沼气发酵工程在中温条件下运行，因为其稳定性高、能量需求低。高温干式沼气发酵可以增加甲烷产率、缩短滞留时间、提高病原体杀灭率，并且高温比中温启动快，因为高温可加速水解，水解是秸秆沼气发酵的限速步骤（Yang et al.，2015）。在高温条件下，麦秆的分解、水解速度较快，相比中温条件，甲烷产量增加 36%（Pohl et al.，2012）。然而，由于更快的原料降解，高温干式沼气发酵容易发生 VFA 积累和 pH 降低，可能导致系统故障（Li et al.，2014）。另一方面，高温条件下的游离氨（NH_3）浓度增加，有严重抑制作用。在氨氮总量（$NH_3+NH_4^+$）相等的条件下，高温下的游离氨水平是中温的 6 倍。在中温条件下，通过增加系统的缓冲能力，可以减轻抑制化合物的积累，减少失败的可能性。尽管高温发酵的沼气产量比中温发酵的高，但是需要更多的加热能量才能达到所需温度。投入更多加热的能量，可能会抵消其较高的甲烷产生效率，因此，中温发酵净能量产出可能更高（Sheets et al.，2015）。

6.4　秸秆干式沼气发酵改进措施

6.4.1　预处理

秸秆中高分子碳水化合物的一部分（纤维素、半纤维素）可以转化为可发酵糖，用于生产生物乙醇、沼气、生物柴油或生物氢等。秸秆中木质素作为一种保护屏障，抗拒生物和化学降解，导致纤维素、半纤维素等碳水化合物不容易被有效发酵。因此，预处理是利用高分子碳水化合物的必要步骤。预处理的主要目的是打破木质素的抗性层，增加可接触表面积，降低纤维素的结晶度和聚合度，去除半纤维素和木质素，提高纤维素可消化性。预处理方法分为物理或机械预处理（粉碎、水热、蒸汽爆破、辐照、挤压）、化学预处理（碱、酸、湿式氧化等）、生物预处理（酶、真菌）等（Momayez et al.，2019）。研究表明，水热预处理可使水稻秸秆甲烷产率增加 222%，比碱性预处理的甲烷产率更高。但是在改进小麦秸秆产沼气效率方面，碱预处理比蒸汽爆破和水热预处理更有效（Yang et al.，2015）。NaOH 预处理可使玉米秸秆木质素降解率从 9.1%提高到 46.2%；用 5%的 NaOH 预处理后，甲烷产率即可达到 372.4L/kg VS，再增加 NaOH 量，由于 VFA 快速产生，抑制产甲烷菌活性，导致沼气产量减少（Zhu et al.，2010）。一项模拟黄贮的研究表明，在发酵物料 C/N 比为 50 的条件下，8mg/L $Ca(OH)_2$ 的稀碱处理组和稀释 20 倍沼液的微生物处理组的产气效果较佳，单位 VS 产气量分别达 407L 沼气/kg VS 与 397L 沼气/kg VS，总产气量分别是对照组的 1.64 倍和 1.59 倍（王振旗等，2021）。物理化学联合预处理是最常用的方法。蒸汽爆破/氧化钙联合预处理组的产甲烷延滞期最短（5d），比对照组缩短了约 6d，第 30 天累积产甲烷量占总产甲烷量（60d）的 86.4%，而对照组仅占 55.7%，原料产甲烷率提升最明显（0.24L CH_4/g VS），比对照组提高了 20.0%（王星等，2017）。

这些数据来自不同的研究。为了确定哪种方法对特定的秸秆更有效，需要进一步采用相同原料并行研究不同预处理方法之间的优劣。

6.4.2　共发酵

共发酵是采用两种或两种以上的原料进行沼气发酵。共发酵主要的优点是提供更均衡的营养，在一个设施中处理多种废弃物。作物秸秆的碳含量高，微量元素含量低，因此需要添加额外的营养物质，如氮素、微量元素等。动物粪便和餐厨垃圾通常用于共发酵，因为它们都是富氮原料。将动物粪便和餐厨垃圾与作物秸秆共发酵可以提供更好的营养平衡。例如，水稻秸秆、米糠和餐厨垃圾共发酵时产生正协同效应，所有共发酵处理的协同指数（SI = 1.03～1.24）均大于 1。当餐厨垃圾∶水稻秸秆∶米糠的最佳混合比例（VS 质量比）为 60∶10∶30 时，SI 最大（1.24），与餐厨垃圾（184.8mL/g VS，8.2d）单发酵相比，甲烷产率提高了 27.4%（235.4mL/g VS），迟滞时间 λ（3.7d）缩短了 5d 左右。餐厨垃圾在单发酵过程中积累了高浓度的挥发性脂肪酸（VFA），尤其是丙酸，在很大程度上导致甲烷生产停滞（Hou et al.，2020）。Wei 等（2020）研究发现玉米秸秆与鸡粪共发酵的协同效应使甲烷产量提高了 40.83%。猪粪（C/N 比 7.37）与水稻秸秆（C/N 比 81.2）混合发酵，C/N 比为 10、20、30 的沼气产率分别为 177mL/g VS、386mL/g VS、474mL/g VS；相应地，平均甲烷产率分别为 91mL CH_4/g VS、252mL CH_4/g VS、265mL CH_4/g VS，C/N 比为 10 处理的氨氮浓度在 4000mg/kg 以上，C/N 比为 30 处理的氨氮浓度在整个试验期为 1500mg/kg 左右（Zhou et al.，2015）。进行多种原料共发酵时，需要考虑最佳条件、不同废弃物的混合比例、潜在的协同效应、缓解不同原料发酵不同步等因素。

在水稻秸秆与猪粪共发酵试验研究中，秸秆与猪粪比（鲜重）300∶0（纯秸秆）、300∶25、300∶50、300∶75、300∶150、300∶225、300∶300、0∶300（纯猪粪），相应地，总固体比分别为 1∶0、46∶1、23∶1、15∶1、8∶1、5∶1、4∶1、0∶1，C/N 比分别为 68、60、55、50、40、34、30、9，其沼气产率分别为 223L/g TS、275L/g TS、287L/g TS、294L/g TS、303L/g TS、314L/g TS、327L/g TS、327L/g TS。当反应体系 C/N 比升至 50 时，日产气量最高为 4.7L，仅比 C/N 比为 30 的最优组下降了 11.2%，说明稻秸干式沼气发酵系统运行 C/N 比上限可设置为 50。此外，稻秸干式沼气发酵处理后，C/N 比为 30～50 的处理组中纤维素可大幅降解，虽然脱水沼渣总养分含量仅有 2.25%～3.71%，但有机质含量、pH 和重金属含量均符合我国农业行业中《有机肥料》（NY/T 525—2021）标准要求，具备高品质有机肥料产品的生产潜力（王晨等，2022）。

6.4.3　添加微量元素

微量元素作为沼气发酵微生物辅酶、辅基、辅助因子的基本成分，对微生物代谢具有重要的促进作用。缺乏微量元素，沼气发酵效率和稳定性将会降低。秸秆中微量元素含量较低，例如，玉米秸秆中微量元素 Fe、Mn、Mo、Ni、Co 含量分别为 0.41mg/kg TS、0.05mg/kg TS、1.98mg/kg TS、9.7mg/kg TS、0.07mg/kg TS（Wei et al.，2021），对沼气发酵微生物来说显得不足，因此通常需要添加微量元素。田萌萌等（2014）的试验研究表明，微量元素对玉米秸秆干式沼气发酵有明显促进作用，最大产气量为 7922mL，比空白组提高 76.1%，添加 Ni、Mg、Mo 的效果显著。添加 Mo、Se 和 Mn 后，水稻秸秆沼气产量较空白组提高 47.1%～59.3%（Cai et al.，2018）。在水稻秸秆与牛粪比例为 1∶1（以 VS 质量计）的共发酵中，无添加对照组的甲烷产率为 323.7mL/g VS。在仅褐铁矿添加试验组中，褐铁矿的添加对甲烷产率有促进作用，提高了 11.5%。Co、Ni 的添加对甲烷产率也有促进作用，提高了 11.6%；褐铁矿及 Co、Ni 同时添加试验组的甲烷产率为 449.8mL/g VS，提高了 39.0%（仇植等，2020）。

6.5　秸秆干式沼气发酵技术应用案例

6.5.1　中试案例

四川双流水稻秸秆干式沼气发酵中试试验装置为铁质车库式反应器（图 6-1），有效体积 6m^3，装料体积 2m^3。装置底部中央铺设滤板，滤孔孔径为 0.5cm，顶部设有工字型喷淋装置，外部有保温层。反应装置还包括有效体积为 3m^3 的滤液池，位于反应器底面下方，滤液在重力作用下从反应器秸秆发酵堆流过进入滤液池，滤液经循环泵可进入反应器喷淋物料，达到循环喷淋的效果。反应器和滤液池产生的沼气用不同的气袋收集，并用沼气流量计计量（刘杨等，2018）。

图 6-1　水稻秸秆干式沼气发酵中试装置照片（刘杨等，2018）

发酵原料为干储的水稻秸秆，经粉碎机粉碎成粒度为 1～2cm 的发酵原料，装袋备用。接种物为正常产气的户用沼气池污泥，户用沼气池所产沼气中甲烷体积分数达 60%以上（刘杨等，2018）。

试验共运行了 55d，甲烷含量在第 31 天达到最大值（59.22%），随后在 55%左右波动。日产气量在第 4 天达到最大值（2.33m^3），下降后在第 18 天达到第 2 峰值（1.7m^3），之后逐渐下降。整个试验沼气产率为 308.20m^3/t 秸秆，甲烷产率为 167.44m^3/t 秸秆（刘杨等，2018）。

水稻秸秆中木质纤维素总质量分数达 74.64%，经堆沤预处理和沼气发酵后，木质纤维素含量明显降低。水稻秸秆经预处理后，木质纤维素降解 31.27%，再经沼气发酵后，木质纤维素降解 66.39%。半纤维素和纤维素变化较大，秸秆中半纤维素降解 83.06%，纤维素降解 69.23%（刘杨等，2018）。

在试验过程中，pH 呈现出先下降后上升再稳定的变化趋势。pH 在第 10 天下降至最低值（6.52），之后逐渐上升，最后在 7.0 左右波动。氨氮质量浓度一直处于波动变化中，变化范围为 0.92～1.76g/L。氨氮质量浓度开始在 1.2g/L 左右波动，第 10 天开始上升，升到最大值（1.76g/L）后再下降，最终在 1.2g/L 左右波动。试验初期挥发性有机酸含量迅速上升，第 3 天出现最大值（6.43g/L），再逐渐下降，第 45 天后基本没有挥发性有机酸（刘杨等，2018）。

6.5.2　生产规模工程应用案例——河南商水秸秆处理生物天然气工程

1. 项目基本情况

该项目位于河南省周口市商水县，由河南豫天新能源有限公司下属全资子公司豫天绿色能源发展（商水县）有限公司投资建设。项目采用必奥新能源科技有限公司干式沼气发酵专利技术 BioGTS®。发酵原料为收获玉米后的秸秆。项目建有 2 处秸秆黄贮窖，一处容积 20 万 m^3，另一处 16 万 m^3；8 个干式沼气发酵罐，每个沼气发酵罐总容积为 2600m^3，有效容积为 2200m^3；2 座沼液暂存池，每座容积 3000m^3；沼渣堆肥、制肥车间 10000m^2；8 套进料器，4 套排料泵；2 套固液分离机；1 套日产 40000～50000m^3 生物天然气的沼气净化提纯装置。

设计年处理秸秆 18 万 t，年产生物天然气 1874 万 m^3，生物天然气直接并入市政管网，或通过撬车将生物天然气运往村镇供气网点外销。沼渣经过堆肥后生产生物有机肥，设计年产生物有机肥 7.5 万 t。

2. 工艺流程及基本单元

河南商水秸秆处理生物天然气工程为纯秸秆处理沼气工程，采用干式沼气发酵工艺（专利技术 BioGTS®），工艺流程见图 6-2。主要工艺单元包括黄贮、沼气发酵、沼渣沼液分离、沼渣生产有机肥、沼气净化提纯、生物天然气压缩充装及自动控制等单元。

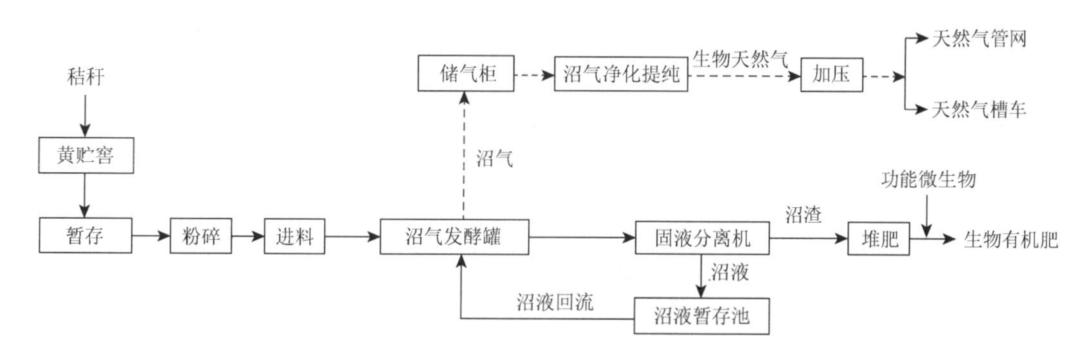

图 6-2　河南商水秸秆处理生物天然气工程工艺流程

1）秸秆收割与黄贮

在玉米收储季节，玉米秸秆经过茎穗兼收机收割、粉碎，装车后运往站外收储点。刚收获的秸秆（含固率 30%～60%）长度约 10cm。秸秆储存采用黄贮方式。在沼气厂外建有 2 处秸秆收储点。一处占地 60 亩，黄贮窖容积约 20 万 m^3，可储存秸秆约 10 万 t；另一处占地 40 亩，黄贮窖容积约 16 万 m^3，可储存秸秆约 8 万 t。田间粉碎后的秸秆运送至黄贮窖内，逐层均匀补充水分，使水分含量达到 65%～70%，添加适量的白腐菌，层层压实，充分排出空气。在适宜的厌氧环境下，微生物将大量的纤维素、半纤维素，甚至一些木质素分解，并转化为糖类，糖类经有机酸发酵转化为乳酸、乙酸和丙酸，抑制丁酸菌、霉菌等有害菌以及产甲烷菌的繁殖。生产利用时，用汽车将黄贮秸秆运往沼气厂内。

2）进料

将黄贮酸化处理后的秸秆用铲车放入计重步进料仓，经布料机对黄贮秸秆进行二次粉碎后，通过带式输送机送至沼气发酵罐的螺旋进料器，对干式沼气发酵罐进行喂料（图 6-3 和图 6-4）。

图 6-3　秸秆二次粉碎设备照片（来源：河南豫天新能源有限公司）

图 6-4　秸秆进料（左）和排料（右）设备照片（来源：河南豫天新能源有限公司）

3）干式沼气发酵

沼气发酵采用塞流式干式沼气发酵罐，秸秆从发酵罐一端送入，另一端排出（图 6-5）。发酵温度通过全自动温度控制系统，确保沼气发酵过程处于中高温（50～55℃）范围。进料秸秆总固体（TS）含量可达 30%以上，秸秆在沼气发酵罐内停留时间约 30d，容积负荷 8.5kg TS/(m^3·d)，容积产气率 4.5m^3/(m^3·d)以上。通过多轴机械搅拌器将处于反应状态的秸秆以塞形流式向前推进，并充分混合发酵物料，确保温度及物料均匀、反应充分。根据沼气发酵罐工艺仪表的监测数据，实时调控排料、温控系统，维持稳定发酵环境。

图 6-5　干式沼气发酵罐照片（来源：河南豫天新能源有限公司）

4）排料

沼气发酵罐排料采用适宜黏稠物料的泵送系统（图 6-4）。排料系统动力来源于液压泵站，具有密封性好，排料效率高，耐腐蚀等优势。排料设备及泵站均放置于工艺集装箱中，结构紧凑。

5）沼气储存

沼气储存采用双膜储气柜，呈胶囊状（图 6-6），每座储气柜容积 1300m^3。双膜储气柜分为内膜和外膜。内膜的空间用于储存沼气。外膜通过变频风机稳压，始终保持外膜撑起，保护内膜不受恶劣天气的影响。通过全自动控制系统的调控，罗茨鼓风机将沼气稳定输送至沼气净化提纯单元。

6）沼气净化提纯

储气柜储存的沼气经罗茨鼓风机升压至 0.065MPaG，经沼气冷却器冷却及分液后进入粗脱硫塔初步去除沼气中硫化氢（H_2S），然后经沼气压缩机增压至 0.65MPaG 后进入变压吸附（PSA）塔。利用专有吸附剂对沼气中不同组分吸附性能的差异，变压吸附塔将沼气中的 CO_2、H_2S、O_2 充分脱除，吸附塔顶获得甲烷纯度≥95%的产品气，产品气再经变温吸附（TSA）装置深度干燥脱水将水脱除，直至满足国家生物天然气标准的露点要求。生物天然气经过加臭处理后进入市政燃气管道，或通过 CNG 压缩机增压至 20MPaG 后充装到天然气槽车，运往村镇供气网点或工厂用户（图 6-7）。

图 6-6　双膜储气柜照片（来源：河南豫天新能源有限公司）

图 6-7　沼气提纯设备照片（来源：河南豫天新能源有限公司）

7）发酵残余物固液分离

采用螺旋挤压固液分离机将沼气发酵残余物分离为含固率约 5%的沼液和含固率约 35%的沼渣（图 6-8）。沼液回流至沼气发酵罐稀释进料，并对进料进行接种，调节碱度。沼渣经过皮带输送机输送至有机肥生产车间。

图 6-8　固液分离机照片（来源：河南豫天新能源有限公司）

8）沼渣加工

沼渣输送至堆肥车间后，按比例加入复合微生物菌种，混合均匀，经翻抛机翻堆供氧，好氧发酵 30 天，充分腐熟后，再用装载机运送至有机肥生产车间的原料区（图 6-9）。

图 6-9　沼渣堆肥照片　（来源：河南豫天新能源有限公司）

在有机肥生产车间，铲车将发酵好的沼渣加入生产料仓，根据生产配方，加入其他养分，经分配绞龙均匀输送至制粒机进行造粒，造粒后的有机肥经过烘干、冷却、筛分后输送至包装机进行包装，最终产品存放到成品仓。筛分下来的粉状物重新输送回料仓造粒。

9）自动控制

设有一个总控制室，位于办公楼一层，采用 DCS 控制系统对沼气生产和沼气提纯单元进行自动化控制。配备 UPS 电源，确保系统在断电情况下稳定运行。

3. 实际运行效果

本项目正处于达产运行期，沼气生产、沼气提纯单元均已进入满负荷运行状态，秸秆日处理量约为 480t，沼气日产量约 84000m^3，甲烷含量约 52%。日产生物天然气约 40000m^3。

第 7 章　有机垃圾干式沼气发酵

7.1　垃圾产生量及特性

7.1.1　垃圾产生量

城市生活垃圾产生量与城市居民的生活水平有着密切的关系，发达国家城市居民的人均垃圾日产量一般为 0.7～1.3kg，中等收入国家为 0.5～0.9kg，低收入国家仅为 0.3～0.6kg。我国上海市人均生活垃圾年产生量为 443kg、北京市 469kg、广州市 549kg、苏州市 553kg，相应的人均垃圾日产量分别为 1.21kg、1.28kg、1.50kg、1.52kg，说明我国长三角和珠三角的某些城市，其生活垃圾产生量已经达到发达国家水平（赵振振等，2021）。

7.1.2　有机垃圾成分及理化特性

生活垃圾的主要成分包括易腐有机物、纸张、塑料、玻璃、金属和其他类型的废物。有机垃圾（organic fraction of municipal solid waste，OFMSW）或称为源分离有机垃圾，是由市政机构收集的园林、家庭、餐饮、农贸市场及食品加工等行业的固体废弃物。不同地区有机垃圾的分类和特点各不相同，主要是城市生活垃圾。世界各地的城市生活垃圾中，易腐有机物（主要是餐厨、厨余垃圾）占比最大，几乎占世界垃圾总量的 50%（Tyagi et al.，2018；André et al.，2018）。表 7-1 是我国不同城市垃圾的主要成分，可以看出，城市垃圾中餐厨垃圾基本占 60%以上（质量分数），是很好的沼气发酵原料。

表 7-1　我国不同地区生活垃圾成分（Qian et al.，2016；张鹏等，2014）　　（单位：%）

城市	餐厨	纸类	塑料	玻璃	织物	金属	木竹	灰土砖陶	其他	水分
哈尔滨-宾县	64.0	2.8	3.4	1.5	—	0.2	2.3	18.3	7.5	56.5
北京	63.4	11.1	12.7	1.8	2.5	0.3	1.8	5.9	—	61.2
天津	56.9	8.7	12.1	1.3	2.5	0.4	1.9	16.2	—	44.4
上海	70.0	7.3	13.0	3.0	3.2	0.3	0.1	2.5	—	62.4
杭州	58.2	13.3	18.8	2.7	1.5	1.0	2.6	2.0	—	42.9
重庆	73.0	9.34	8.4	1.5	3.2	0.4	1.9	2.4	—	54.2

注：表中数据加和有的不为 100%，是由测试误差造成的。

有机垃圾容易获得，但是呈现出高度的异质性，由于区域和季节变化，垃圾成分变化较大，收集方法也是影响垃圾成分的重要因素，源头分离有机垃圾和机械分离有机垃圾的成分显著不同。机械分离有机垃圾含有较多杂质和难降解物质，如玻璃、塑料等。有机垃圾的理化特性见表 7-2，有机垃圾化学成分及元素组成见表 7-3。从表 7-2 和表 7-3 可以看出，不同地区有机垃圾的化学成分及元素组成相差很大，差异高达几倍。

表 7-2　有机垃圾理化特性（Zamri et al.，2021）

物理特性		化学特性					
大小/mm	密度/(kg/m^3)	pH	TS 含量/%	VS 浓度/%	COD/(g/kg)	TKN 含量/(g/kg)	TP 含量/(g/kg)
0.7～10	328～1052	3.9～7.9	15～50.2	7.4～36.1	140～575	1～28	0.5～13

注：数据来源于 22 个国家 43 个城市。TKN 代表垃圾的总凯氏氮；TP 代表总磷。

表 7-3　有机垃圾成分及元素组成（Zamri et al.，2021）

成分含量（VS）/%			元素组成（TS）/%			
碳水化合物	蛋白质	脂肪	碳	氢	氮	硫
35～63.2	7.7～30	6.09～35.0	37.6～51.3	1.5～3.8	5.6～7.3	0.1～0.9

7.1.3　有机垃圾产沼气的有利及不利因素

有机垃圾容易获得，来源广，不存在原料不足的问题，作为沼气发酵原料的最大优势是容易收取处理费。但是，有机垃圾作为沼气发酵原料也有两大限制因素。第一，原料收集和分离的成本。有学者指出，对后分离的收集系统进行少许优化后，源头分离、后分离方式的成本并没有明显区别。第二，垃圾分离的纯度问题。垃圾分类收集的意识和做法对源头分离有机垃圾的纯度有很大影响。如果其纯度在 90%左右，废弃物中的其他物质，如金属、玻璃、塑料和砂石，就会严重影响沼气发酵的正常运行。一般是在沼气工程的预处理阶段将这些物质去除。但有机垃圾通常含有一些病原菌，在利用前后还需要采取一些卫生措施使其利用更加安全。

7.2　有机垃圾干式沼气发酵产气性能

不同研究者得到的有机垃圾干式沼气发酵原料产气率见表 7-4。如果沼气中甲烷含量按 60%计，平均起来，有机垃圾甲烷产率为 0.207m^3 CH_4/kg VS 投加，相当于 0.345m^3 沼气/kg VS 投加；纯餐厨垃圾甲烷产率为 0.402m^3 CH_4/kg VS 投加，相当于 0.670m^3 沼气/kg VS 投加。餐厨垃圾的原料产气率显著高于混合有机垃圾。有报道称，未分离（MSW）、源头分离有机垃圾（SS-OFMSW）和机械分离有机垃圾（MS-OFMSW）的甲烷产率分别为 0.160～0.190m^3 CH_4/kg VS 投加、0.400～0.630m^3 CH_4/kg VS 投加、0.137～0.230m^3 CH_4/kg VS 投加（Rocamora et al.，2020）。欧洲垃圾处理沼气工程运行数据显示，1t 垃圾可以产沼气 100～180m^3，餐厨垃圾原料甲烷产率 0.17～0.35m^3 CH_4/kg VS 投加，而源头分离有机垃圾原料甲烷产率 0.20～0.25m^3 CH_4/kg VS 投加（Bolzonella et al.，2006）。

表 7-4　不同研究者得到的有机垃圾干式沼气发酵产气率

序号	底物浓度（TS）/%	运行方式	发酵温度/℃	容积产气率/[m^3/(m^3·d)]	原料产气率	甲烷含量/%	参考文献
1	37.0	序批式	35		0.252m^3 CH_4 /kg VS 投加	57.5	（di Maria et al.，2017）
2	30	连续	35	1.394	0.23m^3 沼气 /kg VS 投加	45.7	（Fdéz.-Güelfo et al.，2010）
3	15～25	连续	55		0.121～0.222m^3 CH_4 /kg VS 投加		（Zeshan Karthikeyan et al.，2012）
4	20.14	连续	55	2.1	0.23m^3 沼气 /kg VS 投加	68.7	（Bolzonella et al.，2003）
5	20	半连续	35	0.48～1.06（CH_4）	0.198～0.360m^3 CH_4 /kg VS 投加	60～70	（Fernández Rodriguez et al.，2012）
6		半连续	35	2.9	0.48m^3 沼气 /kg VS 投加	59	（Zhang and Banks，2013）
7	22～30	半连续	35	1.13～1.23（CH_4）	0.120～0.202m^3 CH_4 /kg VS 投加	48～55	（Benbelkacem et al.，2015）
8	22（餐厨垃圾）	半连续	35	5.8	0.65m^3 沼气 /kg VS 投加	65	（Nguyen et al.，2017）
9	22（餐厨垃圾）	半连续	55	6.62	0.73m^3 沼气 /kg VS 投加	60.02	（Nguyen et al.，2017）
10	36.7（餐厨垃圾）	序批式	20		0.742～0.942m^3 CH_4 /kg VS 投加	53～63	（Rajagopal et al.，2017）
11	20	连续	55	2.3～11.4	0.22～0.26m^3 CH_4 /kg VS 投加	50～62	（Zahedi et al.，2013）
12	20	序批式	51～53		0.312～0.330m^3 CH_4 /kg VS 投加	49.9～52.5	（Bona et al.，2020）
13	17.79（餐厨垃圾）	序批式	37		0.524m^3 CH_4 /kg VS 投加	40～70	（王宇轩等，2019）
14	20～50	序批式			0.155～0.471m^3 沼气 /kg VS 投加		（刘晓风等，1995）
15	24.79（餐厨垃圾）	连续	35	0.39～1.48（CH_4）	0.300～0.506m^3 CH_4 /kg VS 投加		（蒋建国等，2007）
16	24.79（餐厨垃圾）	序批式	35		0.242m^3 沼气 /kg VS 投加	61	（李靖和李学尧，2012）
17	20～30	序批式	35		0.093～0.117m^3 CH_4 /kg VS 投加	55.3～58.5	（郭燕锋等，2011）
18	23.9	连续	37	3.03～3.67		50～55	（冯磊等，2009）

从表 7-4 可以看出，混合有机垃圾干式沼气发酵容积产气率能达到 1.5～3.0m^3/(m^3·d)，而纯餐厨垃圾容积产气率能达到 6.0m^3/(m^3·d)左右。

7.3　有机垃圾干式沼气发酵影响因素

7.3.1　原料特性

1. 总固体

与湿式沼气发酵相比，干式沼气发酵能处理原料的总固体（TS）含量和运行负荷更高，但是原料产气率更低，并且导致抑制物积累。含水率降低导致气体、液体扩散困难和抑制物积累，这些问题反过来又降低了底物可用性，进而影响微生物代谢。大量研究显示，含水率增加，产气量增加。因为含水率增加会使原料更加均质，减少扩散阻力，增加微生物和营养物质之间传质作用，并且能稀释潜在的抑制物（Rocamora et al.，2020）。在有机垃圾半连续干式沼气发酵试验中，HRT 为 21d，不同进料 TS 含量（22%、26%和 30%）的负荷分别为 5.7kg VS/(m^3·d)、6.6kg VS/(m^3·d)和 9.6kg VS/(m^3·d)。稳态下运行结果表明，进料 TS 含量为 22%、26%和 30%处理组的甲烷产率分别为 202L CH_4/kg VS 投加、180L CH_4/kg VS 投加和 120L CH_4/kg VS 投加，容积产气率分别为 1.11m^3 CH_4/(m^3·d)、1.23m^3 CH_4/(m^3·d)和 1.15m^3 CH_4/(m^3·d)，甲烷含量分别为 55%、55%和 48%。当进料 TS 含量为 30%时，随着挥发性脂肪酸浓度增加，沼气和甲烷产量略有下降。然而，在低 TS 含量（22%）条件下，固体容易分离沉淀。以容积产气率为参考，最佳进料 TS 含量接近 20%～22%。考虑固体沉淀的因素，最适进料 TS 含量为 26%～28%，此时固体分离有限，生物活性可保持在较高水平（Benbelkacem et al.，2015）。但是，因为进料负荷不一样，负荷也对产气性能有影响。

只有在进料负荷或底物与接种物质量比（S/I 比）相同条件下比较 TS 含量影响才能反映实际情况。在一项 TS 含量对垃圾干式沼气发酵影响的研究中，按照原料的 TS 量与接种物量 10∶1 的比例进行接种，原料 TS 含量为 20%、30%、40%和 50%处理组的原料沼气产率分别为 0.458L/g TS 投加、0.425L/g TS 投加、0.449L/g TS 投加和 0.176L/g TS 投加。随着 TS 含量的升高，沼气产率、甲烷产率逐渐降低。TS 含量在 20%～40%内小幅降低，TS 含量增加至 50%时则大幅度降低。因此，TS 含量为 30%～40%的垃圾经沼气发酵，既可获得较高的甲烷产率，又可大大解决后续脱水困难的问题，这是较合理的进料 TS 含量（刘晓风等，1995）。另一项相同接种比的研究中，TS 含量为 20%、25%和 30%处理组的沼气发酵甲烷产率分别为 93.06L/kg VS、105.92L/kg VS 和 117.23L/kg VS，较低的 TS 含量有助于缩短沼气发酵周期，而较高的 TS 含量可提高产甲烷效率（郭燕锋等，2011）。

2. 粒度

减小颗粒粒度是有机垃圾沼气发酵常用的预处理方法，因为可以释放细胞内有机物，提供更大的颗粒表面积以改善反应动力学。尽管减小粒度在实际工程中经常采用，但是在研究中往往得出相反的结论，有的研究指出减小粒度会增加沼气产量，而有的研究却是减小粒度会减少沼气产量，有的研究则是没有显著性差异（Rocamora et al.，2020）。在一项研究中，采用剪切撕碎机、旋转切割机和湿式浸渍机对城市有机垃圾进行预处理，以产生不同粒度分布的原料。预处理后的垃圾在半连续的“湿”和“干”式沼气发酵反应器中进行厌氧消化试验，有机负荷（OLR）为2～6kg VS/(m^3·d)。结果表明，粒度的差异虽然不会改变原料产气率，但会影响反应器性能。在干式沼气发酵中，较粗的单级粉碎原料（粒度20～80mm）在6kg VS/(m^3·d)的有机负荷下能成功运行，而较细粒度（小于20mm）的粉碎和旋转切割原料容易酸化，并最终在最高有机负荷时处理失败。在湿式沼气发酵中，细粒度（小于5mm）导致严重起泡，有机负荷不能超过5kg VS/(m^3·d)。在相同的有机负荷条件下，干式沼气发酵的沼气产率是湿式沼气发酵沼气产率的90%。干式、湿式沼气发酵的原料沼气产率分别为0.48m^3/kg VS投加、0.54m^3/kg VS投加，原料甲烷产率分别为0.29m^3 CH_4/kg VS投加、0.32m^3 CH_4/kg VS投加，容积产气率分别为2.9m^3/(m^3·d)、3.3m^3/(m^3·d)（Zhang and Banks，2013）。

7.3.2 接种物

在序批式沼气发酵开始启动时，接种是加速启动的主要做法，也是为新原料提供必要的微生物类群的有效方法。最常用的接种物包括已经发酵过的沼渣，畜禽粪便处理沼气工程的厌氧污泥等。接种可以加快启动，但是会减少有效空间进而降低废弃物处理能力。减少接种物数量可以提高废弃物处理能力，但可能导致更长的启动时间和较低的沼气产量。对于序批式干式沼气发酵，底物与接种物质量比（S/I比）是关键参数，但是还没有一个最佳的比例，因为S/I比随发酵系统类型、操作条件和原料特性而异。不同的研究者和技术供应商推荐了不同的S/I比，例如，Bekon能源技术有限公司采用50%的沼渣作为接种物启动新的车库式发酵系统。其他研究者如di Maria等（2012）建议工程上处理餐厨垃圾干式沼气发酵系统（有渗滤液回流）的S/I比为（1.5∶1）～（2.5∶1）（总鲜重的61%～72%），而Hashimoto（1989）小试采用的S/I比为2∶1。

7.3.3 温度

根据运行温度，干式沼气发酵可分为中温或高温发酵。中温发酵温度为35～40℃，而高温发酵温度为50～57℃。与中温发酵相比，高温发酵有许多优点，如微生物生长更快，有机固体的破坏速率更高，发酵残余物固液分离脱水效果更好。因此，高温发酵的停留时间短，处理能力和产气效率更高，可以节约反应器体积。在干式沼气发酵中，Fernández-Rodríguez等（2013）观察到，与35℃相比，在55℃下有机垃圾干式沼气发酵的总甲烷产量增加了27%，达到相同产量的操作时间从40d减少到20d。尽管高温发酵产生的沼气更多，但是其也有缺点，如更多的能量用于加热，需要更精细的过程控制，因为高温下微生物对环境的变化更敏感。Kim和Speece（2002）在高温与中温发酵对比研究中发现，在中温条件下，负荷从2kg VS/(m^3·d)增加到10kg VS/(m^3·d)，丙酸浓度稳定在 50mg/L 左右，而在高温条件下，负荷达到 7.5kg VS/(m^3·d)时，丙酸就开始积累并超过 2000mg/L，导致 pH 开始下降，产生系统抑制。因此，在连续发酵工艺中，干式沼气发酵多在中温条件下进行（Franca and Bassin，2020）。

7.3.4　负荷与固体停留时间

有机垃圾干式沼气发酵的负荷一般在 4～10kg VS/(m^3·d)，有的试验研究高达 19kg VS/(m^3·d)（Rocamora et al.，2020）。Hartmann 和 Ahring（2006）研究发现，在负荷 6kg VS/(m^3·d)条件下，有机垃圾沼气发酵能获得 0.3～0.5m^3/kg VS 沼气产率。在高温（50～55℃）条件下，有机垃圾最适水力停留时间（HRT）为 15～20d。

固体停留时间（SRT）是与有机负荷（OLR）密切相关的参数，在相同进料浓度下，固体停留时间增加，有机负荷减少，容积产气率降低，原料产气率增加。在一项半连续干式沼气发酵试验（有效容积 4.5L）中，采用模拟有机垃圾，成分为土豆（6.2%，*w/w*，后同）、卷心菜（5.3%）、柑橘（4.9%）、苹果（4.9%）、面包（3.5%）和纸张（55.8%）。进料 TS 含量 30%，发酵温度 55℃，固体停留时间分别为 40d、35d、30d、25d、20d、15d、10d、8d，负荷分别为 4.431g VS/(L·d)、5.064g VS/(L·d)、5.908g VS/(L·d)、7.090g VS/(L·d)、8.862g VS/(L·d)、11.817g VS/(L·d)、17.725g VS/(L·d)、22.156g VS/(L·d)，容积产气率分别为 0.638L 沼气/(L·d)、1.944L 沼气/(L·d)、1.160L 沼气/(L·d)、1.396L 沼气/(L·d)、2.258L 沼气/(L·d)、3.244L 沼气/(L·d)、3.783L 沼气/(L·d)、1.615L 沼气/(L·d)，容积产甲烷率分别为 0.007L CH_4/(L·d)、0.465L CH_4/(L·d)、0.499L CH_4/(L·d)、0.582L CH_4/(L·d)、0.933L CH_4/(L·d)、1.149L CH_4/(L·d)、0.929L CH_4/(L·d)、0.132L CH_4/(L·d)，VS 去除率分别为 67.26%、75.48%、81.76%、87.98%、88.59%、89.00%、85.83%、72.03%。结果认为 15d 为最佳固体停留时间，也就是负荷为 11.817g VS/(L·d)，在此条件下，系统达到最大容积产甲烷率 1.149L CH_4/(L·d)，最大 VS 去除率 89.00%（Fdéz.-Güelfo et al.，2011）。另一项研究中，进料 TS 含量 20%，中温（35℃）发酵，三个固体停留时间 30d、20d 和 15d 对应的有机负荷分别为 2.42g VS/(L·d)、2.95g VS/(L·d)和 4.09g VS/(L·d)，甲烷产率分别为 0.1979L CH_4/g VS、0.3598L CH_4/g VS 和 0.2420L CH_4/g VS，容积产气率分别为 0.48L CH_4/(L·d)、1.06L CH_4/(L·d)和 0.99L CH_4/(L·d)（Fernández Rodriguez et al.，2012），表明固体停留时间为 20d 时产气效率最高。

7.3.5　混合搅拌

有效的混合是保持沼气发酵过程正常运行的关键。混合使反应底物和反应条件得以均匀，能促进微生物和基质有效接触，从而提高沼气产量。干式沼气发酵最常见的混合搅拌方式是沼气搅拌和机械搅拌。例如，Valorga 系统使用沼气循环搅拌，而 Kompogas 系统使用缓慢旋转的横向机械搅拌，Dranco 系统则使用外部混合。

一般认为，混合对干式沼气发酵有积极作用，但也有一些研究者认为有负面影响。强烈的搅拌在启动或高负荷时期可能产生负面影响，如高剪切力破坏微生物絮体，以及产甲烷菌和细菌之间的互营关系（Singh et al.，2019），进而由于 VFA 的积累发生酸化。

7.3.6　碱度

沼气发酵系统的缓冲能力通常用碱度值表征。碱度通过二氧化碳和介质中碳酸氢盐的平衡，可以抵抗较大而突然的 pH 变化。体系缓冲能力与碳酸氢盐的浓度成正比，可作为过程稳定性的指示参数。碱度下降能在 pH 受到影响之前显示 VFA 的积累。通过添加重碳酸盐、添加碱、降低 OLR、增加 HRT 或改变 S/I 比都可以改变体系的碱度（Ward et al.，2008）。例如，HRT 从 30d 增加到 40d，碱度从 7000mg $CaCO_3$/L 增加到 8000mg $CaCO_3$/L，pH 由 7.1 增加到 7.6（Kim and Oh，2011）。在干式沼气发酵过程中，如果 pH 在适宜范围，并且碱度足够抵抗 VFA 浓度峰值，负荷就可以进一步增加。

7.3.7　抑制

抑制问题在干式和湿式沼气发酵中都很常见。干式沼气发酵系统更容易出现抑制（VFA 和氨）。抑制与干式沼气发酵中 TS 含量高、负荷高、低混合或不混合、发酵体系不均匀等因素有关。但是，干式沼气发酵对抑制物有较高的耐受性，并且可在较高 VFA 浓度或氨浓度下运行，因为扩散较差，抑制只在局部存在，常常不影响整个反应器。

沼气发酵过程出现的 VFA 主要有乙酸、丁酸和丙酸，通常在启动阶段或负荷高时积累。一般而言，乙酸浓度达到 2000mg/L 或者 VFA 浓度达到 8000mg/L 以上时开始出现抑制。对于序批式干发酵系统，防止 VFA 积累的方法是减小 S/I 比或者将渗滤液再循环。对于连续发酵系统，主要是减少负荷，因为减少进料负荷有利于产甲烷菌消耗积累的 VFA。

虽然氮是微生物生长所必需的元素，但是高浓度的氮会产生抑制问题。最常见的无机氮是游离氨（NH_3）和铵（NH_4^+），两者之和称为总氨氮（TAN）。游离氨浓度在 300～800mg/L 通常被报道可能产生抑制。而铵的抑制浓度范围为 1500～3000mg/L（Chen et al.，2008），也有报道高于 4600mg/L 时没有抑制作用，铵浓度达到 11000mg/L 时，甲烷产量减少 50%（Nakakubo et al.，2008）。

水解过程会生成 H_2S 和 NH_3，H_2S 和 NH_3 被认为是抑制物质，可能抑制微生物的活性。当 H_2S 浓度达到 150ppm[①]时，25%～90%的产甲烷活性受到抑制（Nguyen et al.，2016）。

7.4　有机垃圾干式沼气发酵改进措施

7.4.1　预处理

有机垃圾作为沼气发酵原料通常需要预处理。预处理可以增强和优化原料可消化性。

① 书中 ppm 表示 μL/L。

预处理方法的有效性取决于有机垃圾生物降解性能。木质纤维素含量高的垃圾需要采用更强的处理方法，如碱、热、热化学预处理可提高难降解物质的可降解性。木质纤维素含量低的垃圾通常采用物理和常规化学方法去除不需要的杂质。但是，需要考虑到运行过程有效性、经济可行性以及对环境的影响。

物理预处理方法主要有机械、热和超声波等方法。机械预处理主要是减小原料粒度和去除惰性杂质。研磨、粉碎、转鼓筛分是生产上常采用的方法。热处理方法是通过反应器加热和内部微波加热增加原料溶解性。热预处理还能去除病原菌、提高脱水效率并降低消化物料黏度。然而，热处理的耗能高，并且受热会使化合物团聚，更加难以降解。与超声波预处理相似，虽然热预处理能直接破坏大颗粒，但需要经常维护、能耗高，阻碍了该技术的生产应用。

化学预处理一般使用臭氧氧化，醇、有机酸、有机溶剂处理，以及碱与热协同处理等，可提高原料可生化性。氧化过程需要采用氧化剂，通常是臭氧，促进化合物脱除木质素，降低分子量，减轻抑制，提高原料可降解性。采用强酸强碱水解也可以提高原料可生化性，增加微生物在发酵过程中的可及性。

化学预处理不适合含有大量易降解碳水化合物的原料，因为随后 VFA 的积累可能会抑制产甲烷阶段（Wang et al.，2017）。在实际生产中用得较多的是生物预处理方法，包括高温-中温组合、两相厌氧、微曝气及添加酶、微生物（真菌、微生物酵素）等（Cesaro and Belgiorno，2014）。有机垃圾预处理大多数采用多种方法组合，以提高原料的生物可降解性，如微波热处理与蒸汽爆破、化学与生物预处理相组合等（Zamri et al.，2021）。

7.4.2　共发酵

共发酵不仅可调节原料 C/N 比，而且可以调控物料含水率。当牛粪与绿化园林废弃物混合进行干式沼气发酵时，甲烷产率从 0.20m^3/kg VS（园林废弃物）、0.17m^3/kg VS（牛粪）增加到共发酵（40%园林废弃物和 60%牛粪）的 0.23m^3/kg VS（André et al.，2019）。使用包装纸板可以提高餐厨垃圾产沼气的稳定性，C/N 比从 11 增加到 29，仅使用餐厨垃圾作为发酵原料时，负荷只有 2kg VS/(m^3·d)，共发酵时，负荷可达到 4kg VS/(m^3·d)，并且游离氨和 VFA 积累浓度低（Zhang et al.，2012）。

7.4.3　渗滤液回流

在启动阶段接种污泥，是序批式干式沼气发酵过程避免抑制和加快启动的常用做法，但是，大量接种会减小反应器有效容积。有效解决方法是渗滤液循环。Wilson 等（2016）用其他沼气工程渗滤液作为接种物，当固体接种物数量从 40%减少到 10%时发现并没有甲烷损失。而 Kusch 等（2012）研究发现，如果使用足够数量的渗滤液作为接种物并不断循环，固体接种物可以完全避免。除了避免固体接种物占用反应器有效体积外，渗滤液循环还有以下额外益处：提高含水率，改善产甲烷菌和营养物质之间的接触，增加反应器中物料均匀性。另外，渗滤液循环还能洗脱 VFA、氨氮等抑制物。这些益处可使发酵系统在更短时间内达到最大产甲烷速率，并增加甲烷产量。Chan 等（2002）在处理有机垃圾、污泥和海洋淤泥时采用渗滤液循环，甲烷产量增加接近 4 倍，并在较短的时间（9d）达到最大产甲烷速率；而没有渗滤液循环时，11d 才能达到最大产甲烷速率。无论是连续的还是间歇循环，随着循环频率增加，甲烷产量相应增加，因为产甲烷菌和营养物质之间的均匀性和传质效率得以增加。虽然在工程上广泛采用渗滤液循环，对处理效果和产气性能有正面影响，但有一些研究者报道称，当渗滤液再循环过多时会产生负面影响（Rocamora et al.，2020）。

7.5　有机垃圾干式沼气发酵技术应用案例

7.5.1　黑龙江宾县车库式干发酵综合利用示范项目

1. 项目基本情况

宾县车库式干发酵综合利用示范项目位于黑龙江省哈尔滨市东侧，松花江南岸。该项目设计日处理市政有机垃圾 160t，日产沼气 18000m^3。项目总投资 4325.98 万元，工程总占地 33025m^2，总建筑面积 10897.80m^2，建筑物占地 10731.48m^2，构筑物占地 121.50m^2，绿化面积 12624m^2，工程的容积率为 0.33，建筑密度为 32.50%，绿地率为 38.2%。

2. 工艺流程及基本单元

有机垃圾处理工程工艺流程见图 7-1。

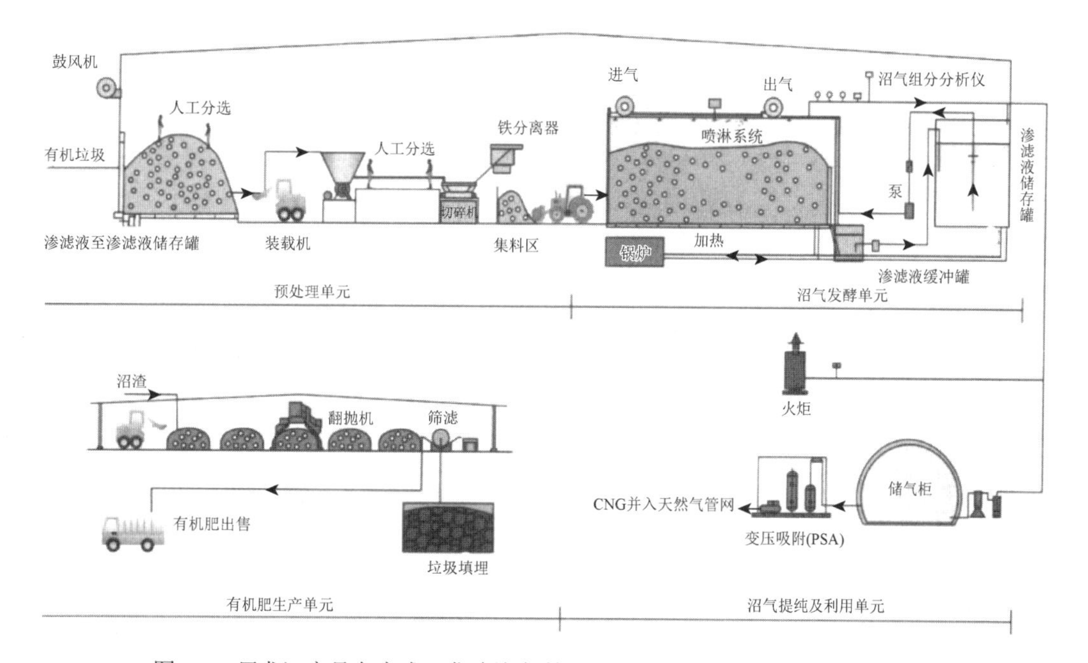

图 7-1　黑龙江宾县车库式干发酵综合利用项目工艺流程图（李超等，2012）

车库式干式沼气发酵系统包括以下几个单元和阶段（李超等，2012）。

1）预处理

利用垃圾运输车将垃圾直接运送至预处理车间，首先经过人工分选、切碎、机械分选等预处理。根据国内城市垃圾成分复杂的特点，该工程大量采用人工分选，一方面保证沼气发酵过程中物料的有效性，另一方面可回收利用金属、纸张等资源。在预处理车间内，第一次人工分选主要是将大件的垃圾清理出来，包括电饭锅、小家电等废旧家电，大石块、木块等建筑垃圾及其他大件垃圾。分选后经过装载机运输至料斗，在料斗中，原料被混合均匀，然后传递至传送带。第二次人工分选是在物料进入传送带后，两侧安排人工进行分拣，分拣出塑料、玻璃、纤维制品等。分拣出的木材、纸张作为锅炉燃料，塑料、金属直接出售给回收厂家，其他无机垃圾利用铲车运至堆场堆放。

2）好氧发酵

预处理后的垃圾临时储存在地坑中，利用铲车将分选出的有机垃圾运送至车库式发酵仓内进行好氧发酵。仓内原料堆高为 3.5m，发酵仓装满原料后将原料挡板固定在溢流槽前，然后关闭仓门。利用高压风机将空气通入发酵仓内，进行 1～3d 好氧发酵，当原料温度升至 40℃后停止通入空气，原料转入耗氧过程。

3）沼气发酵

当仓内氧气浓度降低至 1%时，开启喷淋系统，加快原料的厌氧反应速率，此时仅开启放散阀，废气通过离心风机抽入生物滤器内，经生物处理后排空。当仓内甲烷浓度升高至 30%时，关闭放散阀，开启沼气阀，可燃烧的沼气连同其他发酵仓内的沼气一同进入沼气总管，通过水封装置直接压入干式储气柜内。

4）发酵末期

利用沼气组分分析仪测量甲烷浓度，当甲烷浓度降低到 30%时，关闭沼气阀，开启放散阀，利用风机将沼气锅炉燃烧的废气通入发酵仓内，然后通过风机将废气抽出。当仓内甲烷浓度低于 5%时，再将新鲜空气通入仓内。当仓内气体甲烷浓度低于 1%时，开启仓门，排气风机始终保持工作，用铲车将沼渣运至干化棚。

5）沼气提纯

利用变压吸附提纯系统提纯沼气，生成甲烷含量为 97%以上的天然气，然后利用罐车将压缩天然气运输至加气站。沼液通过回流喷淋系统循环使用。

6）沼渣制肥

沼渣在发酵完毕后用铲车运输至干化棚内，采用翻抛机进行干化处理，干化后利用滚筒筛分机筛分，筛分机末端连接有分选机，分选出的金属及塑料外售，其他无机物运送至堆场堆放，分选后的沼渣则用于城市绿化、建筑废弃地覆盖等（李超等，2012）。

该垃圾处理干式沼气发酵工程有两条相同的生产线，每条生产线有 6 个容积为 400m^3 的车库式发酵仓和 1 个容积为 600m^3 的渗滤液池。每个发酵仓长 24m、宽 4m、高 4.2m；渗滤液池长 24m、宽 4m、高 6.2m。发酵仓、渗滤液池由硬聚醚聚氨酯泡沫保温，保温层厚度 20cm，墙体和地板安装加热管，通过热水循环对发酵仓、渗滤液池进行加热，维持 37℃中温发酵。设计发酵仓滞留时间 35d，渗滤液池产生的沼气也同样收集到储气柜（Qian et al.，2016）。

3. 运行情况

该项目自2011年开始建设，2013年竣工投产，实际垃圾处理量为120t/d（孙子滟等，2019）。

通过牛粪和有机垃圾的共发酵，制备作为液体接种物的渗滤液，并储存在渗滤液池中。通过不断循环渗滤液达到接种目的。从发酵仓产生的渗滤液收集在发酵仓的前端，经过过滤器去除颗粒物质后，将渗滤液泵入渗滤液池。通过设定程序，定期泵出渗滤液，通过安装在发酵仓顶部的喷嘴，喷淋发酵原料，渗滤液流过原料而接种，并对原料加湿，最后将渗滤液收集起来再循环。

180d的运行检测表明，宾县垃圾含水率56.3%，含有机垃圾64%、纸张2.8%、塑料3.4%、玻璃1.5%、金属0.2%、木材2.3%、杂质（煤渣、泥土等）18.3%、其他（农业废弃物，如秸秆、杂草等）7.5%。垃圾成分随季节变化，夏季有机垃圾含量约为70%，蔬菜、水果废弃物较多，而冬季有机垃圾含量仅约为60%（Qian et al.，2016）。

渗滤液的平均TS、VS含量分别为2.3%（湿基）和78.3%（VS/TS）。渗滤液的pH稳定，范围为7.82～8.15。渗滤液中VFA的浓度为1.15～2.91g/L，而总无机碳（TIC）的浓度为11.9～13.9g/L，VFA/TIC比值只有0.08～0.24。一般VFA/TIC比值小于0.3～0.4时，可认为沼气发酵过程稳定，无酸化风险。电导率（EC）值也很稳定，为16.8～18.5μS/cm。

根据预先设定，每个发酵仓按照以下程序开始和结束运行：①各发酵仓每次发酵时间（RT）35d，两批发酵之间间隔7d，包括2d的准备（清空发酵仓和定期保养）和5d的装料；②当CH_4浓度超过30%时，收集沼气并计量；③日产沼气量小于50m^3作为停止发酵过程的指示。180d内，6个发酵仓共进行了三个批次发酵，大部分发酵过程按原计划在35～36d内完成，但部分发酵仓的第一批发酵时间较长。耗时最长的为5号发酵仓，第一批发酵时间为65d，还有两个发酵仓用了42d。发酵时间长是因为缺乏接种物，使启动和发酵缓慢。

6个发酵仓和渗滤液池在180d共产生沼气436242m^3，其中6个发酵仓产沼气196231m^3；渗滤液池产沼气240011m^3，占总沼气产量的55%，说明在渗滤液喷淋循环过程中，大量VFA被洗入渗滤液池，发酵生成沼气。180d的运行检测表明，发酵仓、渗滤液池的容积产气率分别达到0.72m^3沼气/(m^3·d)、2.22m^3沼气/(m^3·d)。原料产气率为0.270m^3 CH_4/kg VS，沼气中甲烷平均含量为65.8%。该示范工程运行结果说明，利用渗滤液循环是一种可行的接种方法，该方法将干式沼气发酵工艺分离为两相发酵过程，水解、产乙酸在发酵仓，产甲烷在渗滤液池。两相系统在处理城市生活垃圾方面显示出优势。该示范工程仍然存在较大的效率提升空间，通过增加接种量可以缩短滞后期，按照预先设定程序运行以提高稳定性（Qian et al.，2016）。

7.5.2 意大利巴萨诺垃圾处理沼气工程

1. 原料

巴萨诺垃圾处理沼气工程设计年处理能力约为52000t，其中，44000t为机械分选的有机垃圾，8000t 为市政有机垃圾，两者都来自同一城市，还考虑了 3000t/a 污水处理厂剩余污泥。

2. 工艺

该工程由清除惰性物质的分选线、3 个 2200m^3 的反应器、1 个脱水区及 1 个堆肥区组成。沼气供给热电联产（combined heat and power，CHP）发电机组发电和产热。沼气发酵采用 Valorga 工艺，中温发酵。因为设计与实际情况有差异，在实际运行中，该工程中 1 个反应器实际年处理源头分离有机垃圾（source sorted organic fraction of municipal solid waste，SS-OFMSW）约 16000t；另外 2 个反应器年处理约 22000t 灰色垃圾（grey MSW，有机垃圾经分类收集后的剩余有机垃圾）、约 9500t 机械分离有机垃圾（mechanically sorted organic fraction of municipal solid wastes，MS-OFMSW）和 3000t 污水处理厂污泥。灰色垃圾仍然包含有机物、难降解物质，如塑料、玻璃、木材等，有机物使其难以回收或在垃圾填埋场处置。按照当地规定，如果灰色垃圾采用填埋、焚烧或用作土壤修复填料，有机物在最后处置之前应稳定。SS-OFMSW 的 TS 含量为 27%～47%（平均值 33%），VS 含量为 55%～90%（平均值 78%），灰色垃圾的 TS 含量为 48%～72%（平均值 60%），VS 含量为 35%～91%（平均值 67%）。

3. 运行效果

1 个反应器每天进 40t SS-OFMSW，另外 1 个反应器进约 40t 混合垃圾，包括灰色垃圾（平均 50%）、MS-OFMSW（平均 35%）和污水处理厂污泥（平均 15%）。2 个反应器都分别加入部分出料和热水，以达到 TS 含量约 30%的进料和需要的进料温度。意大利巴萨诺垃圾处理沼气工程运行结果见表 7-5。

表 7-5　意大利巴萨诺垃圾处理沼气工程运行参数和结果（Bolzonella et al.，2006）

反应器	R401	R402
原料特性		
原料种类	灰色垃圾＋MS-OFMSW＋污泥	SS-OFMSW
平均每天进料/(10^3kg)	40	40
进料 TS 含量/%	38	33
进料 VS 占比（相对 TS）/%	67	78
工艺参数		
OLR/[kg VS/(m^3·d)]	3～8	4～6
HRT/d	50～70	40～60
消化温度/℃	38.6	36.7
运行参数		
pH	8.0	7.9
碱度（pH＝6）/(g $CaCO_3$/L)	11.0	10.6
碱度（pH＝4）/(g $CaCO_3$/L)	18.2	18.5
VFA/(mg COD/L)	100～2500（平均 450）	200～2000（平均 500）

续表

反应器	R401	R402
反应器中 TS 含量/%	28	23
反应器中 VS 占比（相对 TS）/%	55	50
产气及去除性能		
鲜原料产气率/($m^3/10^3$ kg)	60	180
原料甲烷产率/(m^3 CH_4/kg VS)	0.14	0.40
容积产气率/[$m^3/(m^3 \cdot d)$]	1.1	3.2
甲烷含量/%	55	56
VS 去除率/%	35～40	40～45

只处理 SS-OFMSW 的反应器，连续几周每天进料 50t 时，沼气产量高达 10000m^3/d，每吨垃圾可产沼气 200m^3。处理混合垃圾的反应器，沼气产量的变化主要因为处理 SS-OFMSW 量的变化，每天处理灰色垃圾 20t 时，沼气产量 1600～2000m^3/d，加入 SS-OFMSW 时，沼气产量峰值可达 4000～5000m^3/d。沼气产量峰值不是与进料数量有关，而是与进料质量有关。

在稳定状态下，即使在相同进料量的情况下，处理混合垃圾和 SS-OFMSW 的负荷分别为 3～8kg VS/($m^3 \cdot$d)和 4～6kg VS/($m^3 \cdot$d)，每吨垃圾的沼气产量完全不同，每吨混合垃圾产沼气 60m^3，而每吨 SS-OFMSW 产沼气 180m^3，相应地，原料甲烷产率分别为 0.14m^3 CH_4/kg VS 投加、0.40m^3 CH_4/kg VS 投加，容积产气率分别为 1.1$m^3/(m^3 \cdot d)$、3.2$m^3/(m^3 \cdot d)$。

SS-OFMSW、餐厨垃圾进行沼气发酵后产生的沼渣经过好氧堆肥可以用作农田有机肥。而 MS-OFMSW 的沼渣，因为存在塑料和其他杂质，可以用来覆盖垃圾填埋场或进一步焚烧处理。

通过运行 1 年的物料平衡可以计算出，处理 1000kg SS-OFMSW 可以发电 270kW·h，产生 178kg 优质有机肥，产生 442kg 废水及需要处理的 150kg 惰性杂质，同时还可以回收 10kg 金属。处理 1000kg 混合垃圾，可以发电 77kW·h，产生 550kg 垃圾衍生燃料、31kg 金属、17kg 惰性杂质，130kg 废水需要处理，200kg 生物稳定物质需要填埋。

4. 经济分析

处理 1t 垃圾需要耗电约 72kW·h，相当于每月耗电 425MW·h。部分来自自发电（每月自发电约 485MW·h），另外需要用电网市电 62MW·h/月，通过“绿色证书”方式向国家电网售电 130MW·h/月。在能源效率方面，处理混合垃圾、SS-OFMSW 的发电/耗电系数分别为 1.4 和 4.3。该工程初始投资费用约为 1600 万欧元（公共投资）。收入方面，处理 1t 垃圾售电收入 15 欧元，灰色垃圾、MS-OFMSW 及 SS-OFMSW 收处理费分别约为 115 欧元/t、79 欧元/t 及 58 欧元/t，平均处理费 100 欧元/t。具体到管理成本，约 29 欧元/t，人员费约占 50%（14 欧元/t），残余物质填埋处置费约 53 欧元/t，而投资折旧约 13 欧元/t，收支相减，能获得正收益（Bolzonella et al.，2006）。

第 8 章　混合原料干式沼气发酵

混合原料沼气发酵，也称厌氧共消化或共发酵，是将两种或两种以上不同来源有机废弃物在同一反应器内进行厌氧处理的沼气发酵技术。一方面，共发酵可以弥补某种原料不足；另一方面，可以平衡原料 C/N 比，发挥不同有机基质的协同消化作用，创造更适合微生物菌群生长的营养条件，从而提高物质与能量转化效率，增加沼气产量。另外，多种原料混合可以提高干物质含量，有利于采用干式沼气发酵工艺，减少加热能量在产出能量中的占比。在干式沼气发酵工程中，共发酵是较为普遍的做法。富氮原料与富碳原料混合发酵是最广泛的选择，常见的是将蔬菜垃圾、废水处理污泥、餐厨垃圾、秸秆、畜禽粪便或工业有机废渣按适当比例混合进行共发酵。

8.1　混合原料干式沼气发酵影响因素

8.1.1　TS 含量

TS 含量是衡量干式发酵与湿式发酵的关键参数。在共发酵中，TS 含量对发酵效率也有较大影响。在猪粪与食品废弃物干式共发酵过程中，TS 含量为 5%～15%时，甲烷产率（278.8～291.7mL/g VS）没有显著差异；而 TS 含量为 20%时，甲烷产率（259.8mL/g VS）显著降低。这是由于从湿式发酵向干式发酵（TS 含量 20%）转变过程中，产甲烷菌从乙酸营养型向混合营养型和氢营养型转变（Wang et al.，2020）。在锯末与有机垃圾共发酵过程中，随着 TS 含量的增加，甲烷产率降低。当 TS 含量为 15%时，甲烷产率为 0.37L/g VS；而当 TS 含量为 30%时，甲烷产率只有 0.24L/g VS；当 TS 含量为 20%、25%时，甲烷产率分别为 0.28L/g VS、0.30L/g VS（Ziaee et al.，2021）。

8.1.2　粒度

减小粒度是一种有效的预处理方法，可以提高固体废弃物转化效率。减小粒度主要采用机械预处理，如粉碎、筛分等，技术比较简单，不需要加水或化学物质。减小粒度可以提升水解过程溶解性有机物产量，进而提高整个发酵过程的效率。一些研究者认为在湿式沼气发酵过程中，减小粒度能增加沼气产量和降解动力学。然而，也有一些研究者得到相互矛盾的结果，可能是因为粒度减小释放抑制化合物，增加了水解酸化速度，打破了产酸阶段与产甲烷阶段的平衡。Barakat 等（2013）研究发现，经济上的最适颗粒大小约 1mm。共发酵可以利用不同原料的粒度差异，互为补充。在玉米秸秆、牛粪共发酵试验研究中，玉米秸秆与牛粪总固体质量比为 6∶4，接种物浓度为物料质量的 20%，发酵周期为 40d，物料初始 TS 含量为 30%。结果表明，序批式干式发酵中物质转化受到温度和粒度因素显著影响，发酵温度对生物转化的促进作用显著大于秸秆粒度。产气高峰期，相对中温处理组，高温处理组的沼气产率提高了 65.31%，发酵结束时提高了 59.60%，平均为 418.9L/kg TS；产气高峰期，相对粗粒度（5～6cm）处理组，细粒度（2～3cm）处理组沼气产率提高了 41.77%，发酵结束时提高了 52.74%，平均为 435.8L/kg TS（于佳动等，2019）。

8.1.3　接种物

接种物来源和数量都对干式沼气发酵的启动和运行有显著影响，特别是对序批式干式沼气发酵过程的影响更大。

在食品废弃物与纸板序批式干式沼气发酵的试验研究中，底物与接种物质量比（S/I 比）是关键参数，在 3 个 S/I 比（0.25、1 和 4）中，只有 S/I 比为 0.25 时正常产甲烷，在更高的 S/I 比时，产酸占主导，主要产氢气和中间代谢产物。TS 含量高、食品废弃物与纸板之比高或者 S/I 比高都导致底物降解率低、乳酸产生比例高，减少氢气的产生（Capson-Tojo et al., 2017）。

在市政有机垃圾与玉米秸秆车库式干发酵（GTDF）过程中，渗滤液回流通过其接种作用和传质作用促进了水解酸化，但其洗涤作用也导致 VFA 的快速积累和较高的 VFA 浓度峰值。在回流渗滤液与总渗滤液体积比为 0.3 时，甲烷产率最高，为 166.33mL CH_4/g VS。此外，仅仅通过渗滤液循环接种也可获得相当于接种沼渣的甲烷产率（Qian et al.，2018）。

在秸秆、猪粪、餐厨垃圾共发酵试验中，秸秆、猪粪、餐厨垃圾的质量比（鲜基）为 5∶3∶3，发酵物料 TS 含量为 25%，发酵温度为 35℃，接种比例为发酵物料鲜重 20%、40%、60%处理组的原料产气率分别为 104.3mL/g TS、175.78mL/g TS、154.98mL/g TS，容积产气率分别为 0.374m^3/(m^3·d)、0.630m^3/(m^3·d)、0.555m^3/(m^3·d)，平均甲烷含量分别为 38.56%、50.05%、54.28%。接种量较低的两组虽然出现了短暂的酸化现象，但随着发酵的进行，pH 逐渐恢复到正常范围，系统表现出一定的自我调节能力。总体而言，40% 的接种量为最佳接种量（李娜等，2017）。

在锯末与有机垃圾共发酵试验中，底物与接种物质量比（S/I 比）为 4∶1 和 2∶1 的甲烷产率分别为 0.0099L/g VS 和 0.027L/g VS；而 S/I 比为 1∶1 和 1∶2 的甲烷产率分别为 0.25L/g VS 和 0.28L/g VS；S/I 比值大于 1∶1，导致脂肪酸积累，pH 呈酸性（Ziaee et al.，2021）。

在牛粪与玉米秸秆干式中温（38℃）沼气发酵试验中，牛粪与玉米秸秆比（干物质质量比）为 1∶1，TS 含量为 20%、水力停留时间（HRT）为 30d 的条件下，沼渣沼液回流比例为 60%时产气量最大，反应器运行稳定后容积产气率最高可达 1.6L/(L·d)，相比回流比例为 50%时提高了 45.9%。沼渣沼液回流比例的提高有利于减少挥发性脂肪酸的积累，提高干式沼气发酵产气率（Chen et al.，2020）。在另一项玉米秸秆与牛粪共发酵的试验研究中，玉米秸秆与牛粪比（TS 质量比）为 7∶3，原料初始 TS 含量为 25%，接种量为物料的 10%（质量分数，后同）、20%、30%；设定喷淋次数分别为 3 次/d、4 次/d、

6 次/d 和 12 次/d，每次喷淋量均为 1L，每个喷淋条件下喷淋结束到下次开始喷淋的时间间隔相等。当接种量为 10%时，喷淋次数对沼气产量具有显著影响，喷淋次数过少或过多均不利于沼气生产，当喷淋次数为 4 次/d 时，沼气产率最大，为 164.7L/kg VS。当接种量提高到 20%时，沼气产量得到明显提升的同时还缩短了启动时间，特别是接种量为 20%、喷淋次数为 12 次/d 时，与接种量为 10%、喷淋次数为 12 次/d 相比，沼气产量提高了 76.8%，启动时间缩短近 5d。当喷淋次数为 4 次/d 时，沼气产率最大，为 222.1L/kg VS。当接种量提高到 30%时，沼气产量升高趋势放缓，与接种量为 20%相比，沼气产量平均提高了 12.8%，喷淋次数对沼气产量的影响依然显著（$p<0.05$），沼气产量最高为 4 次/d，最低为 12 次/d，最大沼气产率为 251.6L/kg VS。喷淋次数过低（3 次/d）或过高（12 次/d）均不利于沼气产生，接种量不应低于 20%。喷淋次数为 4 次/d、接种量为 30%时，沼气产率最大，达到 251.6L/kg VS。增加喷淋次数和接种量有利于底物水解效率的提高。甲烷产率、最大甲烷产率变化与沼气产率变化规律相同。控制喷淋次数为 4 次/d，提高接种量可使产甲烷延滞期减少到约 5d（于佳动等，2018）。

在秸秆、猪粪共发酵试验中，猪粪与秸秆比（VS 质量比）为 1∶1，接种量为 50%的试验组启动最快，累积甲烷产率也最高，是所研究原料配比（1∶1、2∶1）与接种量（30%、40%、50%）的最佳组合，累积沼气产量和累积 VS 甲烷产率分别为 802mL 和 127mL/g VS（李奥等，2019）。

8.1.4 C/N 比与配比

碳和氮是新细胞生长繁殖过程能源和物质的基本来源。C/N 比表示有机物质中碳与氮的含量比，高效沼气发酵通常需要最适的 C/N 比。共发酵的主要目的就是调节 C/N 比。因此，不同物料配比通过影响 C/N 比而影响沼气发酵效率。

在猪粪与水稻秸秆共发酵试验中，当只有猪粪时 C/N 比为 8，氨氮浓度超过抑制阈值（3000mg N/kg）；当 C/N 比为 8 和 20 时，甲烷产率降低；而当 C/N 比为 30 时显示稳定的甲烷生产（Riya et al.，2016）。在另一项猪粪与水稻秸秆共发酵试验中，相同接种量下猪粪与水稻秸秆比（VS 质量比）为 1∶1 试验组的累积甲烷产率均高于 2∶1 试验组的（李奥等，2019）。

在猪粪与秸秆更大范围的配比研究中，猪粪与水稻秸秆比（VS 质量比）为 1∶0、3∶1、2∶1、1∶1、1∶2、1∶3、0∶1 的甲烷产率分别为 188.8mL/g VS、204.0mL/g VS、213.4mL/g VS、198.1mL/g VS、168.5mL/g VS、169.6mL/g VS、124.7mL/g VS，除 1∶2、1∶3 处理组外，各配比组甲烷产率均显著（$p<0.05$）高于猪粪单独发酵处理组（188.8mL/g VS），较猪粪单独发酵处理组提高了 4.9%～13.0%；猪粪与水稻秸秆共发酵各处理组甲烷产率均显著（$p<0.05$）高于水稻秸秆单独发酵处理组（124.7mL/g VS），较水稻秸秆单独发酵处理组提高 35.1%～71.1%（齐利格娃等，2018）。

猪粪与水稻秸秆共发酵的甲烷生产协同效应分析如表 8-1 所示。实测值是各处理组累积甲烷产率数值，预测值是将猪粪与水稻秸秆单独发酵实测值按照猪粪与水稻秸秆不同配比计算得出的各混合组甲烷产率。

表 8-1　猪粪与水稻秸秆共发酵协同效应分析（齐利格娃等，2018）

猪粪与水稻秸秆比（VS 质量比）	实测值/(mL/g VS)	预测值/(mL/g VS)	差值/(mL/g VS)	SD/(mL/g VS)	增加率/%
1∶0	188.8			4.9	
3∶1	204.0	172.8	31.2	2.0	18.1
2∶1	213.4	167.4	46.0	1.6	27.5
1∶1	198.1	156.8	41.3	4.1	26.3
1∶2	168.5	146.1	22.4	2.6	15.3
1∶3	169.6	140.7	28.9	1.3	20.5
0∶1	124.7			0.4	

注：SD 表示实测值标准差。

由表 8-1 可知，猪粪与水稻秸秆比（VS 质量比）为 3∶1、2∶1、1∶1、1∶2、1∶3 处理组的差值分别为 31.2mL/g VS、46.0mL/g VS、41.3mL/g VS、22.4mL/g VS、28.9mL/g VS，且 SD 值均小于差值，故猪粪与水稻秸秆共发酵各处理组均存在协同效应。当猪粪与水稻秸秆比（VS 质量比）为 2∶1 时，甲烷产率实测值为 213.4mL/g VS，相同 VS 质量条件下，猪粪与水稻秸秆单独发酵实测值分别为 188.8mL/g VS、124.7mL/g VS，协同效应最明显，分别提高了 13.0%、71.1%。猪粪与水稻秸秆比（VS 质量比）为 3∶1、1∶1、1∶2 和 1∶3 处理组通过协同效应相对各配比下计算甲烷产率分别提高了 18.1%、26.3%、15.3%和 20.5%。由此可见，猪粪与水稻秸秆共发酵存在协同效应（齐利格娃等，2018）。

在牛粪和玉米秸秆共发酵试验中，每个实验组原料的 C/N 比达到 29 左右，发酵原料 TS 含量均为 20%，发酵温度为 35℃（中温条件）。牛粪与玉米秸秆比（干物质质量比）为 0∶1、1∶0、1∶1、1∶2 和 2∶1 的原料产气率分别为 0.058m^3/kg TS、0.214m^3/kg TS、0.292m^3/kg TS、0.237m^3/kg TS 和 0.312m^3/kg TS，表明牛粪与玉米秸秆的共发酵运行效果较好。其中，牛粪与玉米秸秆比为 2∶1 时产沼气效果最好，整个发酵过程中产气量和甲烷含量比较稳定，甲烷含量最高达 56.59%，总固体、挥发性固体的去除率相对较高，分别为 26.11%和 34.27%（吕丹丹等，2012）。另一项牛粪与玉米秸秆共发酵试验却得出了不同的结果，在中温 38℃、TS 含量为 20%、HRT 为 30d 条件下，牛粪与玉米秸秆比（干物质质量比）1∶2 时产气量最大，反应器容积产气率最高达到 2.78L/(L·d)，相比牛粪与玉米秸秆比 1∶1 时提高了 31.13%，相比牛粪与玉米秸秆比 1∶3 时提高了 71.78%（陈润璐，2021）。

在奶牛粪与种植废弃物共发酵试验中，奶牛粪与种植废弃物（土豆皮、莴苣叶和豌豆皮）质量比 2∶1，牛粪与莴苣叶共发酵的甲烷产量和沼气产量最高，分别为 6610.2mL 和 12756.7mL，而牛粪单独发酵（对照）的甲烷产量和沼气产量分别为 4689.9mL 和 11606.7mL。牛粪与莴苣叶共发酵的甲烷产率和沼气产率分别为 405.5mL CH_4/g VS 和 782.6mL 沼气/g VS，牛粪单独发酵（对照）的甲烷产率和沼气产率分别只有 328mL CH_4/g VS 和 633mL 沼气/g VS（Abdelsalam et al.，2021）。

在鸡粪与秸秆共发酵（试验装置 30L）试验中，鸡粪与玉米秸秆质量比为 9∶1，发酵物料 TS 含量为 20%，温度为 37℃，氨氮浓度维持在 700～1050mg/L，容积产气率平均约为 1.0L/(L·d)，最高达到 1.45L/(L·d)（宋佳楠等，2022）。

在锯末与有机垃圾共发酵试验中，锯末与有机垃圾比（TS 质量比）为 0∶1、1∶4、1∶2、1∶1，相应地 C/N 比为 20、25、30、35。锯末与有机垃圾比为 0∶1、1∶4、1∶2、1∶1 处理组的甲烷产率分别为 0.17L/g VS、0.22L/g VS、0.30L/g VS、0.17L/g VS。当锯末与有机垃圾比（TS 质量比）为 1∶2 时，甲烷产率最高（Ziaee et al.，2021）。

在实际工程中，往往是就地取材，尽量就近利用当地便利原料生产沼气。为了提高意大利南部的农业废弃物和农产品加工副产品的价值，Valenti 等（2018）对 6 种原料（柑橘渣、橄榄渣、牛粪、鸡粪、乳清和玉米青贮）进行了共发酵生产沼气的序批式和半连续发酵试验，按照在意大利南部可以获得原料比例混合成 6 种组合（玉米青贮、牛粪、鸡粪、乳清的 TS 质量比分别为 18%、5%、13%、20%，并保持固定；柑橘渣和橄榄渣总占比 44%，柑橘渣分别占比 44%～0%，橄榄渣分别占比 0%～44%；C/N 比分别为 17.82、18.74、19.42、20.02、19.76、19.45）。序批式共发酵试验表明，6 种原料混合物的甲烷产率无显著差异，平均产气率为 239mL CH_4/g VS，说明 6 种原料混合物可用于生产沼气。考虑柑橘渣和橄榄渣在西西里岛的可获得性，将柑橘渣占比（TS 质量比）较高的 3 个组合（柑橘渣 44.0%、玉米青贮 18.0%、牛粪 5.0%、鸡粪 13.0%和乳清 20.0%；柑橘渣 35.2%、橄榄渣 8.8%、玉米青贮 18.0%、牛粪 5.0%、鸡粪 13.0%和乳清 20.0%；柑橘渣 26.4%、橄榄渣 17.6%、玉米青贮 18.0%、牛粪 5.0%、鸡粪 13.0%和乳清 20.0%）选作半连续共发酵（VS 浓度为 4%，35℃）的原料，在稳定运行条件下，3 个处理组的甲烷产率分别为 248.74mL CH_4/g VS、180.09mL CH_4/g VS、219.54mL CH_4/g VS，第一组（柑橘渣 44.0%、玉米青贮 18.0%、牛粪 5.0%、鸡粪 13.0%和乳清 20.0%）的产气量最高（Valenti et al.，2018）。

8.1.5 温度

温度是影响沼气发酵过程最重要的环境因素。温度通过影响酶和辅酶的活性及稳定性进而影响沼气发酵效率。目前的研究显示，不同的原料有不同的最适发酵温度。共发酵的原料种类多，使得温度的影响变得更加复杂。目前，在这方面的研究还很少。在蛋鸡粪与农业废弃物（椰子废弃物、木薯废弃物、咖啡渣）共发酵（TS 含量为 20%）试验中，共发酵比单独发酵效果好，中温比高温效果好。在中温发酵处理中，当蛋鸡粪与农业废弃物质量比为 25∶17.5 时，甲烷产率增加 63.4%（混合发酵组甲烷产率 562mL/g VS，纯蛋鸡粪对照组 344mL/g VS）；当蛋鸡粪与农业废弃物质量比为 20∶14 时，甲烷产率增加 41.5%（混合发酵组甲烷产率 406mL/g VS，对照组 287mL/g VS）。在高温发酵处理中，当蛋鸡粪与农业废弃物质量比为 25∶17.5 时，甲烷产率增加 150.7%（混合发酵组甲烷产率 323.4mL/g VS，对照组 129mL/g VS），当蛋鸡粪与农业废弃物质量比为 20∶14 时，甲烷产率增加 69.6%（混合发酵组甲烷产率 297.6mL/g VS，对照组 175.5mL/g VS），添加农业废弃物后，氨氮积累浓度平均降低 43.7%（混合发酵组氨氮浓度 5.35～8.55g N/kg，对照组 7.81～12.28g N/kg）（Abouelenien et al.，2016）。

8.1.6　有机负荷

在不超过最大有机负荷时，容积产气率随负荷增加而增加，原料产气率却降低。超过最大有机负荷后，因为挥发性脂肪酸的抑制，容积产气率和原料产气率都会下降。因此，在连续式沼气发酵反应器中，有机负荷是一个重要参数。例如，在餐厨垃圾与稻壳共发酵连续试验中，进料 TS 含量为 20%，C/N 比为 28，发酵温度为 37℃，有机负荷分别为 5kg VS/(m^3·d)、6kg VS/(m^3·d)和 9kg VS/(m^3·d)，水力停留时间分别为 26d、25d 和 14d。当有机负荷为 5kg VS/(m^3·d)和 6kg VS/(m^3·d)时，挥发性脂肪酸/碱度比为 0.15～0.24，表明沼气发酵系统具有较高的缓冲能力。当有机负荷为 9kg VS/(m^3·d)时，挥发性脂肪酸/碱度比为 0.94。当有机负荷为 6kg VS/(m^3·d)时，产气量和容积产气率分别为 196L/d 和 2.36L/(L·d)。而当有机负荷为 9kg VS/(m^3·d)时，产气量从 196L/d 急剧下降到 136L/d。当有机负荷为 5kg VS/(m^3·d)时，挥发性固体的去除率最高，达 82%。有机负荷为 5kg VS/(m^3·d)、6kg VS/(m^3·d)和 9kg VS/(m^3·d)的沼气产率分别为 179L/g VS、196L/g VS 和 136L/g VS，容积产气率分别为 2.23L/(L·d)、2.36L/(L·d)和 1.89L/(L·d)。随着有机负荷的增加和水力停留时间的缩短，沼气产量、反应器稳定性和挥发性固体去除率降低。因此，5～6kg VS/(m^3·d)是适宜的有机负荷（Jabeen et al.，2015）。

8.1.7　搅拌

有效的混合搅拌是维持最佳沼气生产的关键。混合使微生物和基质保持接触，并维持反应器内物料均匀分布和反应条件一致，从而加速反应过程动力学和沼气产生。但是对搅拌的作用仍然存在较大争议，关键是掌握好搅拌强度、时间和频率。在猪粪与水稻秸秆共发酵试验中，VS 比为 2∶1，初始进料量为 106g VS/L，接种率为 40%，发酵物料 TS 含量为 20%，温度为（37±1）℃，搅拌持续时间均为 20min 条件下，处理 T1（搅拌强度为 15r/min，搅拌周期为 6h）、T2（搅拌强度为 15r/min，搅拌周期为 12h）、T3（搅拌强度为 45r/min，搅拌周期为 6h）、T4（搅拌强度为 45r/min，搅拌周期为 12h）、CK（无搅拌）的甲烷产率分别为 193.3mL/g VS、226.7mL/g VS、182.5mL/g VS、230.6mL/g VS、245.4mL/g VS。发酵前期搅拌并不能提高沼气产量，搅拌强度低的处理沼气产量较高，且搅拌周期越短，沼气产量越高；在发酵后期，搅拌可以均衡沼气产量，避免大幅度波动，稳定发酵系统，搅拌周期为 12h 的处理组产气量高于其他处理组（齐利格娃，2019）。

8.2　混合原料干式沼气发酵改进措施

8.2.1　生物强化

生物强化是将培养驯化的特定微生物添加到沼气发酵反应器中，改善沼气发酵系统运行性能。生物增强已被用于恢复酸化反应器，改善纤维素、脂肪的降解，以及缩短启动时间等。在玉米秸秆和牛粪共发酵小试试验中，粪草 TS 比 1∶2，发酵温度 37℃，发酵物料 TS 含量 20%，接种物含量 30%，接种 1%的复合菌系（由 *Bacillus siamensis* 和 *Bacillus subtilis* subsp. *Stercoris* 组成）使沼气产量提高 25%，甲烷产量提高 55%，接种复合菌系处理组的原料产气率分别为 86.4mL/g TS 和 111.4mL/g VS（张陈等，2021a/b）。很多时候，小试试验特别是序批式试验时，生物强化效果较好，而在连续试验时效果不显著。因此，生产性试验更能说明问题。在水稻秸秆与猪粪共发酵的生产性试验中，单个反应器容积为 75m^3，反应器内采用盘管加热，顶部有钢架大棚，柔性膜覆盖密封。打捆水稻秸秆分层摆放于反应器内，共 6 层，总计 3t，每层水稻秸秆捆中间铺放新鲜猪粪，总计 6t。处理组在第一层水稻秸秆捆上再铺放 1.8t 微生物菌剂，其他条件与不加菌剂的对照组保持相同。用沼液将发酵底物（水稻秸秆+猪粪）初始 TS 含量调节至 20%，每天喷淋两次，每次 30min。试验结果表明，对照组纤维素、半纤维素降解率分别为 19.8%和 44.9%，其中半纤维素为主要被降解成分。添加微生物菌剂处理组中，发酵底物中纤维素、半纤维素降解率分别达到 29%和 51.6%，比对照组分别提高了 46.5%和 14.9%。投加菌剂可以有效提高水稻秸秆纤维素和半纤维素的降解率，其中对水稻秸秆纤维素的降解效果更加显著。处理组与对照组产气量变化趋势相似，均为先迅速增加然后缓慢减少趋于稳定。处理组在试验开始后第 2 天就大量产气，其日产气量在试验第 14 天达到最大值，为 49m^3，对应的容积产气率为 0.65m^3/(m^3·d)；而对照组直至试验开始后第 5 天才开始产气，其日产气量在试验第 18 天达到最大值，为 43.9m^3，对应容积产气率为 0.59m^3/(m^3·d)。相比较而言，处理组日产气量上升趋势明显高于对照组，产气高峰比对照组提前 4 天，最大容积产气率比对照组提高了 10.2%。试验周期内，处理组累积产气量达 1340m^3，比对照组提高了 20.5%。这说明该菌剂可以有效缩短干式沼气发酵的启动时间，并较大幅度提高物料产气量。处理组与对照组甲烷含量变化趋势相似，均为逐步升高后达到稳定。其中处理组所产沼气中甲烷体积分数在试验第 6 天即达到 30%，第 11 天达到 50%以上；而对照组在试验前 3 天均没有检测到甲烷，直至试验开始后第 13 天，沼气中甲烷体积分数才达到 30%以上，第 19 天达到 50%以上，分别比对照组晚了 7d 和 8d。在工程运行中，当产气中甲烷体积分数达到 30%以上才开始收集沼气，因此处理组有效产气时间比对照组提前 7d。在干式沼气发酵启动阶段，处理组所产沼气中甲烷体积分数的起点及上升幅度明显比对照组高，且处理组累积产生沼气中平均甲烷体积分数达 52.8%，比对照组的 43.7%提高了 20.8%。这说明菌剂不仅可以缩短干式沼气发酵启动时间，而且提高了沼气中甲烷含量，提升了沼气品质（曹杰等，2017）。

添加菌剂的生物强化作用一直存在争议：一是很多试验是实验室小试，并且是序批式试验，较长时间的连续试验往往效果不如序批式试验。二是添加的菌剂在与土著微生物竞争中能否占优势？在连续运行反应器中往往需要间隔一段时间持续投加。三是菌剂的成本，多产出的沼气的收益是否大于投加菌剂的成本。

8.2.2　预处理

在混合原料共发酵中，预处理往往针对难生物降解的纤维素类原料，畜禽粪便、工业有机废渣往往不需要预处理。吴爱兵等（2015）进行了好氧堆沤预处理对麦秸与牛粪共发酵影响的生产性试验。干式沼气发酵试验装置为柔性顶膜车库式反应器，共 2 个反应库，单个反应库容积为 75m^3。反应库内采用盘管加热，棉被保温；顶部有钢架大棚，柔性膜覆盖密封。试验设计 2 个处理组，分别为对照组和堆沤预处理组。对于处理组，先用铲车将 4t 粉碎搓揉后的麦秸和 12t 新鲜牛粪混合均匀，用尿素将混合物料碳氮比调为 30。混合物料 TS 含量为 35.8%，VS/TS 为 61.9%，含水率在 64%左右，符合好氧堆沤要求。然后直接制堆，覆膜，整个堆沤过程持续 6d。堆沤完成后用沼液将发酵混合物（麦秸 + 牛粪）初始 TS 质量分数调节至 20%，覆盖红泥塑料顶膜，每天喷淋 2 次，每次 30min。对照组除物料没有进行堆沤外，其他处理条件与处理组均相同。

混合底物中主要成分为纤维素，占比为 36.8%左右，其次是半纤维素，占比为 28.5%左右，木质素含量最少，为 12.11%左右（表 8-2）。堆沤预处理之后，混合底物组分含量发生部分改变，其中纤维素和木质素含量均有所降低，但变化不大，而半纤维素含量则由预处理之前的 28.5%降为 24.7%，降解率为 13.3%。在堆沤预处理过程中损失的有机碳主要源自半纤维素的降解。没有堆沤的直接发酵对照组中，纤维素和半纤维素是干式沼气发酵过程的主要降解底物，其降解率分别为 27.4%和 47.0%，其中半纤维素为主要降解成分。堆沤后干式沼气发酵过程中主要降解成分仍为纤维素和半纤维素，其对应的降解率分别为 29.8%和 43.3%。堆沤预处理能提高发酵底物中纤维素的降解率，而堆沤后半纤维素降解率有所降低，可能是由于堆沤过程中发酵底物半纤维素已经有部分降解。纤维素降解率虽有所升高，但提高幅度不大。由于纤维素总的降解率不高，因此对总产气量影响有限（吴爱兵等，2015）。

表 8-2　不同处理条件下麦秸与牛粪共发酵各组分含量变化（吴爱兵等，2015）

样品	含量/%			
	纤维素	半纤维素	木质素	灰分
麦秸与牛粪混合物	36.8±0.40	28.5±0.63	12.11±0.10	3.12±0.10
堆沤后麦秸与牛粪混合物	35.9±0.36	24.7±0.51	11.92±0.15	3.41±0.11
直接干式沼气发酵后残渣	26.7±0.08	15.1±0.39	17.47±0.25	4.33±0.10
堆沤后干式沼气发酵残渣	25.2±0.13	14.0±0.48	17.01±0.12	4.57±0.15

处理组与对照组的水解酸化液中溶解性 COD（soluble chemical oxygen demand，SCOD）的变化趋势相似，均为先迅速升高然后逐步降低并稳定。处理组水解酸化液中 SCOD 质量浓度在试验第 4 天达到最大值，为 23262mg/L，在试验第 24 天之后稳定在 5000mg/L 左右。对照组则在第 7 天达到最大值，为 22374mg/L，在试验第 30 天之后稳定在 5000mg/L 左右。相比较而言，处理组水解酸化液中 SCOD 质量浓度在启动阶段上升速度明显快于对照组，而达到高峰之后下降速度也快于对照组。因为好氧堆沤使发酵底物中部分大分子物质得到初步水解，其基质中碳源释放较快，被降解为可溶态的有机物更多，因此在启动阶段其水解酸化液中 SCOD 质量浓度上升速度较快。之后由于有效碳源的迅速释放，加上产气量的增加，其水解酸化液中 SCOD 质量浓度迅速下降（吴爱兵等，2015）。

处理组日产气量在试验第 5 天达到最大值，为 55.2m^3，对应的容积产气率为 0.73m^3/(m^3·d)；对照组日产气量在试验第 9 天达到最大值，为 50.1m^3，对应容积产气率为 0.67m^3/(m^3·d)。相比较而言，处理组日产气量上升趋势明显高于对照组，产气高峰比对照组提前 4d，最大容积产气率比对照提高了 8.96%，说明好氧堆沤能有效促进干式沼气发酵的启动，缩短启动时间。一是因为好氧堆沤能提高物料温度，使干式沼气发酵的启动温度相对较高；二是因为好氧堆沤使发酵底物中部分大分子物质水解，从而有效缩短沼气发酵过程的水解酸化阶段，使酸抑制时间缩短。但是从试验第 9 天到第 20 天，处理组的日产气量持续少于对照组，且累积产气量比对照组少 4.7%，说明好氧堆沤并不能够提高干式沼气发酵的产气量，反而会使累积沼气产量略有降低。试验过程处理组与对照组所产沼气中甲烷体积分数变化趋势相似，均为逐步升高后达到稳定。其中处理组沼气中甲烷体积分数在试验第 1 天就高达 25%，第 2 天达到 30%以上，随后在第 6 天即达到 50%以上；而对照组沼气中甲烷体积分数在试验第 1 天只有 5%左右，待第 6 天达到 30%以上，第 8 天才达到 50%以上。以所产沼气中甲烷体积分数达到 30%以上的时间为有效产气时间，处理组有效产气时间比对照组提前 4d。在干式沼气发酵启动阶段，处理组所产沼气中甲烷体积分数的起点及上升幅度明显比对照组高，且处理组累积产生的沼气中平均甲烷体积分数达 52.06%，比对照组的 47.25%提高了 10.18%。由此可知，堆沤预处理可以有效提高甲烷转化率，提高沼气中的甲烷体积分数（吴爱兵等，2015）。

8.2.3 添加微量元素

一些沼气发酵原料缺乏足够的微量元素，补充微量元素可以起到促进沼气发酵的作用。在水稻秸秆与牛粪共发酵的试验中，水稻秸秆、牛粪及沼液的总 VS 质量为 13g，比例为 1∶1∶0.6（以 VS 质量计），水稻秸秆和牛粪与沼液混合后的质量比在 20∶1 左右，TS 含量为 24.8%。褐铁矿总添加量为 0.1g，每克 VS 中 Co 和 Ni 的添加量均为 1.6μg，试验温度为 35℃。结果显示，褐铁矿、微量元素（Co、Ni）单独添加时，相比都不添加的对照，甲烷产率分别提高了 11.5%和 11.6%，而当两者同时添加时可显著提高甲烷产量和甲烷产率，甲烷产量和甲烷产率分别为（2445±181）mL 和（449.8±44.3）mL/g VS，分别提高了 45.5%和 39.0%。添加微量元素可显著降低底物中总有机碳含量，并促进含氮物质的降解；褐铁矿及 Co、Ni 元素同时添加，可显著促进半纤维素的降解，降解率超过 90%，但对纤维素的降解无显著影响（仇植等，2020）。

8.3 混合原料干式沼气发酵技术应用案例

8.3.1 意大利戈里齐亚（Gorizia）沼气工程

1. 发酵原料

意大利 Gorizia 沼气工程位于意大利 Gorizia 附近的奶牛场。主要发酵原料包括 1000 头奶牛场的干清牛粪（占 67.4%）、玉米青贮（25.6%）、苜蓿（3.9%）、黑麦草（2.0%）、黑小麦（0.6%）和秸秆（0.4%）[①]。

2. 干式沼气发酵工艺与主要单元

干式沼气发酵采用车库式发酵工艺，有 11 个混凝土结构的发酵仓，加热管嵌入发酵仓地面，发酵温度 38℃，每个发酵仓有带保温的钢制密封门。发酵仓呈长方体，长 30m、宽 7m、高 5m，有效容积 735m^3，序批式运行。进出料采用前悬式装载机。每个运行周期结束后，部分发酵残余物与进料混合，用于接种。设有循环喷淋管，用于循环接种，补充水分与营养。发酵仓地面设篦子板，其下为渗滤液收集沟，收集沟连接到外部加热的渗滤液储存池。从渗滤液储存池抽取渗滤液，泵送到发酵仓顶的喷淋管，通过喷嘴喷洒到发酵堆上。发酵物料一直处于静止状态。向发酵仓通入适量空气，使沼气中硫化氢在发酵仓内通过生物脱硫过程去除。在发酵仓上设有 500m^3 的软体储气柜。沼气经过冷凝机脱水后用于发电。发电装机为热电联产机组，2 台 360kW，1 台 190kW，共计 910kW。沼气工程照片见图 8-1。

图 8-1 意大利 Gorizia 沼气工程照片（Chiumenti et al.，2018）

3. 运行效果

总共监测了 487d。启动阶段持续了几个月。启动期间沼气产量、发电量随运行时间增加而增加，到最后 62 天（第 424～486 天）可以作为稳定运行的参考。运行期间，平均滞留时间 28d。

进料为固体混合物，TS 含量和 VS/TS 平均分别为 21.9%和 81.4%。发酵残余物（沼渣）仍然为固体，但含水率较高，TS 含量平均值为 13.4%。水分增加可能与 TS 的降解有关，主要原因是生物降解的结果，部分原因是渗滤液循环的影响，发酵残余物平均 VS/TS 为 76.1%。对比发酵前后，TS 含量减少 38.8%，VS 减少 42.8%；COD 从初始的 204.4g/kg 降低到 133.6g/kg，减少 34.6%；VFA/碱度比为 0.26，在 0.2～0.5 最佳范围内（表 8-3）。

① 由于四舍五入造成数据相加不等于 100%。

表 8-3　意大利 Gorizia 沼气工程原料、渗滤液及发酵残余物特性（Chiumenti et al.，2018）

原料	TS 含量/%	VS 占比/（%TS）	pH	COD/(g/kg)	TKN 含量/(g/kg)	有机氮含量/(g/kg)	NH_4^+-N 含量/(g/kg)	VFA/(mg COD/g)	碱度/(g $CaCO_3$/kg)	VFA/碱度
牛粪	19.8±1.3	85.7±3.2	8.57±0.35	n.d.	4.55±0.31	2.97±0.21	1.58±0.43	9.38±0.66	10.20±0.71	0.92±0.06
玉米青贮	35.7±1.9	95.3±1.2	4.08±0.10	n.d.	4.10±0.28	n.d.	n.d.	n.d.	n.d.	n.d.
黑麦草	25.1±1.2	87.1±2.0	4.16±0.11	n.d.	14.00±0.90	n.d.	n.d.	n.d.	n.d.	n.d.
苜蓿	25.0±1.3	88.7±1.1	n.d	n.d.	16.05±1.21	n.d.	n.d.	n.d.	n.d.	n.d.
黑小麦	29.8±2.1	94.6±1.2	4.04±0.09	n.d.	5.40±0.33	n.d.	n.d.	n.d.	n.d.	n.d.
秸秆	89.2±4.2	95.7±0.9	n.d	n.d.	5.30±0.11	n.d.	n.d.	n.d.	n.d.	n.d.
进料混合物	21.9±2.3	81.4±7.2	7.84±0.21	204.4±21.1	5.05±0.56	3.15±0.35	1.90±0.20	n.d.	n.d.	n.d.
渗滤液	n.d.	n.d.	8.45±0.10	29.5±1.8	4.93±0.23	1.60±0.08	3.33±0.17	7.32±0.37	13.98±0.70	0.52±0.03
发酵残余物	13.4±1.1	76.1±3.9	9.07±0.12	133.6±6.1	5.26±0.29	2.43±0.14	2.83±0.16	8.35±0.61	32.4±0.26	0.26±0.02

每个发酵仓每批次进料量为：牛粪平均值 150.4t（13.2～282.1t）、玉米青贮 59.3t（6.6～130.9t）、黑麦草 13.7t（6.1～43.3t）、苜蓿 23t（3.5～181t），黑小麦 84.8t（38.8～130.9t）和秸秆 7.3t（1.0～73.5t）。

每个发酵仓每批次平均进料量 223.2t，监测期间的最后 365 天进料量 224.4t，最后 62 天平均进料量 293.7t。每个发酵仓每批次进料 VS 为 39.75t（有效容积 $735m^3$），即 0.054t VS/m^3（不包括残余物循环），按照平均滞留时间 30d 计算，容积负荷率 1.8kg $VS/(m^3·d)$。进料不仅包括未处理的生原料，还包括用于接种的发酵残余物。发酵残余物循环接种比不固定。每个发酵仓循环回用发酵残余物为 20～420t，平均 191.1t，按照进料物料质量计算，发酵残余物循环回用比在为 17%～45.6%。启动初期，循环回用比较高（40%～70%），监测后期有所降低，在第 330 天循环回用比低于 40%。

每个发酵仓中渗滤液平均喷淋量为 $5m^3/d$，300d 前平均为 $1.2m^3/d$，300d 后最大达到 $27.4m^3/d$。

产生的沼气中，甲烷含量平均 53.8%，最高达到 63.0%。287d 前，甲烷含量平均 33%，287d 后，甲烷含量平均 45%。

H_2S 最初峰值达到 908.5ppm，通过注入空气［O_2 平均浓度 0.45%（体积分数），最高达到 20.1%］，在硫杆菌 *Thiobacillus* 作用下脱硫后，H_2S 平均浓度 183.7ppm，低于发电机可接受的 300ppm。由于负荷和渗滤液回流增加，300d 后 H_2S 浓度有所增加。

在整个监测期间，发电功率峰值为 911.26kW，达到 100%的负荷，平均发电功率 590kW，达到总装机功率的 64.8%，负荷波动主要受到启动阶段及调试的影响。在监测期间的最后 365 天，也就是第 121 天到第 486 天，共产生沼气 $2806746m^3$，平均每天产沼气 $7690m^3$，发电 5611492kW·h，平均每天发电 15374kW·h，相当于发电装机功率 641kW，达到总装机功率的 70.4%。

在监测期间的后 62 天（第 424～486 天），生产沼气 $586272m^3$，平均每天产沼气 $9456m^3$，按照总有效容积 $8085m^3$（$11×735m^3$）计算，容积产气率为 $1.17m^3/(m^3·d)$；发电 1172390MW·h，平均每天发电 18909kW·h。发电机运行负荷 788kW，达到总装机功率的 86.6%。产量增加是因为发酵残余物回流比降低到 25.6%，增加了进料。整个监测期间进料量 79t/d，最后 62 天达到 91t/d。在最后 62 天，渗滤液也从 365d 平均值 $6.2m^3/(d·发酵仓)$增加到最后 62 天的 $15.2m^3/(d·发酵仓)$。这说明增加渗滤液喷淋，减少发酵残余物回用接种，可以增加原料进料量，提高沼气、电能产量。与湿式沼气发酵相比，干式沼气发酵能获得相近的沼气、电能产量（Chiumenti et al.，2018）。

8.3.2　湖北宜城种养废弃物处理沼气工程

1. 项目基本情况

湖北宜城种养废弃物处理沼气工程（图 8-2）位于湖北省襄阳市宜城市流水镇，由湖北绿鑫生态科技有限公司建设与运营。项目包含 3 条沼气生产线，共 6 座沼气发酵罐，其中 2 座 $2512m^3$、4 座 $3040m^3$，总容积 $17184m^3$，另有 1 个容积 $2512m^3$ 的沼液缓存及回流池，还有预处理及青贮、黄贮设施 $13000m^2$。整个项目占地 100 亩（1 亩≈$666.7m^2$）。

发酵原料主要是玉米、水稻、小麦、花生类秸秆，另外处理部分鸡粪、牛粪、猪粪等养殖粪污，以及烂尾瓜果、园林废弃物、食品行业发酵尾料等。设计日产沼气 35000m^3。沼气用于发电和生产生物天然气，配置有 2 台热电联产发电机组，总装机容量 1437kW（800kW + 637kW），另有 1 套日产 15000m^3 生物天然气的沼气提纯系统。除此以外，还配套建设有 6 条箱式沼渣好氧快速堆肥装置，设计年产有机肥 30000t。

图 8-2　湖北宜城种养废弃物处理沼气工程实景图

2. 工艺流程及基本单元

湖北宜城种养废弃物处理沼气工程工艺流程图见图 8-3。项目的工艺单元包括种养废弃物预处理、粪污预处理、一级沼气发酵、二级沼气发酵、发酵残余物固液分离、发酵液回流、沼气发电、电上网、热电联产机组余热回收利用、沼气提纯（膜法）、生物燃气入网、生物燃气压缩和充装站、固态及液态沼肥深加工及智能监控系统等部分。

1）进料

固态原料（经过黄贮后的秸秆、干鸡粪、干猪粪等）与液态原料独立进料，根据畜禽粪便、粪尿污水的含固率情况，可分别通过固态原料进料单元及液态原料进料单元将原料送入第一级沼气发酵罐。固态原料进料采用干式综合进料器（图 2-2），干式综合进料器配有带铰刀的抓料混匀装置，可对秸秆起到进一步撕碎的作用，并在料箱的截面上实现物料的混匀，大幅度提高进料效率。干式综合进料器具有自动定量、定时进料的功能，能实现全自动化进料，降低人力资源成本。固体原料每天分 4～5 次通过装载机加入进料仓，由底部液压式推进系统连续均匀喂料，实现全天 48 次连续均匀进料。

液态原料，如液态粪尿污水及回流的沼液进入匀浆池内混合后，经由螺杆泵泵入第一级沼气发酵罐。液态进料单元设置检修口，如果有较大的难破碎的物料进入进料系统时，可通过检修口取出，不影响系统其他部分运行。

2）沼气发酵单元

该项目采用两级干式沼气发酵工艺，进料 TS 含量约为 35%。一级沼气发酵罐内混匀后TS含量为15%～18%（干式发酵），二级沼气发酵罐内混匀后TS含量为10%～13%（半干式发酵）。主要采用高温（50～55℃）发酵，容积负荷为6～8kg COD/(m^3·d)。也可以根据原料情况，季节性调整为中温发酵，容积负荷为3～4kg COD/(m^3·d)。

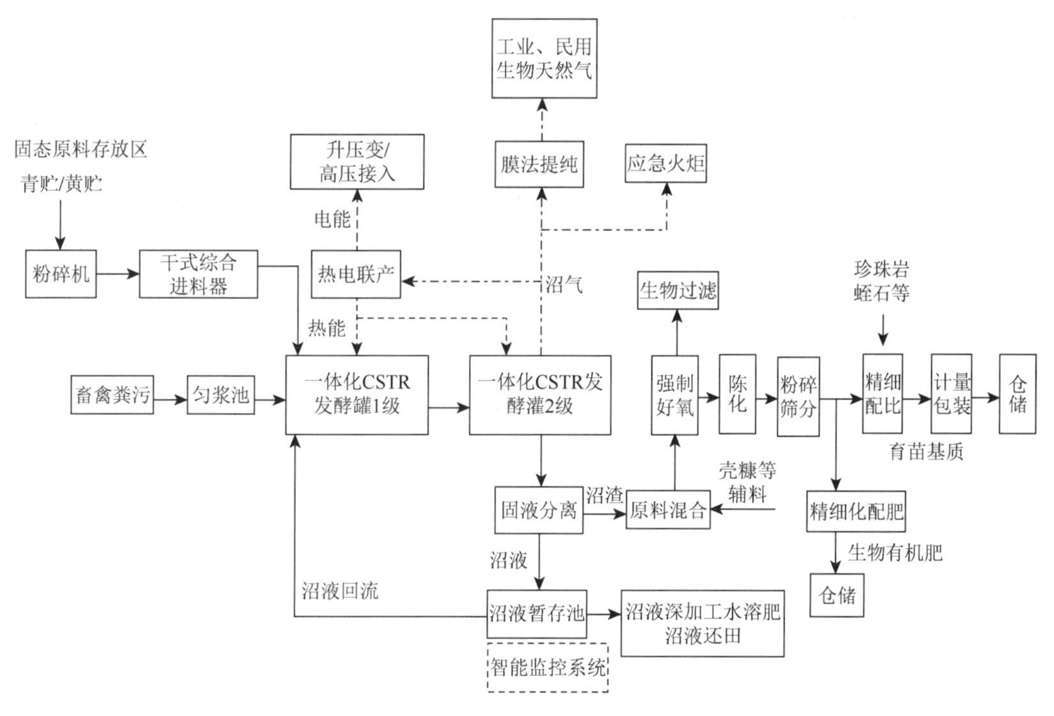

图8-3　湖北宜城种养废弃物处理沼气工程工艺流程图

沼气发酵罐采用半地下式的钢砼结构，地下5m、地上3m，不仅有利于保温，而且使固态原料进料扬程相对较低。每条生产线的第一级反应器均包括固态和液态原料进料系统、沼气发酵罐、罐顶储气柜、储气膜保护、联合搅拌装置、气体负压报警及过压保护、自动温控模块、被动式保温、主动式加热、自洁功能观察窗、生物原位脱硫、检修及维护保养通道、液面高度监控系统、紧急物料导出接口。第二级反应器也装备了除固态原料进料系统外的上述功能模块。经预处理后的物料经过第一级反应器发酵后再次进入第二级反应器进一步发酵。

沼气发酵罐的搅拌采用平插式、大型桨式搅拌器（图8-4）。搅拌器分别安装在沼气发酵罐不同位置和不同高度，采用轴向、径向混合搅拌，保证罐内物料在轴向、径向及不同高度方向充分混合，使罐内新旧料液形成上下环流的流态，搅拌强度大，不仅提高发酵效率，而且防止结壳和形成漂浮层。

沼气发酵罐采用主动式的罐体内加热与被动式的罐体外保温相结合的方式，进行增温保温。在沼气发酵罐罐体内侧设置加热盘管，利用热电联产机组的余热加热盘管内循环水，补充罐体散失的热量；沼气发酵罐外壁设置保温材料，以减少热量散失。另外，采用半地下的钢砼结构，也能利用土壤层的保温作用，降低运行能耗和成本。

图 8-4　沼气发酵罐大型桨式搅拌器照片

3）沼气储存

该项目采用一体化产气储气沼气发酵罐，在沼气发酵罐顶部安装柔性单膜储气柜（图 8-5），不另外单独设置储气柜。相邻储气柜之间可用管道连通，用于平衡压力，维持系统稳定，最大化利用储气空间。储气膜配备过压-负压保护装置，防止沼气发酵罐压力过高或出料形成负压。

图 8-5　沼气发酵罐顶储气柜

4）出料

在沼气发酵罐旁边设置小泵房，安装螺杆泵将发酵后的物料泵出。采用强力搅拌，避免沼气发酵罐内形成死角和大量沉渣，因此无须特意在沼气发酵罐底部设置出渣口，一般浮渣也通过出料泵（螺杆泵）泵出。

5）沼气净化与提纯

沼气脱硫采用原位生物脱硫法，在沼气发酵罐顶部设置木质生物脱硫床，通过鼓风机向脱硫床鼓入微量空气为脱硫菌提供氧气，同时沼气发酵罐内中高温潮湿环境为脱硫菌生长和反应提供适宜条件。在脱硫菌作用下，H_2S 与氧气发生反应生成单质硫。经生物脱硫后，可达到“粗脱硫”的效果。沼气在进入发电机和沼气提纯天然气系统之前，还需要采用活性炭进一步“精脱硫”。

一部分沼气采用膜分离法去除二氧化碳生产生物天然气，制取的生物天然气符合《车用压缩天然气》（GB 18047—2017）的要求。

6）沼气利用

该项目一部分沼气用于热电联产发电，产生的电能一小部分用作厂用电，其余全部并入国家电网，发电余热主要用于沼气发酵罐的加热保温；另一部分沼气用于提纯制取天然气，制取的生物天然气压缩后用作车用燃气或者不经压缩注入当地燃气管网。

7）沼渣沼液处理及利用

出料螺杆泵将经过两级发酵的残余物（沼渣沼液）输送至固液分离设备，进行固液分离，得到含固率 30%的沼渣和含固率 1%～5%的沼液。固液分离机（图 8-6）采用气动加电动螺旋挤压机，通过调节出口的气缸压力可控制出渣含水率。沼液通过重力自流进入沼液暂存池。沼渣经装载机转运至有机肥生产车间，经过好氧堆肥处理后，加工成生物有机肥或基质土销售。

图 8-6　固液分离机照片

8）智能监控系统

该项目采用物联网管控系统，实现在线监测和运营操作。全厂采用远程控制与就地控制结合的方式，对沼气生产过程的工艺参数、电气参数和设备运行状态进行监测、控制、联锁和报警，以及报表打印。通过使用系列通信链，完成整个工艺流程所必需的数据采集、数据通信、顺序控制、时间控制、回路调节及上位监视和管控。

3. 运行效果

该项目实际处理秸秆大约 85t/d，鸡粪 75t/d，日产沼气 3.5 万 m^3，年产沼气约 1225 万 m^3（折合生物甲烷量约 637 万 m^3）。采用沼气发电与提纯天然气结合的能源利用方式，每年供电 640 万～1150 万 kW·h（含厂用电和上网电量），提纯天然气 450 万 m^3。同时，每年产生 3 万 t 有机肥和育苗基质。

第9章　沼渣沼液利用

9.1　沼渣沼液成分与质量标准

畜禽粪污、作物秸秆等有机废弃物经沼气发酵产生的残余物称为沼渣沼液。沼渣沼液主要由三部分组成：未消化的原料、微生物生物体和微生物代谢产物。沼渣沼液经过机械固液分离或自然沉淀后，没有流动性的固体部分称为沼渣，具有流动性的液体部分称为沼液。难以进行固液分离的沼渣沼液或者浓度较低的发酵残余物也称为沼液。无论采用什么原料和发酵工艺，都会产生沼渣沼液。相比湿式沼气发酵，干式沼气发酵产生的沼渣沼液，总固体（TS）含量更高，资源化利用潜力更大。

9.1.1　沼渣沼液成分

易降解有机物在沼气发酵过程中转化为甲烷（CH_4）和二氧化碳（CO_2），而木质素、纤维素等复杂有机物及微生物代谢产物则残留在沼渣沼液中，可增加有效有机碳（一年后仍然留在土壤中的有机碳）的量，有助于腐殖质积累（沼渣沼液平均含量33.7kg/t，而新鲜猪粪中只有20.0kg/t）。

有机氮在沼气发酵过程中以铵（NH_4^+-N）的形式释放，可直接供作物吸收。NH_4^+-N比例越高，沼渣沼液作为氮肥的效率越高。猪粪水沼渣沼液的氮水平较高（6.78kg N/t鲜重），其次是玉米青贮沼渣沼液（4.00kg N/t鲜重）、牛粪沼渣沼液（3.75kg N/t鲜重）。猪粪水在沼气发酵过程中，80%以上的氮转化为NH_4^+-N。然而，餐厨垃圾与园林废弃物为原料共发酵产生的沼渣沼液中，NH_4^+-N的占比通常不高于44%～47%。

在沼气发酵过程中，磷（P）、钾（K）、钙（Ca）、镁（Mg）和重金属的总含量不会改变。有机磷在沼气发酵过程被转化为植物可利用磷。猪粪水沼气发酵残余物中P_2O_5含量较高，约为5kg/t。猪粪水与其他原料共发酵，残余物中P_2O_5含量有所降低。污水处理厂剩余污泥发酵残余物中P_2O_5含量通常为0.04～0.7kg/t，但强化生物除磷（EBPR）污泥的发酵残余物中，P_2O_5含量高达15kg/t。部分钾、钙和镁元素会转变为溶解性离子。残余物中锌（Zn）和铜（Cu）的含量可能大幅度升高，特别是全部采用猪粪水作为发酵原料时。尽管这两种元素都是植物生长所必需的微量营养元素，但是含量太高可能会妨碍养分回收产品的资源化利用。

不同沼气工程产生的沼渣沼液，其成分有很大差异。沼渣沼液成分主要取决于发酵原料来源和特性，也受沼气发酵工艺和运行参数（如温度、停留时间、负荷等）的影响。一个研究项目对比利时北部法兰德斯213个共发酵沼气工程进行了4年（2008～2011年）的测定，获得的沼渣沼液组成范围如表9-1所示。最能代表沼渣沼液组分含量的是中位数。主要成分含量分别为：TS 8.70%、有机质 5.3%、TN 0.42%、P_2O_5 0.39%、K_2O 0.35%（Vaneeckhaute et al.，2017）。数据主要来自湿式沼气发酵工程，干式沼气发酵的沼渣沼液成分含量还会更高。

表 9-1 沼渣沼液组成从低到高分布（Vaneeckhaute et al.，2017）

参数	单位	第 10 百分位数	中位数	第 90 百分位数
TS 含量	%（以湿基计）	4.98	8.70	12.0
有机质含量	%（以湿基计）	2.8	5.3	7.6
pH（H_2O 浸提）		8.1	8.3	8.6
电导率	mS/cm	20	32	45
TN 含量	%	0.17	0.42	0.75
NH_4^+-N 含量	g/L	0.52	2.15	3.41
NO_3^--N	mg/L	3.10	5.85	10.0
C/N 比		3.89	6.58	13.7
P_2O_5 含量	%（以湿基计）	0.14	0.39	0.65
K_2O 含量	%（以湿基计）	0.20	0.35	0.50
CaO 含量	%（以湿基计）	0.16	0.30	0.55
MgO 含量	%（以湿基计）	0.03	0.09	0.20

表 9-2 列出了一些研究者测定的沼渣沼液成分。大部分的 TS 含量为 4%～12%，TN 含量为 0.2%～0.5%，NH_3-N 含量为 1.6～3.4g/L，TP 含量为 0.06%～0.1%，TK 含量为 0.25%～0.5%。

表 9-2 一些研究者报道的沼渣沼液成分

原料	pH	TS 含量	VS/TS	TN 含量	NH_3-N 含量	TP 含量	TK 含量	参考文献
牛粪	8.3	7.10%	81.30%	3.8kg/m^3	1.8kg/m^3	0.6kg/m^3	3.3kg/m^3	（Kuusik et al.，2017）
猪粪水	8.4	4.8%	63.9%	5.2kg/m^3	1.6kg/m^3	1.5kg/m^3	2.1kg/m^3	（Kuusik et al.，2017）
牛粪＋猪粪水	7.9	6.20%	81.5%	3.7kg/m^3	1.6kg/m^3	0.7kg/m^3	2.7kg/m^3	（Kuusik et al.，2017）
畜禽粪便	7.3～8.6	2.2%～9.2%	67.8%～75.0%	0.05%～0.62% TS	0.255%～1.01% TS	0.034%～0.221% TS	0.03%～0.43% TS	（Barampouti et al.，2020）
奶牛粪		（70±3）g/kg	（49±2）g/kg	（3.35±0.3）g N/kg	（1.73±0.1）g N/kg	（1.64±0.3）g P/kg		（Bolzonella et al.，2018）
猪粪		（32±3）g/kg	（21±2）g/kg	（2.25±0.4）g N/kg	（1.16±0.3）g N/kg	（0.36±0.01）g P/kg		（Bolzonella et al.，2018）
作物秸秆	7.5～8.4	7.4%～24.0%	69%～74%	22～88 g N/kg	6～5 g N/kg	2～66 g P/kg	9～100 g K/kg	（Selvaraj et al.，2022）
作物秸秆	7.5～8.4	6.41%～24%	69%～77%	0.14%～2.1% TS	0.04%～1.71% TS	0.058%～2.4% TS	0.324%～0.392% TS	（Barampouti et al.，2020）
混合原料		5.93%		4.87 g N/kg	3.23 g N/kg	1.05 g P/kg	3.45 g K/kg	（Wellinger et al.，2013）
汇总资料	8.1～8.6	4.98%～12.0%	28%～76%	0.17%～0.75% TS	0.52～3.41g/L	0.14%～0.65%	0.20%～0.50%	（Vaneeckhaute et al.，2017）

9.1.2 沼渣沼液质量标准

沼渣沼液含有植物生长需要的大量元素和微量元素，具有较高的肥料价值，可以作为肥料还田利用。沼渣沼液作为肥料，应具有较高的品质，并且病原微生物和有毒有害物质应控制在标准范围内。通过原料质量和发酵过程参数控制可以保证沼渣沼液的质量。在沼气技术广泛推广的中国以及德国、丹麦、奥地利、瑞典、瑞士、英国等国家都有保证沼渣沼液质量的标准或法规。

欧洲联盟（以下简称欧盟）从 1991 年开始规范沼渣沼液的使用，颁布了保护水体免受农业源硝酸盐污染的指令，也称为《硝酸盐指令》。该指令要求所有成员国监测地表水和地下水健康状况以及硝酸盐浓度，将硝酸盐污染风险高的地区划定为“硝酸盐脆弱区”（NVZs）。要求定期进行硝酸盐浓度监测，每次监测的间隔时间最长为 4 年。

2003 年，欧盟颁布了《肥料规定》[（EC）No 2003/2003]。受该法规管制的肥料称为欧盟肥料（EC fertilizer），欧盟肥料可以在欧盟国家自由流通。不受该法规管制的肥料称为国家肥料（national fertilizer），这些肥料受各国的法律管辖。尽管欧盟国家之间相互承认相关法规，但具体指标在欧盟内仍未统一。（EC）No 2003/2003 对单质化肥、复混肥、无机液体肥、配方肥和微量元素肥等五大类肥料明确了养分含量指标。（EC）No 2003/2003 仅涵盖矿物肥或化学无机肥，忽略了有机废弃物生产的有机肥、有机无机复混肥、土壤改良剂或调理剂。生物基肥料（有机肥）在原产国内外都按照国家立法进行监管和商业化，但是，欧盟层面阻碍了有机肥的生产与销售。为了克服旧法规的缺陷，欧洲议会和欧盟理事会于 2019 年批准了涵盖养分回收、有机肥生产及其市场管理的新法规《欧盟肥料产品上市规则》（EU）2019/1009，该法规已于 2022 年 7 月 16 日生效，取代 2003 年出台的（EC）No 2003/2003。这项新法规为有机肥进入欧盟市场打开了大门，统一立法消除了基于各国法规相互认证程序及成本。有机肥可以获得“CE 标志”，使其更容易商业化，从而促进了有机肥的生产与施用。

在（EU）2019/1009 中，有机肥分为非矿物有机肥和矿物有机肥，从形态上又分为固态和液态两种肥料。欧盟对有机肥产品的要求主要是两个方面：一是对养分的要求；二是对有害成分的严格限制。

1. 非矿物有机肥

原料来源于动物组织、动物排泄物（粪便）、人类排泄物，以及植物组织（如秸秆和果蔬残渣等）。因为有机肥来源于自然，可为植物提供缓释、持续的营养，有利于作物增产和环境保护。

养分要求包含氮（N）、磷（P_2O_5）、钾（K_2O）中的任何一种或多种。如果只包含其中一种，则应满足表 9-3 中所示含量标准；如果是包含 2 种以上养分，则应满足表 9-4 中所示含量标准。此外，固态有机肥的有机碳含量不得低于 15%；液态有机肥的有机碳含量不得低于 5%。

表 9-3　单一养分有机肥含量标准（%）

养分	含量			
	固态非矿物有机肥	液态非矿物有机肥	固态矿物有机肥	液态矿物有机肥
N	＞2.5	＞2	＞2.5	＞2
P_2O_5	＞2	＞1	＞2	＞2
K_2O	＞2	＞2	＞2	＞2

注：表中数据引自欧盟《欧盟肥料产品上市规则》（EU）2019/1009。

表 9-4　多种养分有机肥含量标准（%）

养分	含量			
	固态非矿物有机肥	液态非矿物有机肥	固态矿物有机肥	液态矿物有机肥
N	＞1	＞1	＞2，N_{org}=0.5	＞2，N_{org}=0.5
P_2O_5	＞1	＞1	＞2	＞2
K_2O	＞1	＞1	＞2	＞2
总含量	＞4	＞3	＞8	＞6

注：表中数据引自欧盟《欧盟肥料产品上市规则》（EU）2019/1009；N_{org}代表有机氮。

其次是对于有害物质的严格限制，每千克干物质中各类有害物质不能超过表 9-5 中对应的限值。此外，对病原体也有严格要求，每 25g 或 25mL 有机肥中沙门氏菌不超过 5 个，每 1g 或 1mL 有机肥中大肠杆菌或肠球菌科不超过 5 个。

表 9-5　有机肥中有害物质限值　　（单位：mg/kg 干物质）

有害物质	含量限值	
	非矿物有机肥	矿物有机肥
Cd	1.5	3（P_2O_5＜5%） 60（P_2O_5≥5%）
Cr^{6+}	2	2
Hg	1	1
Ni	50	50
Pb	120	120
As	40	40
Cu	300	600
Zn	800	1500
缩二脲（$C_2H_5N_3O_2$）	不得检出	12

注：表中数据引自欧盟《欧盟肥料产品上市规则》（EU）2019/1009。

2. *矿物有机肥*

向有机肥中添加部分矿物质生产的肥料就是矿物有机肥。矿物有机肥能以较少的体积提供高浓度的氮、磷和钾。因此，矿物有机肥的特征是有机物和矿物的混合物，可以根据作物养分需求，按照不同氮、磷和钾比例配方生产。矿物有机肥可以包含泥炭、锂矾石和褐煤，如果其中包含硝酸铵（NH_4NO_3），则其含氮量不得超过 16%。如果只包含一种养分，则应满足表 9-3 中所示含量标准，如果是包含 2 种以上养分，则应满足表 9-4 中所示含量标准。固态矿物有机肥中有机碳含量不低于 7.5%，液态矿物有机肥中有机碳含量不低于 3%。有害物质不能超过表 9-5 中对应的限值，对病原体的限制与非矿物有机肥相同。

根据原料成分（component material categories，CMC），沼渣沼液分为两类。CMC4 为植物源原料生产沼气后的沼渣沼液；CMC5 为有机废弃物（满足指令 2008/98/EC）生产沼气后的沼渣沼液，包括粪肥及其沼渣沼液。作为有机肥产品应达到最低 N、P（P_2O_5）、K（K_2O）含量要求（表 9-3 和表 9-4）。沼渣沼液营养回收过程必须隔离，禁止在回收过程将进料和出料物理混合。关于沼渣沼液理化性质，《欧盟肥料产品上市规则》（EU）2019/1009 将好氧速率（OUR）限制为每小时 25mmol O_2/kg VS，最大沼气生产潜力 0.25L/g VS（Rizzioli et al.，2023）。

我国对沼渣沼液也制定了相应的质量标准，如《农用沼液》（GB/T 40750—2021）（表 9-6）、《沼肥》（NY/T 2596—2022）（表 9-7 和表 9-8）。对于原生沼液，这两个标准没有规定 N、P、K 养分及有机质和腐殖酸含量，只是对卫生指标、重金属、总盐浓度等有害物质含量有限定。对于浓缩沼液肥料，《农用沼液》（GB/T 40750—2021）不仅对卫生指标、重金属等有害物质含量有要求，而且对 N、P、K 养分及有机质和腐殖酸含量也有最低要求，但是对总盐浓度没有要求。

表 9-6　农用沼液的质量要求

<table>
<tr><th colspan="2" rowspan="2">项目类别</th><th colspan="3">非浓缩沼液肥料</th><th rowspan="2">浓缩沼液肥料</th></tr>
<tr><th>Ⅰ类</th><th>Ⅱ类</th><th>Ⅲ类</th></tr>
<tr><td colspan="2">酸碱度（pH）</td><td colspan="4">5.5～8.5</td></tr>
<tr><td colspan="2">水不溶物含量/（g/L）</td><td colspan="4">≤50</td></tr>
<tr><td colspan="2">蛔虫卵死亡率/%</td><td colspan="4">≥95</td></tr>
<tr><td colspan="2">臭气排放浓度（无量纲）</td><td colspan="4">≤70</td></tr>
<tr><td colspan="2">总养分（$N+P_2O_5+K_2O$）含量/（g/L）</td><td>—</td><td>—</td><td>—</td><td>≥8</td></tr>
<tr><td colspan="2">有机质含量/（g/L）</td><td>—</td><td>—</td><td>—</td><td>≥18</td></tr>
<tr><td colspan="2">腐殖酸含量/（g/L）</td><td>—</td><td>—</td><td>—</td><td>≥3</td></tr>
<tr><td rowspan="2">粪大肠杆菌</td><td>中温、常温厌氧发酵</td><td colspan="4">$\geq 10^{-4}$</td></tr>
<tr><td>高温厌氧发酵</td><td colspan="4">$\geq 10^{-2}$</td></tr>
<tr><td colspan="2">总砷含量（以 As 计）/（mg/L）</td><td>≤0.3</td><td>≤0.4</td><td>≤10.0</td><td>≤10.0</td></tr>
<tr><td colspan="2">总铬含量（以六价 Cr 计）/（mg/L）</td><td>≤1.3</td><td>≤1.9</td><td>≤50.0</td><td>≤50.0</td></tr>
<tr><td colspan="2">总镉含量（以 Cd 计）/（mg/L）</td><td>≤0.04</td><td>≤0.06</td><td>≤3.0</td><td>≤3.0</td></tr>
<tr><td colspan="2">总铅含量（以 Pb 计）/（mg/L）</td><td>≤1.2</td><td>≤1.6</td><td>≤50.0</td><td>≤50.0</td></tr>
<tr><td colspan="2">总汞含量（以 Hg 计）/（mg/L）</td><td>≤0.4</td><td>≤0.5</td><td>≤5.0</td><td>≤5.0</td></tr>
<tr><td rowspan="2">总盐浓度（以 EC 计）/(mS/cm)</td><td>叶面施用</td><td>≤1.0</td><td>≤1.5</td><td>≤1.5</td><td>—</td></tr>
<tr><td>土壤施用</td><td>≤1.5</td><td>≤2.0</td><td>≤3.0</td><td>—</td></tr>
</table>

注：表中数据引自《农用沼液》（GB/T 40750—2021）。非浓缩沼液肥料分为三类：Ⅰ类主要适用于粮油、蔬菜等食用类草本作物；Ⅱ类主要适用于果树、茶树等食用类木本作物；Ⅲ类主要适用于棉麻、园林绿化等非食用类作物。

表 9-7　沼液的技术指标

项目	技术指标
酸碱度（pH）	5.5～8.5
水不溶物含量/（g/L）	≤50.0
粪大肠菌群数/[个/g(mL)]	≤100.0
蛔虫卵死亡率/%	≥95.0
臭气排放浓度（无量纲）	≤70.0
总砷含量（以 As 计）/（mg/L）	≤10.0
总镉含量（以 Cd 计）/（mg/L）	≤3.0
总铅含量（以 Pb 计）/（mg/L）	≤50.0
总铬含量（以 Cr 计）/（mg/L）	≤50.0
总汞含量（以 Hg 计）/（mg/L）	≤5.0
总盐浓度（以 EC 计）/（mS/cm）	≤3.0

注：表中数据引自《沼肥》（NY/T 2596—2022）。

表 9-8　沼渣的技术指标

项目	技术指标
含水率/%	≤30.0
酸碱度（pH）	5.5～8.5
粪大肠菌群数/（个/g）	≤100.0
蛔虫卵死亡率/%	≥95.0
种子发芽指数（GI）/%	≥70.0
总砷含量（以 As 计）/（mg/kg）	≤15.0
总镉含量（以 Cd 计）/（mg/kg）	≤3.0
总铅含量（以 Pb 计）/（mg/kg）	≤50.0
总铬含量（以 Cr 计）/（mg/kg）	≤150.0
总汞含量（以 Hg 计）/（mg/kg）	≤2.0

注：表中数据引自《沼肥》（NY/T 2596—2022）。

《沼肥》（NY/T 2596—2022）对沼渣中 N、P、K 养分及有机质和腐殖酸含量没有要求，对腐熟度（种子发芽指数）、卫生指标、重金属、总盐等有害物质含量有相应要求。

9.2　沼渣沼液直接还田利用

沼渣沼液富含氮、磷、钾养分及生理活性物质。与原料相比，沼渣沼液更均质，C/N 比得到改善，具有明确的植物养分含量，能准确计量，可以纳入农田养分管理计划。沼渣沼液含有较多的无机氮，容易被植物吸收利用，如果遵循良好施肥规程，氮的利用效率将会增加，氮的流失、蒸发将会减少。因此，沼渣沼液是具有较高利用价值的有机肥，具有替代化肥的潜力。除了养殖密集区或者人口密集区，其他地区都可以利用沼渣沼液作肥料。

沼渣沼液具有良好的均质性与流动性，在土壤中渗透比粪污快。同时，沼渣沼液利用涉及氨氮挥发和硝氮沥滤风险，为了减少这些风险，需要遵守以下施肥原则和经验。

（1）储存：需要有足够储存时间，确保雨/雪季和非用肥期间的沼渣沼液不外溢。

（2）施用量：需要按照养分管理计划测算。

（3）施用时间：最好在干燥、无风、太阳充足的晴天，不应在雨天施用。有风天气会增加蒸发，可能降低氮利用效率。雨天施用会导致沼渣沼液流入水体。

（4）输送距离：沼渣沼液应就近利用。如果要远距离运输时，需要进行固液分离，将沼渣与沼液分开利用。

（5）防范疫病传播：需要将病原微生物灭活。能源植物和粪污处理沼气工程的沼渣沼液，一般不存在卫生和污染物问题。共发酵集中式沼气工程，原料来自不同养殖场及不同类型的废弃物，必须采用严格的卫生和质量保证措施，阻断病原微生物交叉感染，防止有毒有害化合物的污染。

（6）施用技术与方法：采取快速渗入的方式进行施用，如果沼渣沼液施到地表，应立即覆土，以减少养分损失和臭气释放。同一地块沼液施用间隔不得低于 7 天。施用沼液的农田与河流、池塘的距离不得小于 5m。

9.2.1　沼渣沼液储存

沼渣沼液连续产生，但是施用具有季节性，因此，需要将沼渣沼液储存到施肥季节。合理储存可保持沼渣沼液作为肥料的质量，并且能防止氨挥发、甲烷排放、养分泄漏与流失，以及臭味和气溶胶的散发。

有关养分管理和粪便利用的法规也规定了沼渣沼液的施用时期和必需的储存容量，这些规定在许多国家被强制执行，并且纳入国家农业和环保的法律法规。

需要的储存容量和时间取决于地理位置、土壤类型、冬季降水量和作物轮作制度。例如，在欧洲温暖地区，储存容量必须达到容纳 4～9 个月的沼渣沼液产生量。我国《沼气工程技术规范第 1 部分：工程设计》（NY/T 1220.1—2019）要求，沼渣沼液储存期不得低于当地作物生产用肥最大间隔期和冬季封冻期或雨季最长降水期，不宜小于 90d。

沼渣沼液可以在沼气站内储存，或者临近利用的地方储存。欧洲的沼渣沼液储存设施通常建在地上，氧化塘、储存袋也可作为沼渣沼液储存设施。我国的沼渣沼液储存设施通常建在地下。

沼气发酵过程会增加铵的浓度和混合液 pH，在沼渣沼液储存过程中，氨更容易挥发，只有在特殊情况（采用纤维素含量高的废弃物作原料）下才会形成浮渣层，阻止氨挥发。另外，通过沼气发酵，粪污产甲烷潜力大幅度下降，因此，沼气发酵是减排温室气体——甲烷的有效手段。甲烷排放减少量取决于有机物的降解程度及发酵罐中底物的停留时间。但是，在沼气工程中，总有一部分有机物没有完全降解，在储存过程中仍然会产生甲烷。一些研究表明，在发酵温度 20～22℃下，单级发酵沼气工程甲烷残余量占

0.8%～9.2%，平均 3.7%，多级发酵沼气工程甲烷残余量占 0.1%～5.4%，平均 1.4%。在发酵温度 37℃的条件下，单级发酵沼气工程甲烷残余量占 2.9%～22.6%，平均 10.1%，多级发酵沼气工程甲烷残余量占 1.1%～15.0%，平均 5.0%（董仁杰和蓝宁阁，2013）。除非是多级沼气工程，并且满足以下条件之一，可以不对沼渣沼液储存设施加盖。

（1）全年都在不低于 30℃条件下发酵，底物平均水力停留时间至少达到 100d。

（2）沼气发酵罐有机负荷小于 2.5kgVS/(m^3·d)。

如果不满足上述条件，一般应在沼渣沼液储存设施上加气密性顶盖。德国《可再生能源法》（2023）规定，对沼渣沼液储存设施加盖是获得《德国联邦污染控制法》许可和获得沼气工程补贴的前提。加盖不仅可以减少养分损失和氨挥发、甲烷排放和臭味释放，还可减少雨水对沼渣沼液的稀释。

加盖的方式有碎稻草覆盖沼渣沼液、储存装置加顶盖等方式。广泛采用气袋密封储存池顶。气袋型池顶由高分子膜材料制成，四周固定在池边上，中间由柱支撑。气袋型池顶通常用在农场沼气工程和农田边上的储存池。大型共发酵沼气工程，通常采用混凝土或钢板顶盖，这些顶盖比膜材料顶盖的费用更高。如果不能采用膜材料顶盖覆盖，储存池至少应该加一层碎秸秆、黏土或塑料片形成浮渣层或结壳层。结壳层必须人工产生，因为沼渣沼液不像生鲜粪污那样能形成表面结壳层。沼渣沼液准备外运利用或搅拌前，结壳层必须保持原貌。搅拌能使沼渣沼液作肥料时更均质，但是只能在沼渣沼液被利用前进行，以避免不必要的氨挥发、甲烷排放和气味释放。

9.2.2 沼渣沼液施用量

影响沼渣沼液利用的重要因素是土地承载力。不适当施用可能导致地下、地表水氨氮、硝酸盐氮和磷的污染。土地承载力一般以沼渣沼液氮的供给和植物氮的需求为基础进行核算，对于设施蔬菜作物为主或土壤本底值含磷量较高的特殊区域或农用地，应以磷为基础进行测算。基于土地承载力可以确定沼渣沼液施用量，具体可根据其养分含量、作物对养分的需求量、土壤中养分含量和养分当季利用率等因素进行计算。

为了保护地下和地表水不受硝酸盐污染，欧盟于 1991 年颁布了《硝酸盐指令》[Nitrate Directive（91/676/EEC）]，该指令要求成员国采取措施防止和减少硝酸盐污染，并将土壤每年每公顷可施用粪肥氮的最高量限定在 170kg。

欧盟将生产和使用有机肥作为防止养殖污染的有效手段。一是以国家指令形式控制化肥的使用。在一些欧洲发达国家，政府正在逐步淘汰农药和化肥补贴或税收优惠，开始对合成农药和化肥征税，并对有机肥和生物农药给予优惠政策。早在 1976 年、1985 年和 1986 年，芬兰、瑞典和奥地利就分别开始征收氮肥税，税率从化肥价格的 10%到 72%不等。其后，即使各个国家基于自身情况不同而有差异，仍然有许多欧洲国家开始征收化肥税。二是有机肥作为化肥的补充品使用。化肥可能导致环境污染，欧盟要求有限制地使用非化学合成和溶解性差的肥料及土壤改良剂，并且在非必要情况下尽量避免化肥的使用。一方面，在耕作制度上实施轮作，适度种植固氮植物、绿肥植物和深根植物；另一方面，对有机肥使用也有限制，动物源的厩肥、堆肥和液态粪污需先腐熟再施用，并且对氮的施入量有限制。有机肥作为化肥的补充品使用需要满足以下 4 个条件。

（1）作物有特殊营养需要或者需要改良土壤时，如在轮作中的固氮植物、绿肥植物、深根植物以及动物源经济肥（自产和外购）不能满足植物营养或不能保证满足植物营养需要时，才可补充使用。

（2）有机肥的使用不会导致环境污染。

（3）对混合、溶解、施用进行严格规定，尽可能将有害物质在植物可食部分中的残留和对环境的影响限制在最低程度。

（4）应对使用的有机肥进行详细描述，包括组成、溶解、施用的特殊说明、产品标识等。

我国《畜禽粪便还田技术规范》（GB/T 25246—2010）、《畜禽粪便安全使用准则》（NY/T 1334—2007）规定，畜禽粪便还田限量以生产需要为基础，以地定产，以产定肥。根据土壤肥力，确定作物预期产量，计算作物单位产量的养分吸收量，结合畜禽粪便中营养元素含量、作物当年或当季的利用率，计算基施或追施应投加的畜禽粪便量。在不施用化肥情况下，小麦、水稻、玉米和蔬菜地的猪粪肥料使用限量（以干物质计）见表 9-9、表 9-10 和表 9-11，如果施用牛粪、鸡粪、羊粪等肥料，可根据猪粪换算，换算系数为：牛粪 0.8、鸡粪 1.6、羊粪 1.0。沼液、沼渣的施用量应折合成干粪的营养物质含量进行计算。《畜禽粪便安全使用准则》（NY/T 1334—2007）给出的猪粪含氮量参考值为 1.0%（以干物质计），按此推算，小麦、玉米、水稻氮施用限量为 140～220kg/(hm²·茬)，果园氮施用限量为 200～290kg/(hm²·a)，菜地氮施用限量为 160～350kg/(hm²·茬)。推算出的氮营养限量与欧洲国家的农田营养负荷接近。根据猪的氮排放量估算，每亩作物（小麦、水稻、玉米）每茬可以承载 2～3 头猪的沼渣沼液，每亩果园、菜地可承载 2～5 头猪的沼渣沼液。

表 9-9　小麦、玉米、水稻每茬猪粪施用限量（以干物质计）　（单位：10^3kg/hm^2）

农田本底肥力水平	小麦和玉米田施用限量	稻田施用限量
Ⅰ	19	22
Ⅱ	16	18
Ⅲ	14	16

注：旱地Ⅰ、Ⅱ、Ⅲ肥力水平分别指土壤含氮量＞1.0g/kg、0.8～1.0g/kg、＜0.8g/kg；水田Ⅰ、Ⅱ、Ⅲ肥力水平分别指土壤含氮量＞1.2g/kg、1.0～1.2g/kg、＜1.0g/kg。

表 9-10　果园每年猪粪施用限量（以干物质计）　（单位：10^3kg/hm^2）

果树种类	施用限量
苹果	20
梨	23
柑橘	29

表 9-11　菜地每茬猪粪施用限量（以干物质计）　（单位：$10^3kg/hm^2$）

蔬菜种类	施用限量	蔬菜种类	施用限量
黄瓜	23	青椒	30
番茄	35	大白菜	16
茄子	30		

9.2.3　沼渣沼液运输

运输距离影响沼渣沼液施用成本，关系沼渣沼液利用的经济性，是影响沼渣沼液还田的重要因素。曾悦等（2004）以福建为例研究了粪肥的经济运输距离，认为猪粪的经济运输距离为 13.3km，鸡粪 43km，牛粪 5km。欧洲沼气工程（进料 TS 含量 8%以上，沼渣沼液 TS 含量约 5%）推荐沼渣沼液运输半径 15km。规模化猪场冲洗水一般是猪粪的 5 倍以上，TS 含量只有 1.5%左右。因此，规模化猪场沼气工程沼渣沼液的经济运输距离最好不要超过 5km。对于干式发酵沼气工程，没有经过固液分离的沼渣沼液，运输半径可达 30km；即使经过固液分离，沼液的 TS 含量达到 5%以上，运输半径也能达到 15km。

沼渣沼液采用哪种方式运输与其产生量密切相关。对于中型、大型和特大型沼气工程而言，产生大量沼渣沼液，需要大量的土地进行消纳，一般采用沟渠和管道的方式进行输送，罐车主要用于较长距离运输。

9.2.4　沼渣还田利用方法

沼渣含有大量有机质、腐殖酸、氮、磷、钾和其他微量元素。有研究表明，优质沼渣有机肥养分组成为：30%～50%有机质、10%～20%腐殖酸、0.8%～2.0%全氮、0.4%～1.2%全磷、0.6%～2.0%全钾（葛振等，2014）。沼渣缓速兼备，对土壤具有培肥改土、水土保持等功效，是一种具有较高利用价值的有机肥，可以替代化肥，增强土壤肥力。经过简单堆放腐熟的沼渣可直接还田利用。

1. 沼渣作基肥

沼渣直接用作基肥是目前最为常见的利用方式。沼渣的施用量应根据土壤养分状况和作物对养分的需求量确定，《沼肥施用技术规范》（NY/T 2065—2011）推荐的沼渣施用量见表 9-12。

表 9-12　几种主要作物每年施用沼渣的参考量　（单位：kg/hm^2）

作物	沼渣施用量	作物	沼渣施用量
水稻	22500～37500	油菜	30000～45000
小麦	27000	苹果	30000～45000
玉米	27000	番茄	48000
棉花	15000～45000	黄瓜	33000

沼渣与化肥配合施用时，两者各为作物提供氮素量的比例为 1∶1，需根据沼渣提供的养分含量和不同作物对养分的需求量确定化肥的用量（表 9-13）。沼渣作为基肥时，可以在拔节期、孕穗期施用化肥作追肥。对于缺磷和缺钾的旱地，还可以适当补充磷肥和钾肥。

表 9-13　几种主要作物每年配合施用沼渣与化肥的参考量　（单位：kg/hm^2）

作物种类	沼渣用量	尿素用量	碳酸氢铵用量
水稻	11250～18750	120～210	345～585
小麦	13500	150	420
玉米	13500	150	420
棉花	7500～22500	75～240	240～705
油菜	15000～22500	165～240	465～705
苹果	15000～30000	165～330	465～945
番茄	24000	255	750
黄瓜	16500	180	510

注：氮素化肥选用尿素、碳酸氢铵中的一种。

粮油作物施用沼渣可采用穴施、条施和撒施。施后应与土壤充分混合，并立即覆土，陈化一周后便可播种、栽插。沼渣与沼液配合施用时，沼渣作基肥一次施用，沼液在粮油作物孕穗和抽穗之间采用开沟施用，覆盖 10cm 左右厚的土层。

果树施用沼渣一般是在春季 2～3 月和采果结束后，以每棵树冠滴水圈对应挖宽 20～30cm，深 30～40cm 的施肥沟进行施用，并覆土。

2. 沼渣作追肥

沼渣也可以作为追肥，在果树上应用较多，以穴施和沟施为主。苹果每棵可以施用沼渣 20～25kg 作为追肥（吴亚泽等，2009），柑橘类每棵可以施用沼渣 50～100kg 作为追肥（吴带旺，2010）。沼渣也可以作为农作物和蔬菜的追肥，每亩用量为 1000～1500kg，可以直接开沟挖穴将沼渣施在根周围，并覆土以提高肥效。

9.2.5　沼液还田利用方法

沼液可以用作粮食作物、蔬菜、水果、牧草的基肥、追肥、叶面肥，也可用于浸种。近几年沼液的水肥一体化施用也得到了较快发展。

1. 基肥和追肥

沼液作为基肥和追肥是目前沼液资源化利用的主要方式。沼液作基肥时，在粮食作物、蔬菜耕作前采用浇灌的方式进行施用。沼液作追肥可以单独施用也可以配合其他肥料施用。

沼液的施用量应根据土壤养分状况和作物对养分的需求量确定，《沼肥施用技术规范》（NY/T 2065—2011）推荐的农作物沼液施用量见表 9-14。沼液与化肥配合施用时，应根据沼气发酵装置能提供沼液量及养分含量确定化肥用量。

表 9-14　几种主要蔬菜每年配合施用沼液与化肥的参考量　（单位：kg/hm^2）

蔬菜种类	沼液用量	尿素用量	过磷酸钙	氯化钾
番茄	30000	450	315	645
黄瓜	30000	300	495	360

沼液可采用漫灌、穴施、条施和洒施等方式进行施用。沼液作为叶面肥时，我国通常采用喷洒式施肥，但是该方式已经在很多国家被禁止。欧洲国家要求沼渣沼液的施用应减少表面空气暴露，尽快渗入土壤中。基于以上缘故，通常采用拖尾软管（trailing hose）、从蹄（trailing shoe）或者注射施肥机进行沼液的施用。沼液施用后应与土壤充分混合，并立即覆土，陈化一周后便可播种、栽插。沼渣与沼液配合施用时，沼渣作基肥一次施用，沼液在粮油作物孕穗和抽穗之间采用开沟施用，覆盖 10cm 左右厚的土层。有条件的地方，可采用沼液与泥土混匀密封在土坑里并保持 7～10d 后施用。

2. *叶面喷施*

沼液作叶面肥通常采用喷洒的方式施用，喷施工具以喷雾器为主，所以喷施前应对沼液进行澄清、过滤。所施用的沼液应取自常温条件下发酵时间超过一个月的沼气工程。澄清过滤后的沼液可以直接进行喷施，最好先进行适当的稀释，也可以添加适当量的化肥后施用。沼液作叶面肥的喷洒量应根据农作物和果树品种、生长时期、生长势及环境条件确定。喷施一般宜在晴天的早晨或傍晚进行，不应在中午高温时进行，下雨前不应喷施。气温高以及作物处于幼苗、嫩叶期时稀释施用。气温低以及作物处于生长中、后期可用沼液直接喷施。作为果树叶面肥，每 7～10d 喷施一次为宜，采果前 1 个月应停止施用。喷施时，尽可能将沼液喷洒在叶子背面，利于作物吸收。

3. *沼液浸种*

沼液浸种是将农作物种子放在沼液中浸泡后再播种，具有简便、安全、效果好、不增加投资等优点，在我国农村地区有广泛的推广与应用。沼液浸种能提高发芽势和发芽率，促进秧苗生长和提高秧苗的抗逆性。主要是因为沼液中富含 N、P、K 等营养性物质及一些抗性和生理活性物质，在浸种过程中可以渗透到种子的细胞内，促进种内细胞分裂和生长，并为种子提供发芽和幼苗生长所需营养，同时还能消除种子携带的病原体、细菌等。因此，沼液浸种后种子的发芽率高、芽齐、苗壮、根系发达，长势旺、抗逆性及抗病虫性强。

用于浸种的沼液应取自正常发酵产气两个月以上的沼气发酵装置，沼液温度应在 10℃以上、35℃以下，pH 为 7.2～7.6。浸种前应对种子进行筛选，清除杂物、秕粒，并对种子进行晾晒，晾晒时间不得低于 24h。浸种时将种子装在能滤水的袋子里，并将袋子悬挂在沼液中，然后根据沼液的浓度和作物种子的情况确定浸种时间，浸种完毕后应用清水对种子进行清洗。

除了粮食作物外，沼液浸种也被推广到其他作物，如瓜果蔬菜、牧草、中草药等。由于沼液来源不同和作物种子生物学特性的差异，对某种作物进行浸种时需要先确定好适宜的浸种浓度和浸种时间。

4. 水肥一体化

水肥一体化是一项将微灌与施肥相结合的技术，主要借助压力系统或者地形的自然落差，将水作为载体，在灌溉的同时完成施肥。可以根据不同土壤肥力、不同作物和不同时期对肥料和水分需求量进行差异化设计，优化水和肥料之间的配比，实现水肥的高效利用及精准管理。

沼液中富含水溶性营养成分，可以作为水肥一体化的肥料来源。但是目前水肥一体化末端利用一般以滴灌或喷灌为主，沼液中较高浓度的悬浮固体容易堵塞管路，因此过滤系统的选择与维护极为重要。另外，沼液中富含镁离子、铵根离子和磷酸根离子，在 pH 升高的情况下会形成鸟粪石（磷酸铵镁）沉淀，堵塞喷头，因此，以沼液为原料的水肥一体化系统，需要对末端利用组件进行改造。

9.3　沼渣沼液高值利用

多数情况下，沼气发酵装置产生的沼渣沼液可以不经处理直接利用。但是，沼渣沼液体积大，养分含量低，单位养分的储存、输送和施用等费用相对较大。这些限制因素促进了沼渣沼液高值化利用的探索。

沼渣沼液高值利用有以下几大目标：拓宽沼渣沼液利用途径；减少对附近消纳土地的依赖；降低沼渣沼液施用成本；提高沼渣沼液的质量；以沼渣沼液为原料开发高附加值产品。

沼渣沼液可以部分加工，以容积减少为目标；也可以完全加工，以生成纯水、纤维/固体和浓缩矿物养分为目标。部分加工采用相对简单和便宜的技术。完全加工有几种方法可以采用，但技术成熟度不同，需要较高的能耗和费用。

9.3.1　沼渣沼液分离

在沼渣沼液高值化加工过程中，通常先采用固液分离机进行初级处理，然后进行物理化学或生物处理。固液分离将大部分磷分离到固体部分，大部分氮分离到液体部分，有利于沼渣沼液养分管理，可以对氮磷进行配方施用。固液分离也有利于运输和磷的合理利用，富含磷的固体部分可以作为含磷肥料施用或出售，也可以进一步堆肥、干燥、造粒生产有机肥、生物有机肥或者土壤改良剂，还可以制取碳基材料、生物炭、生物柴油等。液体部分含有大部分氮和钾，可以用于养分回收、藻类培养和液态肥料生产，或者与固态原料混合，调节沼气发酵原料配比。

固液分离过程主要利用筛分、离心的原理将沼渣沼液中固体和液体进行分离。采用的设备包括沉降式离心机、螺旋挤压分离机、弓形筛、双环弓形筛、带式压滤机和转鼓式压滤机等。沉降式离心机、螺旋挤压分离机是应用最广泛的固液分离设备。

沉降式离心机主要用于粪污共发酵沼气工程，市政、工业废弃物处理工程也有使用。图 9-1 是沉降式离心机示意图。离心分离是基于固体颗粒和周围液体存在密度差异，在离心场中使不同密度的固体颗粒加速沉降的分离过程。离心分离机是一种通过提高加速度达到良好固液分离效果的固液分离设备，一般需要消耗大量的电能，因而运行成本高。离心分离机的优点是分离速度快、分离效率高；缺点是投资大、能耗高。沉降式离心机是一种新型的卧式螺旋卸料离心机，离心机转鼓与螺旋以一定差速同向高速旋转，悬浮液通过螺旋输送器的空心轴进入机内中部，由进料管连续引入螺旋内筒，加速后进入转鼓，在离心力的作用下，固相物沉积在转鼓壁上形成沉渣层。输送螺旋将沉积的固相物连续不断地推至转鼓锥端，经排渣口排出机外，液相则形成内层液环，由转鼓大端连续溢出转鼓，经排液口排出机外。该离心分离机主要用于分离格栅和筛网等难以分离、细小、低密度、与污水中胶体物质密度相近的悬浮固体。沉降式离心机可以将沼渣沼液中大部分磷素分离到固态部分。表 9-15 是典型沉降式离心机的分离效果。表 9-16 显示了沼渣沼液通过沉降式离心机分离后，干物质和养分在固体部分和液体部分的分布。

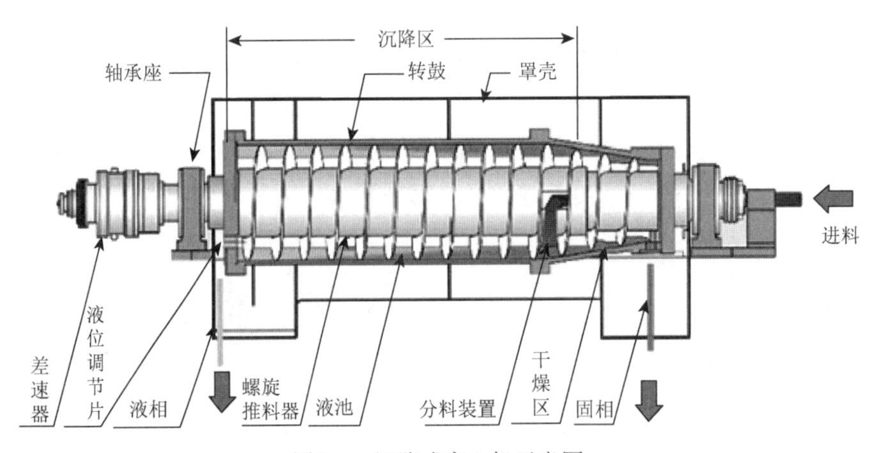

图 9-1　沉降式离心机示意图

表 9-15　沉降式离心机对沼渣沼液的分离效果（Wellinger et al.，2013）

物质	总固体含量/%	总氮含量/(kg/t)	氨氮含量/(kg/t)	有机氮含量/(kg/t)	总磷含量/(kg/t)	总硫含量/(kg/t)
沼渣沼液	4.85	4.08	2.87	1.21	0.94	0.42
液体部分	2.31	3.49	2.63	0.86	0.31	0.29
固体部分	27.66	8.15	4.50	3.65	6.52	1.56

表 9-16　沉降式离心机分离沼渣沼液的物料平衡（Wellinger et al.，2013）　（单位：kg）

参数指标	沼渣沼液	分离沼渣	分离沼液
质量	1000	80	920
干物质量	28	24	4

续表

参数指标	沼渣沼液	分离沼渣	分离沼液
水分	972	56	916
总氮	5	1.25	3.75
氨氮	4	0.4	3.7
磷	0.9	0.7	0.2
钾	2.8	0.2	2.6

螺旋挤压分离机主要用于大中型能源植物沼气工程，分离富含纤维素的沼渣沼液。图 9-2 是螺旋挤压分离机示意图。沼渣沼液混合物从进料口泵入螺旋挤压分离机内，安装在筛网中的挤压螺旋以一定的转速将要分离的沼渣沼液向前携进，其中的干物质与机口形成的固渣圆柱体相挤压而被分离出来，液体则通过筛网流出。为了掌握出料的速度与含水率，可以调节主机下方的配重块，以达到满意的出料状态。也可更换筛网孔径调整出料状态，筛网孔径有 0.25mm、0.5mm、1mm 等不同规格。经处理后的固态物含水率可降到 65%以下。与沉降式离心机不同，螺旋挤压分离机不能分离沼渣沼液中颗粒细小的污泥。如果沼渣沼液主要含有纤维素，分离的固体量取决于沼渣沼液的 TS 含量。表 9-17 是典型螺旋挤压分离机的分离效果。相比沉降式离心机，螺旋挤压分离机的优势是投资低、运行电耗低（0.4～0.5kW·h/m^3）（Wellinger et al.，2013）。

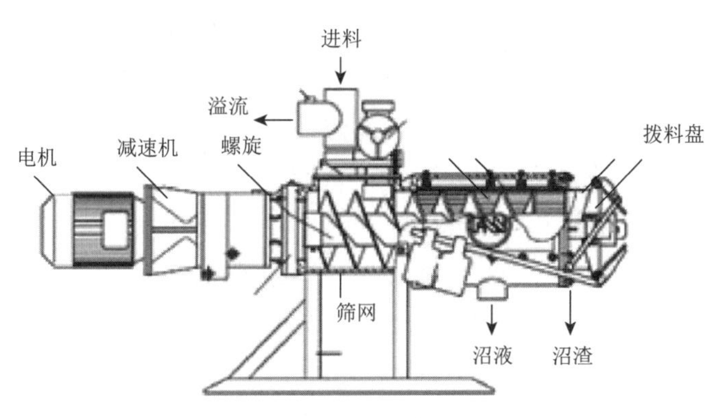

图 9-2　螺旋挤压分离机示意图

表 9-17　螺旋挤压分离机对沼渣沼液的分离效果（Wellinger et al.，2013）

物质	鲜基比例/%	分离程度/%						
		TS	VS	COD	NH_4^+ -N	TN	PO_4^{3-} -P	K
分离沼渣	10	48.1	56.3	48.8	9.2	17.0	21.8	10.0
分离沼液	90	51.9	52.4	51.2	82.0	83.0	78.0	90.0

添加化学药剂可以强化固液分离效果。在废水处理领域，除磷最常用的化学药剂是硫酸铝、三氯化铁、硫酸铁、石灰等，为了使凝结颗粒进一步凝聚，需要添加高分子絮凝剂。固液分离絮凝强化技术已经在沼渣沼液分离领域广泛应用。

9.3.2　沼渣生产基质

通过固液分离，沼渣沼液中大部分水溶性速效养分及盐分分离到沼液中，缓释性养分分离到沼渣中，因此，沼渣可作为配制基质的原料。pH 和电导率（EC）是评价基质的重要指标，对作物的生长发育及品质有很大影响。基质对 EC 有相对严格的要求。基质的 EC 范围应在 1.8～2.6mS/cm，最适 EC 在 2.0mS/cm 左右。与常用有机质草炭相比，沼渣 pH、EC 略高，但在要求的范围之内（表 9-18）。由于沼渣中营养成分含量较高，沼渣不宜单独作为基质，需要与蛭石、珍珠岩、草炭等材料复配后作为育苗、无土栽培基质。

表 9-18　沼渣与其他基质材料 pH 和电导率的比较（赵丽等，2005）

样品	pH	电导率/(mS/cm)
进口草炭	5.74	0.11
国内华美草炭	5.1	0.24
沼渣	7.22	1.48
理想基质	6～7.5	<2.5

育苗基质的主要作用是固定并支持秧苗，保持水分和营养，提供根系正常生长发育环境。沼渣与其他材料复配后可以作为基质直接放入成型的育苗盘进行育苗，也可以通过机械设备将基质压制成圆饼状育苗营养块。在基质中添加一定比例的沼渣，可促进幼苗生长，提高幼苗质量。但是沼渣比例不宜过高，具体比例因沼渣养分含量和育苗作物而有所不同，沼渣添加比例一般不超过 60%。配制基质时，以鸡粪为原料的沼渣，添加比例较低；而以秸秆为原料的沼渣，添加比例较高（表 9-19）。

表 9-19　沼渣作基质的复配方案

作物	类型	复配方案*	参考文献
青椒	育苗	沼渣∶秸秆∶草木灰＝3∶1∶2 和 3∶0.5∶2	（祝延立等，2016）
番茄	育苗	与草炭、蛭石、珍珠岩复配，沼渣不应大于 30%，10%沼渣最优	（常鹏等，2010）
番茄	育苗	沼渣∶醋糟∶蛭石＝2∶6∶2	（易丹丹，2018）
黄瓜	育苗	沼渣∶醋糟∶蛭石＝4∶4∶2	（易丹丹，2018）
黄瓜	育苗	沼渣∶菇渣∶蛭石∶珍珠岩＝5∶3∶1∶1	（张媛，2020）
黄瓜	育苗	草炭∶蛭石∶沼渣＝30∶40∶30	（伍梦起等，2022）
茄子	育苗	基质∶沼渣＝1∶5	（李烨等，2012）
番茄、辣椒	无土栽培	沼渣∶蛭石∶珍珠岩＝2∶3∶1（体积比）	（王秀娟，2006）
油茶	育苗	与椰糠、黄心土复配，添加 15%的沼渣	（李烨等，2012）
白桦	育苗	沼渣∶椰糠∶蛭石＝4∶4∶2	（苏廷，2017）

续表

作物	类型	复配方案*	参考文献
高羊茅	草皮无土栽培	沼渣∶土壤＝6∶4（体积比）	（宋成军等，2015）
水稻	育苗	沼渣∶床土＝1∶4	（崔彦如等，2015）
金针菇	栽培基质	40%沼渣、30%麸皮、29%玉米芯、1%石膏，含水率 63%～65%	（于海龙等，2012）
玉米、水稻	育苗	草炭∶蛭石∶沼渣＝45∶40∶15	（伍梦起等，2022）

*除已经标注的体积比外，其他均是质量比。

如表 9-19 所示，沼渣常用作育苗和无土栽培基质，主要与蛭石、珍珠岩、草木灰等材料复配。用作林木育苗、草皮培育、水稻育苗基质时，可以与椰糠、土壤等复配。而用作食用菌类的栽培基质时，则需要与更多的材料复配，如麦秆或稻草、棉籽皮、石膏、石灰等。

在基质中添加生物菌剂，能促进幼苗生长。在一项研究中，以沼渣、菇渣、蛭石、珍珠岩为基质底料，沼渣添加量为 50%及 60%的复配基质，促生效果明显，黄瓜发芽率可达 85%以上，显著高于其他沼渣添加量的复配基质。沼渣∶菇渣∶蛭石∶珍珠岩的最适配比为 5∶3∶1∶1。添加等量不同功能菌剂（解淀粉芽孢杆菌、木霉）的沼渣生物基质，较未添加功能菌剂的沼渣基质，发芽率平均高 5%（张媛，2020）。

9.3.3　沼渣生产有机肥

分离出的沼渣可以通过好氧堆肥发酵生产有机肥。好氧堆肥既可以降解木质素、纤维素等有机大分子，去除有害物质，又能蒸发大量水分，增加固体部分的养分浓度，但也会造成氮素损失。与其他优质有机肥一样，沼渣有机肥能带入有益微生物，改善土壤滞水能力和缓冲能力，提升土壤质量。

如果分离出来的沼渣太湿、太稠，堆肥时需要添加有机纤维物质（如木屑、秸秆）改善发酵环境和调节 C/N 比。另外，沼渣堆肥过程还需要供应充足的氧气，通风速率对维持堆肥高温时间有很大影响。研究显示，牛粪沼渣堆肥通风速率为 0.2L/(min·kg OM)（其中 OM 表示有机物）和 0.5L/(min·kg OM)时，堆体维持高温时间为 5d；通风速率为 0.8L/(min·kg OM)时，堆体维持高温时间为 4d。各堆体终产品 C/N 比分别为 16.5、14.1 和 15.6，终产品的发芽指数（GI 值）分别为 92.2%、96.6%和 82.7%，综合考虑维持高温时间和 GI 值，0.5L/(min·kg OM)是合适的通风速率（赵龙彬，2016）。由于沼气发酵过程中大部分有机物已经被降解，因此，槽式、条垛式堆肥能达到的温度只有 55℃左右，没有畜禽粪便堆肥达到的温度高。但是，采用保温、密闭的箱式堆肥，堆体温度可以达到 70℃，有利于病原菌的无害化。

经过堆肥处理后，堆肥产物可以通过转鼓干燥机、带式干燥机及喂料转向干燥机等设备进行干燥。但是在干燥过程中，堆肥含有的氨氮以氨气形式转移到干燥机废气中，因此需要处理废气，防止氨的排放。通过干燥，可以形成 TS 含量达 70%甚至 80%的有机肥，便于储存和运输。沼渣经过好氧堆肥后生产的有机肥可以直接利用或出售，也可以经过造粒、复配等工序制成有机无机复混肥、生物有机肥出售。沼渣堆肥生产有机肥工艺流程见图 9-3。

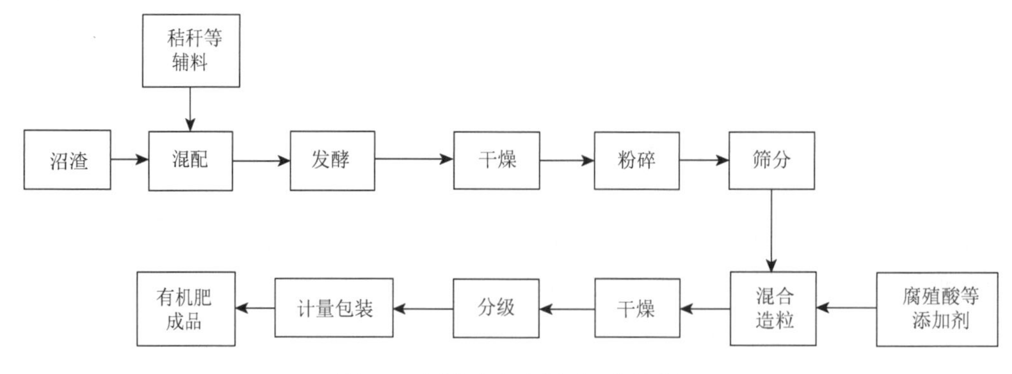

图 9-3　沼渣生产有机肥工艺流程

沼渣是良好的有机质资源，可以作为生物有机肥的原料。利用沼渣生产生物有机肥的技术关键是在二次发酵过程中添加解磷型、促生型和防病型等多种功能型微生物。例如，利用酸解氨基酸与腐熟沼渣有机肥混匀预发酵，待 pH 回升后添加解淀粉芽孢杆菌进行二次发酵，可以生产富含功能微生物和游离氨基酸的沼渣生物有机肥。酸解氨基酸添加能够有效提高活菌数量，强化有机肥促生效果，降低生产成本，增加产品附加值（张媛，2020）。

9.4　沼液养分回收

沼液通常作为含有氮、磷、钾的液态肥直接还田利用。但是，沼液养分含量不高，单位质量养分的运输、施用成本高。因为沼液直接利用存在的上述问题，沼液养分回收或沼液浓缩已经成为沼液利用研究的热点。相对湿式沼气发酵，干式沼气发酵产生的沼液少，但是沼液中养分浓度更高，更适合养分回收。

近年来，开发了一些沼液养分回收或沼液浓缩技术，如鸟粪石沉淀、磷酸钙沉淀回收磷，氨吹脱回收氮，以及膜过滤、蒸发浓缩等技术。然而，不是所有技术都可视为养分回收技术。养分回收技术应该具有以下特点：①能生产出比沼液营养成分更高的最终产品（如含有矿物质和有机物的浓缩产品）；②能将养分从沼液中分离出来，生产化学品、化肥或化肥替代品。养分回收技术的处理效率能与常规技术相当，并且经济可行，易于操作和维护，才能得到推广应用；最重要的是，回收的产品必须要有市场前景。

9.4.1　磷回收

磷（P）是构成核酸与三磷酸腺苷（ATP）的重要元素，直接参与生命体能量循环，是组成生命物质不可缺少的元素之一，也是不可再生的有限资源。为了最大限度遏制磷的匮乏，欧洲国家率先开发出污水/污泥、动物粪尿、沼渣沼液磷回收技术，并且已经在实际工程中进行了大量应用。

1. 鸟粪石沉淀法回收磷

鸟粪石沉淀是按照化学计量比 Mg∶N∶P = 1∶1∶1 加入镁盐，使溶解态磷酸盐和铵态氮形成复杂的不溶性物质——磷酸铵镁（$MgNH_4PO_4·6H_2O$，MAP），也称为鸟粪石。此技术反应迅速，容易控制，可同步回收沼液中氮和磷。生成的不溶性沉淀物质磷酸铵镁是一种易于分离的缓释肥料，具有替代商品肥料的潜力，可用于农业生产，减少土壤和地表水的污染。

$$Mg^{2+} + NH_4^+ + PO_4^{3-} + 6H_2O \longrightarrow MgNH_4PO_4·6H_2O \tag{9-1}$$

Mg∶N∶P 比例、pH、沉淀剂、反应器是影响鸟粪石结晶及产物回收的重要因素。

1）Mg∶N∶P 比例

鸟粪石结晶离子的物质的量之比 $n(Mg^{2+})$∶$n(NH_4^+)$∶$n(PO_4^{3-})$为 1∶1∶1。沼液中 Mg^{2+}的浓度通常低于鸟粪石形成所需的化学计量值，需要投加 MgO、$MgCl_2$、$Mg(OH)_2$ 等镁盐。考虑到经济性，应充分寻找并利用各种廉价镁源降低成本。根据同离子效应，增大 Mg^{2+}、NH_4^+的配比可促进反应进行，从而提高溶解性磷酸盐的去除率。研究表明，过量的 NH_4^+可以稳定溶液的 pH，有利于鸟粪石的生成。

2）pH

溶液 pH 影响 Mg^{2+}、NH_4^+、PO_4^{3-}在沼液中达到平衡时的存在形态和活度，当三种离子的活度积超过鸟粪石平衡时的活度积时，鸟粪石才能以沉淀的形式析出。鸟粪石是碱性盐，碱性条件有利于其生成，最适 pH 为 8.5～10.5。当 pH 过高时，Mg^{2+}与 OH^-容易形成沉淀；当 pH＞11 时，还会产生 $Mg_3(PO_4)_2$，NH_4^+转化成 NH_3 逸出，无法形成鸟粪石。不同发酵原料导致沼液成分差异较大，使得鸟粪石除磷脱氮最佳 pH 有所不同。生成鸟粪石的反应过程中，溶液的 pH 会随着反应的进行而逐渐降低，而较低的 pH 又会增大鸟粪石的溶解度，不利于鸟粪石晶体的析出。所以，在鸟粪石沉淀过程中需要维持稳定的 pH。一般通过投加 NaOH、$Ca(OH)_2$ 等化学品维持高的 pH。由于沼液中存在 $H_2CO_3/HCO_3^-/CO_3^{2-}$ 和 NH_3/NH_4^+等缓冲离子，鸟粪石沉淀过程投碱量比较大，费用较高，甚至达到投加化学品费用的 97%。利用曝气吹脱 CO_2 提高溶液 pH，可以降低 46%～65%的投碱量。但是，仅靠吹脱 CO_2 不能维持鸟粪石沉淀最适 pH。所以，一般是结合曝气吹脱和加碱两种方法维持高的 pH（倪晓棠等，2016；刘伟等，2019）。

3）腐殖酸

沼液中成分比较复杂，很多成分会影响鸟粪石沉淀法回收氮磷的效率。有研究表明，腐殖酸会影响鸟粪石结晶的诱导时间，但会随着 Mg、N、P 物质的量之比的变化而改变。不锈钢网能促进鸟粪石结晶反应进行，但沼液中的腐殖酸存在会减少鸟粪石在不锈钢上的吸附量。

4）反应器

反应器是鸟粪石沉淀法回收氮磷的核心装置。鸟粪石的形成是以结晶动力学为基础，晶体的形成可分为晶核的形成和晶体的生长两个步骤，混合不均匀不利于鸟粪石晶体的生长。目前，鸟粪石沉淀反应器主要是搅拌式反应器（完全混合式反应器）和流化床反应器。图 9-4 是广泛采用的搅拌式鸟粪石反应器，分为反应区、沉淀区和 MAP 排出区三部分。随着反应的进行，鸟粪石晶体不断析出，逐渐沉淀到反应器底部。该反应器操作简单，处理性能稳定高效，对高浓度氮磷回收率可达 90%左右（刘伟等，2019）。

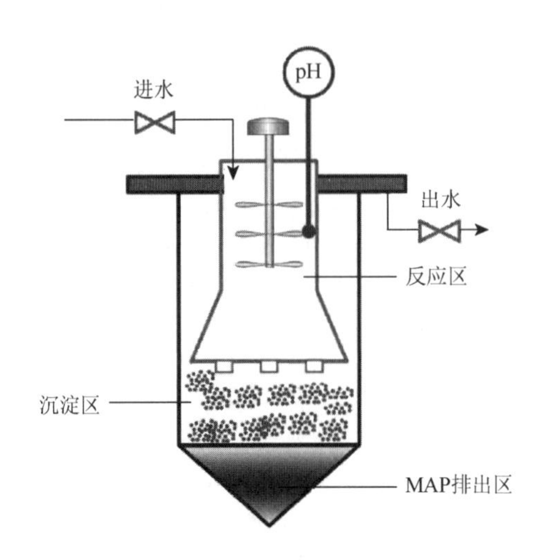

图 9-4　搅拌式鸟粪石反应器

也有采用空气搅拌式鸟粪石晶体捕集反应器（图 9-5）回收猪场沼液中氮、磷。该反应器为圆锥形，底部设有曝气装置，利用空气搅动增加沼液的紊动程度，保证药剂与沼液的完全混合，而内部以两层不锈钢丝网作为载体起到晶体捕集作用，磷的平均去除率为 82%左右（钱锋等，2014）。

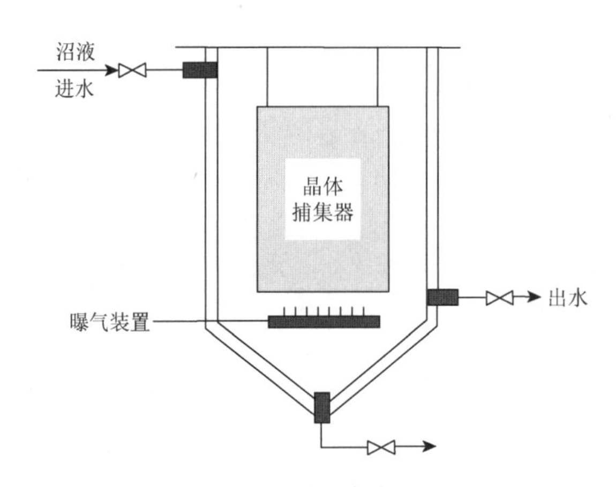

图 9-5　空气搅拌式鸟粪石反应器

鸟粪石沉淀法对氮的回收率低，若要提高氮的回收率，需要提高镁盐投加量，但药剂成本会提高。鸟粪石沉淀法回收沼液中氨氮时，生成的鸟粪石晶体比较小，不易与水分离。Hidalgo 等（2016）认为氨汽提与鸟粪石沉淀法结合是一种经济可行的氨回收技术。通过鸟粪石沉淀回收 NH_4^+-N 的成本为 1.753 欧元/kg，而通过汽提的成本是 1.927 欧元/kg。

基于鸟粪石沉淀法的磷回收技术已在污泥消化和粪便处理沼气工程中得到了生产规模应用，也在沼渣沼液养分回收中进行了中试。目前，10 多家欧美企业已经拥有成熟的工艺，在世界上 40 多个工程中进行了应用。该工艺要求最低磷浓度为 100mg/L，因此通常用于废水和城市污泥消化液中磷回收。由于沼液中含磷量低，很少用于农业沼气工程。另外，农业部门很少采用磷回收技术的另一个原因是，欧盟没有专门的法规像《硝酸盐指令》控制氮一样控制磷（Rizzioli et al.，2023）。

鸟粪石沉淀法能回收 80%～90%的可溶解性磷，但是只能回收 10%～40%的 NH_4^+-N。根据最终用途，鸟粪石晶体粒度范围为 0.5～5mm 及以上。鸟粪石沉淀法的成本为 270～2000 欧元/t P 去除，主要取决于调节 pH 加碱的药剂成本。根据技术提供商的技术方案，鸟粪石磷回收法的投资成本为 2300～24500 欧元/(kg P·d)，运行费用为 0.19～0.28 欧元/m^3 沼液。一些国家农用鸟粪石售价为 45 欧元/t（比利时）、109～314 欧元/t（澳大利亚）、250 欧元/t（日本）。鸟粪石沉淀法运营成本和投资回收期在很大程度上取决于沼渣沼液成分（如可用的磷含量、镁含量和 pH），因为它决定了化学品（氢氧化钠、镁盐）的投加量和能源消耗成本。在国外，虽然一些公用事业公司已经安装鸟粪石磷回收系统，但由于市场、监管和现场具体条件等，这项技术尚未得到广泛应用。减少化学品投加量、提高产品纯度、生产过程稳定控制等方面仍然存在许多技术挑战。无须添加化学品的高效节能方法，如电化学和生物电化学回收鸟粪石技术仍在开发中（Vaneeckhaute et al.，2017）。

磷酸盐不仅能与铵、二价阳离子反应生成鸟粪石或类似的盐。而且 K^+可以代替 NH_4^+ 参与沉淀形成六水磷酸镁钾（$KMgPO_4·6H_2O$），磷酸镁钾是一种鸟粪石同形类似物。这种沉淀反应可以实现钾、磷的回收。然而，只有当 K^+过量时才会发生沉淀，为了去除 NH_4^+，可在沉淀之前进行氨吹脱。磷酸镁钾沉淀可回收 72%的磷和 73%的钾，在吹脱步骤可去除 99%的氮（Rizzioli et al.，2023）。

2. *磷酸钙沉淀回收磷*

除投加镁盐外，还可以加入氢氧化钙[$Ca(OH)_2$]使沼液 pH 升高至 10.0，并在温度 70℃的条件下，诱导磷以羟基磷灰石[$Ca_5(PO_4)_3OH$]或 $CaHPO_4$ 的形式析出。该反应快速（5min），但必须先吹脱 CO_2，以避免不必要的碳酸钙（$CaCO_3$）沉淀。

钙与磷酸盐形成沉淀的过程尚不完全清楚。当 $Ca(OH)_2$ 加入时，由于 pH 的升高，磷酸根与其可产生不同的化合物沉淀。可能是先形成二羟基磷酸二钙[$Ca_2HPO_4(OH)_2$，DCPD]，而后形成较稳定的羟基磷灰石钙[$Ca_5OH(PO_4)_3$，HAP]。其化学反应为

$$2Ca(OH)_2 \longrightarrow 2Ca^{2+} + 4OH^- \tag{9-2}$$

$$2Ca^{2+} + HPO_4^{2-} + 2OH^- \longrightarrow Ca_2HPO_4(OH)_2 \tag{9-3}$$

$$2Ca_2HPO_4(OH)_2 + Ca^{2+} + HPO_4^{2-} \longrightarrow Ca_5OH(PO_4)_3\downarrow + 3H_2O \tag{9-4}$$

磷酸钙沉淀主要受 pH、Ca^{2+}浓度和温度的影响（陈瑶等，2006）。

1）pH

在一定 Ca^{2+}浓度下，磷酸钙的溶解度在很大程度上取决于溶液 pH，所以磷酸钙的形

态和沉淀的程度受溶液 pH 的影响。随 pH 的升高，基本种类 $CaPO_4^-$、$CaOH^-$和 PO_4^{3-} 的浓度增加，而酸性种类 $CaH_2PO_4^+$ 和 $H_2PO_4^-$ 的浓度下降。

2）Ca^{2+}浓度

在一定 pH 条件下，磷酸钙的沉淀速率与沉淀效率随溶液中 Ca/P 物质的量之比的增加而增加。溶液初始 Ca/P 物质的量之比为 1.67、pH 为 10 时，磷的回收率达到 85%。而要达到同样的磷回收率，当 Ca/P 物质的量之比为 3.33 时，pH 只需调至 9.0，当 Ca/P 物质的量之比为 6.67 时，pH 只需调至 7.5。对于不同初始 Ca/P 物质的量之比的溶液，随着反应进行，生成沉淀中 Ca/P 物质的量之比不断变化，一般呈先升高后降低的趋势，并且在反应进行到 180min 时都接近于 1.67。而 1.67 正是 HAP 的 Ca/P 物质的量之比，说明生成的磷酸钙沉淀趋向于 HAP 的化学计量关系。溶液中较高的 Ca/P 物质的量之比不但能提高磷酸钙的沉淀效率，还能降低 $CaCO_3$ 的干扰。

3）反应温度

温度对磷酸钙沉淀反应具有多方面影响，不仅影响各种形态磷酸钙沉淀的分解或结合反应，还影响磷酸钙的活度积。随着反应温度的升高，Ca^{2+}的活度等比例降低，PO_4^{3-} 的活度等比例上升，但两种离子活度积增加，磷酸钙饱和指数也等比增长。所以在实际运用中，当季节变化时，针对污水温度降低而导致磷酸钙饱和指数小幅度降低的问题，可以采取其他措施弥补，如改变钙剂的投加量或调节 pH。

目前，多家欧美企业已经拥有成熟的工艺技术，可以达到 80%～100%的磷去除，通常可达到 50%～60%。根据技术供应商提供的数据，投资为 2300～2900 欧元/(kg P·d)。运行成本主要取决于 $Ca(OH)_2$ 投加量，而 $Ca(OH)_2$ 投加量又取决于沼渣沼液的特性。通过喷水空气旋流器（WAS），$CaNH_4PO_4$ 与氨吹脱偶联可以同时回收氮磷，但是仍处于实验室小试阶段（Quan et al.，2010）。

9.4.2 氮回收

采用最多的氮回收工艺是氨吹脱。在氨吹脱回收过程中，通过气流（通常是空气）去除沼液中氨，然后采用吸收液选择性吸收挥发的氨。在沼液吹脱前，首先需要进行预处理，通常采用强碱[CaO、$Ca(OH)_2$、NaOH]进行碱化，使 pH 达到 10 左右，促进氨的挥发。吹脱是一个物理过程，采用气体介质破坏气液两相原有平衡而建立新的气液平衡，使溶液中的某一组分（如非离子氨）由于分压降低而解吸出来，从而达到分离物质的目的。一般将气体（空气、水蒸气和废气等）通入液体，液相中氨氮被转化成气态氨。当气体介质为空气、废气时，称为吹脱；当气体介质为水蒸气时，称为汽提。为了提高氨挥发的效率，吹脱通常在高温（50～85℃）、负压条件下进行。接下来，吹脱的氨经酸性洗气塔回收，吸收液一般采用硫酸（H_2SO_4），生产的产品为硫酸铵。硫酸铵作为氮、硫生物基肥，可有效替代化石肥料。也可用硝酸（HNO_3）代替硫酸生产硝酸铵（NH_4NO_3），水蒸气吹脱（汽提）可以产生氨水，不用酸性洗气塔，但是水蒸气生产需要更多的热能（Rizzioli et al.，2023）。

氨吹脱工艺的性能主要受温度、pH 和气体流速的影响。另外，一些次要因素（如吹

脱气中 CO_2 和沼液的组成）对氨吹脱也有影响，底物中氨浓度和填料床传质面积的影响较小。

1. 温度

温度是影响沼液氨吹脱的重要因素。铵离子与溶解的非离子氨（即游离氨 FA）之间解离平衡如式 9-5 所示。

$$NH_4^+ \rightleftharpoons NH_3 + H^+ \tag{9-5}$$

$$\frac{[NH_3]}{[NH_3]+[NH_4^+]} = \frac{1}{1+\frac{[H^+]}{K_d}} \tag{9-6}$$

式（9-6）中，K_d 表示酸离解常数，mol/m^3；其余表示浓度，单位为 mol/m^3。根据式（9-6）可知，随着温度升高，K_d 值升高，反过来使式（9-5）中的平衡向右移动，从而增加 FA 的量。与 NH_4^+ 不同，FA 可以通过吹脱从液相中解吸，并且温度的升高也会降低 FA 在溶液中的溶解度。此外，温度升高增加溶液中 FA 的饱和蒸气压，从而增加从液相到气相转移的驱动力，也增加分子在液相和气相之间的扩散速率和传质速率。在牛粪沼液汽提过程中，当温度从 40℃提高到 80℃时，氨回收率从 86%提高到 97%。另一项奶牛粪沼液空气吹脱的研究中，在 35℃、55℃和 70℃条件下，氨回收率分别为 20%、40%和 90%（Rizzioli et al.，2023）。

2. pH

与温度的影响类似，液相的 pH 影响溶液中 FA 的浓度。随着溶液 pH 的增加，由于 OH^- 消耗 H^+，式（9-5）的平衡向右移动。平衡的移动增加了溶液中 FA 的浓度。作为弱酸的 NH_4^+，其 pK_a 为 9.2，当 pH 高于该 pK_a 时，FA 浓度大于 NH_4^+ 浓度，有利于氨吹脱。许多研究表明，提高液相 pH（通常为 8～12）可以提高氨回收率。pH 超过临界值 10 后并不会呈比例提高氨去除率，虽然试验研究没有给出一个明确的结论，但通过式（9-6）可以推测出可能的原因。在温度为 57.5℃和 pH 为 9 的条件下，FA 占比为总氨氮（TAN）的 74.5%；在 pH 为 10 和 11 时，FA 占比分别为 TAN 的 96.5%和 99.6%，因此当 pH 高于临界值 10 时，FA 不会增加很多。

3. 气体流速

吹脱气流速的增加促进氨回收率的增加。然而，与温度和 pH 不同，气体流速增加不会影响液相中 FA 的浓度，而会维持液气两相之间 FA 的浓度梯度，增加氨传质的驱动力。气体流速的增加也会消除气液界面，从而降低传质阻力。流速增加也增加气液交换面积，能使更多 FA 从液相扩散到气相。同时，较高的流速也会导致液温降低、液相起泡和液相蒸发。气液比可以反映气体流速、吹脱时间的影响，如式（9-8）所示。

$$\frac{G}{L} = \frac{Q_g t}{V_1} \tag{9-8}$$

式中，G、L 分别表示吹脱气体和沼液的体积，m^3；Q_g 表示吹脱气体流速，m^3/min；t 表示吹脱时间，min；V_1表示被吹脱沼液的体积，m^3。有研究表明，吹脱时间 10h，气体流速从 3L/min 增加到 10L/min（气液比 G/L 为 2160～7200），猪粪沼液氨回收率从 72%提高到 95%。将 G/L 由 0 提高到 3000，使猪粪沼液氨回收率由 0%提高到 96%。也有研究表明，当 G/L 由 585 提高到 1170 时，餐厨垃圾沼液的氨回收率没有增加，主要是气体流速太低，pH 8 和温度 35℃导致沼液中 FA 浓度低。

4. 吹脱气中 CO_2 浓度

沼液通常含有几种无机碳，如 CO_2、HCO_3^- 和 CO_3^{2-}［式（9-9）、（9-10）］，这几种无机碳处于平衡状态。

$$CO_2 + H_2O \rightleftharpoons HCO_3^- + H^+ \tag{9-9}$$

$$HCO_3^- \rightleftharpoons CO_3^{2-} + H^+ \tag{9-10}$$

如果吹脱气中含有 CO_2，则液相和气相的 CO_2 之间存在浓度梯度。吹脱气中 CO_2 浓度越低，CO_2 从液相到气相的传质驱动力越大，反之亦然。从液相中吹脱的 CO_2 会导致平衡向左移动，降低溶液中的质子浓度，进而增加 pH。pH 增加可提高氨的回收率。有研究显示，采用模拟碳酸氢铵溶液和有机废弃物沼液回收氨，当气体中 CO_2 浓度从 0%增加到 40%时，氨回收率从 81%下降到 25%。另一项研究中，随着 CO_2 浓度的增加，猪粪沼液的氨去除率也出现了类似的下降，在 CO_2 浓度为 10%、20%和 40%时，氨去除率分别约为 95%、65%和 55%（Rizzioli et al.，2023）。

5. 沼液组成

沼液是一类含有多种有机和无机物、可溶和不溶成分的混合物，其组成随原料成分不同而变化。目前还没有系统的研究探讨沼液组成、来源和类型对氨回收的影响。一些研究讨论了个别参数（如 TS 含量）的影响，但是结果相互矛盾。一些研究认为，溶解性有机物（DOM）、悬浮物（SS）对氨回收没有影响。而另一些研究则认为，有机物含量较低的沼液，氨回收率更高，COD 浓度为 10g/L 时高于 90%，而 COD 浓度为 27g/L 时仅为 50%。这可能是因为，铵离子倾向于附着在有机物上，在有机物含量较高的沼液中可吹脱的 FA 较低。

理论上，沼液中 TS 会影响氨的去除效率。沼液中 TS 含量一般为 1%～5%。较低的 TS 含量可促进气液传质，并提高液体流动性，有利于 FA 被吹脱气体捕获。由于铵离子可以被捕获或吸附在悬浮物上，理论上，固液分离后液体应该能获得更高的氨回收率。但是，有研究表明，尽管沼液中 TS 含量较高（大约 20%），且没有固液分离，氨的去除率仍然可达 95%，说明对于慢速氨挥发，沼液中 TS 含量对氨的去除没有任何影响。综上所述，这些研究没有达成共识，没有足够的信息说明沼液组成对氨回收的影响。

6. 吹脱塔构型

吹脱塔的构型决定气相和液相之间的接触强度。两相之间有效接触可促进高效传质（Palakodeti et al.，2021）。图 9-6 显示了不同类型的吹脱塔。

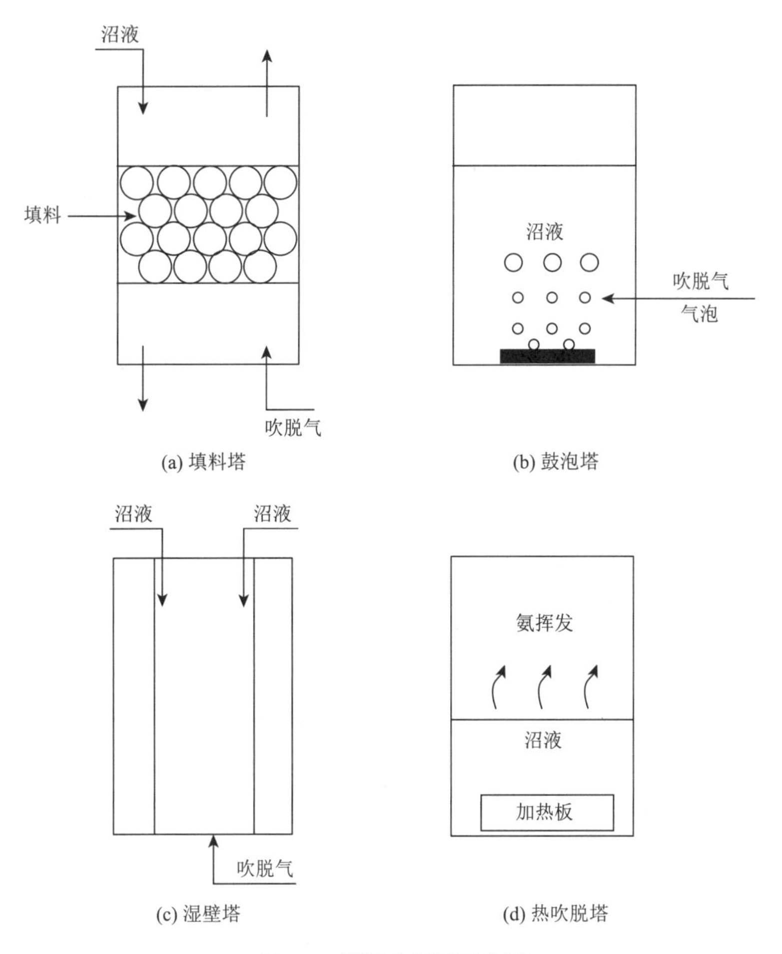

图 9-6　不同吹脱塔示意图

1）填料塔

填料塔广泛应用于化工行业，也被用于沼液氨吹脱。填料塔是填充填料（拉西环、塑料环等）的空心柱。填料可以最大限度地增加传质面积，但是填充填料后，沼液中悬浮颗粒物会对填料造成污染，从而减少有效传质面积。当使用填料塔吹脱奶牛粪便沼液时，氨回收率高达 80%，但是出水 TS 含量与进水相比有所减少，说明有固体颗粒沉积在填料上。使用填料塔吹脱猪粪水沼液时，氨回收率高达 95%。有研究显示，对固液分离后的沼液进行吹脱，可以消除固体颗粒沉积与堵塞问题。使用塑料填料时，采用试验规模填料塔吹脱固液分离后的猪粪共发酵沼液，氨回收率达到 92%。对固液分离后牛粪沼液进行蒸汽吹脱，氨回收率最高可达 96%。使用带塑料环的填料塔吹脱屠宰场废物固液分离后沼液，实现了 90%的氨回收率。填料堵塞和结垢是该技术商业应用的一大缺点。对沼渣沼液进行固液分离是减轻固体颗粒负面影响的有效手段。克服堵塞和结垢问题的另一种方法是“清洗、再生填料塔”。例如，采用气体（空气或氮气）鼓泡吹过填料，以清除堵塞的碎片，前提是填料在塔中的密度必须小于鼓泡水的密度。需要形成流化状态，充分清洁填料，最好每周清洁一次，每次 2h。

2）鼓泡塔

鼓泡塔是另一种常用吹脱装置，通过曝气石、气体扩散器或水下管道将气泡引入液相，将非离子氨从液相转移到气泡中，随后在出口收集含氨气泡。虽然曝气是一种容易实施的技术，但是存在沼液起泡、体积损失、水蒸发和沼液冷却等缺点。有研究显示，采用空气对猪粪沼液吹脱，能去除 95%～99%的氨。利用合成沼气进行鼓泡曝气，氨回收率最高只有 44%。

3）新型吹脱装置

除了填料塔和鼓泡塔，也有许多新的吹脱装置用于沼液脱氨。一是喷水式空气旋流器。在这类装置中，含氨的液相通过多孔板喷射到反应器中，产生细小的水雾，吹脱气体则沿切线通过吹脱塔。喷水式空气旋流结构可增加液相和气相之间的接触面积，从而增加传质。在 pH 为 11 的条件下，喷水式空气旋流器吹脱猪场废水沼液，氨去除率达 91%以上。但是，目前还难以放大到生产规模。二是热吹脱塔，不利用任何吹脱气体。在热吹脱系统中，沼液被加热到很高的温度（90℃以上）使非离子氨挥发。一项研究显示，热吹脱不同温度（从 76℃到沸点之间）固液分离后奶牛粪沼液，在温度 102℃、pH 为 9～11 条件下，氨去除率大于 95%。当达到沸点温度时，氨回收率和传质系数远高于亚沸点温度，传质系数高 10～100 倍。这主要是因为沸腾引起液相湍流，降低了传质阻力。但是高温需要很高的能耗。三是等温湿壁塔，塔壁为液相和气相之间的传质提供接触面积。在 pH 11.5 和温度 80℃条件下，等温湿壁塔可获得高达 98%的氨回收率。

氨去除程度不是取决于吹脱塔构型，而是取决于工艺条件和吹脱气体。吹脱塔构型的选择受到工艺、材料的影响，如沼液中悬浮固体浓度、制造材料和制造成本及设备的可用性。如果没有进行固液分离，则可以选择鼓泡塔而不是填料塔。在生产规模应用中，主要采用填料塔和鼓泡塔。

氨吹脱技术已经达到最高成熟度（9 级），目前有 10 家商业化该技术的公司。理论上，该技术可以达到 98%的氨氮去除率，但是为了降低运行成本，通常采用 80%～90%的去除率。目前，实际工程中，大多数氨吹脱装置回收的末端产品是硫酸铵溶液，其中硫酸铵含量为 25%～40%。氨吹脱工艺的投资及运行成本很大程度取决于操作温度、pH 和液体流速。氮回收成本在 2～7 欧元/kg N，主要取决于 pH 调控方法，如是否加碱、加碱的类型和温度。运行成本还包括稀硫酸（1.5L H_2SO_4/kg NH_3）使用量和能耗（0.057W·h/m^3 空气）。在温度 70℃、pH 11、液体流速 70m^3/h 时，渗滤液中氨氮回收率为 90%，总运行费用 8.1 欧元/m^3；而在温度 30℃，运行费只有约四分之一，即 2.0 欧元/m^3。根据供应商提供的方案，对于 NH_4^+-N 浓度 2400mg/L、800m^3/d 的沼液，达到 90%的氨回收率，如果采用化学方法提高 pH，则投资成本为 50 万～158 万欧元；如果采用物理方法提高 pH，则投资成本为 350 万欧元至 1100 万欧元不等，甚至高达 1500 万欧元。用电量为 127～400kW·h，热量消耗为 2115～2333kW·h，H_2SO_4（含量 95%～97%）消耗量为 5.5～6.8t/d 或者 7.0～10kg/m^3 沼液。如果使用 NaOH 增加 pH，其消耗量为 6.0～6.5kg/m^3 沼液。因此，根据系统的不同，每年的运行成本为 140 万～250 万欧元，相当于 4.50～8.60 欧元/m^3 沼液（Vaneeckhaute et al.，2017）。

氨吹脱的主要技术瓶颈是碳酸钙（$CaCO_3$）结垢、填料堵塞，以及随之而来的高能耗、高药剂消耗（化学法调 pH）。为了避免结垢，可以在吹脱之前设置石灰软化步骤，去除大部分 Ca、Mg、碳酸和碳酸盐，并提高 pH。在沼液缓冲能力高的情况下，前序的二氧化碳吹脱也可能是最经济的方法。通过曝气吹脱沼液中的二氧化碳，可以将沼液 pH 提高到接近 10.0，70%～90%的铵离子转变为游离氨（Zhao et al.，2015）。增加曝气时间可以提高氨氮去除率，在初始氨氮浓度 3000mg/L，曝气强度 5.3L 空气/(L·min)的条件下，曝气 1h 和 3h 时，氨氮去除率分别为 42%和 80%（Törnwall et al.，2017）。

另外，为了避免结垢，在吹脱之前的固液分离过程中，应尽可能多地去除总悬浮固体（TSS）。在初步固液分离之后，需要进一步去除沼液中细小颗粒。尽管如此，也必须定期清洗填料。由于这些限制，一些供应商开发了没有内部填料的吹脱工艺，新工艺可处理 TSS 含量高达 8%～9%的沼液，并且不需要添加任何化学物质。虽然投资成本较高，但就运行持续性和长期成本而言，也许用户更感兴趣。为了克服上述技术瓶颈，氨吹脱替代系统，如喷水式空气旋流器和旋转圆盘也正在开发中（Vaneeckhaute et al.，2017）。

氨吹脱回收的另一问题是吸收液使用稀硫酸。硫酸是危险化学品，存在安全风险，使用不方便。解决这个问题的方法是采用廉价石膏（$CaSO_4$）作为吸收液，同时回收 $CaCO_3$。在氨吹脱作为防止产甲烷过程氨抑制的研究中，采用石膏替代硫酸，得到硫酸铵和石灰基质。57%（质量分数）氨回收为硫酸铵，7.5%（质量分数）回收到石灰基质中。沼液经过吹脱除氨后，回流到沼气发酵反应器，降低反应器中氨氮浓度，减轻氨抑制。该方法包括折旧的运营成本为 5.8 欧元/t（Brienza et al.，2021）。

9.4.3　膜过滤

膜过滤技术是通过微滤、超滤、纳滤或反渗透等不同孔径的膜及其集成组合，将沼液中的营养物质和水分离。氮、磷、钾等营养物质浓缩回收后可调配为液态肥，产生的透过水可循环利用。压力驱动的膜过滤浓缩技术不像蒸发、膜蒸馏等浓缩技术，不需要热能。该技术已经成功应用于废水处理领域。然而，能否有效处理沼液、粪尿污水和消化污泥，尚未得到长时间的工程应用验证。

通常，膜过滤技术包括几个过滤单元。第一个单元是固液分离。沼液成分复杂，为了减少膜污染，防止膜堵塞，降低运行成本，进入膜过滤系统的沼液，其 TS 含量不应超过 3%。为了降低沼液 TS 含量，特别是悬浮物含量，首先需要去除沼液中固体物质。第一级固液分离通常采用螺旋压榨机，由于螺旋压榨机出水 TS 含量仍然很高，会堵塞、损坏膜组件，因此还需要经过化学絮凝、离心分离机或振动筛进行进一步固液分离。在 0.1～3bar（$1bar = 10^5Pa$）的压力下，预处理后的液体可以进入孔径＞0.1μm 的微滤（microfiltration，MF）单元。MF 单元之后是超滤（ultrafiltration，UF，孔径＞0.001μm，压力 2～10bar）单元，能够去除所有悬浮物和微生物。然后通过反渗透（reverse osmosis，RO，孔径＜1nm，压力 10～100bar）单元去除剩余的小分子和离子，获得营养丰富的浓水和干净的渗透液（淡水）。通过固液分离可以获得氮、磷丰富的固体肥料（8.2～12.0g TN/kg、5.6～10.4g P_2O_5/kg）；通过 UF 和 RO 单元的浓缩，可获得富含铵和钾的液态肥（2.9～5.6g NH_4^+/kg、6.2～9.2g K^+/kg）。在膜过滤技术处理畜禽粪污沼液的研究中，pH

为 8 和 4 的条件下，TAN 的回收率分别达到 75%～96%和 100%，磷去除率达到 87%～98%（Rizzioli et al.，2023）。

国内外有许多膜过滤设备集成厂家，试图将膜过滤技术用于沼液的分离、浓缩，但是只有少数处理粪便污水、沼液的膜分离示范项目在运行。膜过滤技术的经济性取决于膜清洗和换膜频率，以及最终渗透水和浓缩液用途。由于运行时间比较短，缺乏长期运行数据，目前还很难准确界定膜过滤技术的成本和收益。在法国一个中试试验中，使用两级 RO 膜分离系统处理粪便污水，日处理量 $2m^3$/d，成本为 12 欧元/m^3。在加拿大的一个养猪场粪污处理 UF-RO 系统中，成本约为 4.22 欧元/m^3。2009～2010 年，在欧盟委员会资助下，荷兰建立了一个中试项目，8 个 RO 膜浓缩系统应用于粪便污水、沼液的处理，浓缩液作为农田肥料。装置运行成本加上运输最终产品的费用，共计 9～13 欧元/t 粪便污水或沼液。8 个系统中，7 个经济可行，因为当时粪肥处理费用为 11～13 欧元/t。RO 浓缩液的价值估计为（6.1±1.1）欧元/t，试点期间（2009 年）农民支付的平均费用为 1.25 欧元/t，2010 年平均费用 1.19 欧元/t，与估计价值的差距较大（Vaneeckhaute et al.，2017）。

RO 系统的能耗估计为 4～6kW·h/m^3。为了减少清洗次数，振动（60～90Hz）剪切强化处理（vibratory shear enhanced processing，VSEP）膜过滤技术已经在粪肥、沼液净化领域进行中试。但是，该技术能耗和处理成本等数据很少报道。每次振动的能耗估计为 8.83kW·h。在膜面积 154m^2 的系统中，循环泵消耗的能量估计为 9.4kW·h/m^3 渗透液，如果使用平面陶瓷膜，可以减少到 6kW·h/m^3。计算的能耗数据表明，与传统的横流过滤相比，大型 VSEP 系统能耗会小很多。

膜过滤技术的最大问题是膜污染和膜堵塞，因此需要大量化学清洗剂和能源。为保持足够的分离性能，需要定期维护或更换膜片。为降低维护成本，可以使用陶瓷膜代替较便宜的有机聚合膜，因为陶瓷膜易于清洁，并且更耐压力和化学药剂。一些替代技术可以改善膜过滤的性能，从而可减少化学清洗剂使用和能源消耗，研究最多的是正向渗透、电渗析、跨膜化学吸附（膜蒸馏）。膜过滤技术的另一缺点是，只有一部分沼液被过滤成清水，大约 50%沼液变成浓水。为减少浓水量，超滤截留物时常回流至沼气发酵装置或者固液分离单元。

能量消耗和经济性是评价膜过滤技术的关键点。此外，人们也担心重金属和其他污染物的浓缩，导致浓缩液污染物超出控制标准。

9.4.4 膜蒸馏

膜蒸馏（membrane distillation，MD）可简单看作膜分离与蒸馏相结合的分离技术，是一种采用疏水微孔膜作为分隔介质，以膜两侧蒸气压差作为驱动力的分离过程。进料侧和渗透侧的温度差导致膜两侧的蒸气分压差，在蒸气分压差的驱动下，氨和水等可挥发性成分以气体分子的形式从进料侧透过膜孔传质到渗透侧，溶液中不可挥发性成分被截留在进料侧，从而实现进料溶液的浓缩及相关资源的回收。膜蒸馏处理沼液的基本形式如图 9-7 所示，加热后，沼液中可挥发性成分通过膜孔自由扩散到渗透侧，馏出物在渗透侧冷凝并收集。

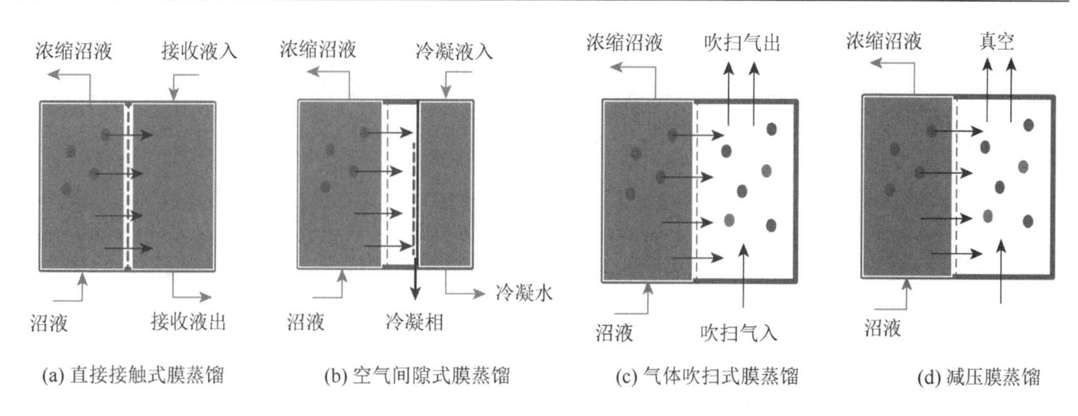

(a) 直接接触式膜蒸馏　(b) 空气间隙式膜蒸馏　(c) 气体吹扫式膜蒸馏　(d) 减压膜蒸馏

图 9-7　膜蒸馏的基本形式（贺清尧等，2021）

沼液中可挥发性成分主要包括水分、氨氮（200～5000mg/L），以及含量较低的挥发性酸、醇等挥发性有机物，根据所回收沼液中成分不同，所采用膜蒸馏的形式也存在差异。根据渗透侧组分收集形式的不同，膜蒸馏可分为直接接触式膜蒸馏（direct contact membrane distillation，DCMD）、空气间歇式膜蒸馏（air gap membrane distillation，AGMD）、气体吹扫式膜蒸馏（sweep gas membrane distillation，SGMD）与减压膜蒸馏（vacuum membrane distillation，VMD）。

DCMD 系统的膜两侧分别与进料液和循环冷却水接触，跨膜温差形成的蒸气压差驱动整个膜分离过程，透过的水蒸气、氨气在循环冷却水中冷凝。AGMD 与 DCMD 相似，但在膜的热侧与循环冷却水之间增加了一块冷凝板，中间是冷却空气缝隙带，水蒸气、氨气透过膜后，在冷凝板上冷凝后收集。SGMD 在蒸馏膜透过侧直接用干燥气体连续吹扫，透过的水蒸气、氨气被带出膜蒸馏装置后冷凝收集。而 VMD 通过真空泵对渗透侧进行抽吸形成一定真空，水蒸气透过膜后抽离冷却。

相比于其他膜蒸馏过程，DCMD 不需要额外的冷凝装置，在沼液处理初期研究中使用较多。在 DCMD 回收沼液氨氮过程中，一般调节沼液 pH 至 9～11，此时氨氮以游离氨的形式透过膜孔[式（9-11）]，被渗透侧的酸液接收，该过程也被称为透气膜氨氮回收工艺，或者液-液膜接触工艺。在沼液 pH 呈中性偏碱性的条件下，采用 DCMD 回收沼液氨氮，操作简单，运行稳定，污染物耐受性能力强，运行费用低，是目前最接近实际应用的一项技术。调节沼液 pH 通常是向沼液中添加碱性物质，除此之外，还可通过液相气体吹脱、施加真空、耦合电化学过程等方式提升沼液 pH。其中，液相气体吹脱和施加真空促进游离氨的形成更加适合于沼液处理，可大幅降低碱性化学品的消耗。水、碳酸、有机酸、无机强酸等可用于氨氮吸收，最常见的是用硫酸作为吸收液回收氨[式（9-12）]（贺清尧等，2021）。

$$NH_4^+ + OH^- \rightleftharpoons NH_3(g) + H_2O \tag{9-11}$$

$$2NH_3 + H_2SO_4 \rightleftharpoons (NH_4)_2SO_4 \tag{9-12}$$

除了 DCMD 用于沼液氨回收外，SGMD 也可用于沼液中氨回收。相比于 DCMD，SGMD 对氨氮的分离传质系数和分离因子均较低，但 SGMD 在回收沼液氨氮过程中，可采用类似于气体吹脱氨的结构。采用 SGMD 处理沼液时，必须配合吸收塔对尾气进行净化，相比其他膜蒸馏过程更为烦琐。将沼液调节至碱性后，采用 VMD 的方式在膜的渗透侧施加真空，可以获得更高的传质系数，同时得到低浓度的可再生氨水（贺清尧等，2021）。

膜蒸馏过程对氨氮的回收率均高于 80%，但由于氨的分子量与水分子的接近，采用压力驱动型膜分离技术不能实现氨氮 100%的截留。而在酸性条件下对沼液进行膜蒸馏，由于氨氮以离子态形式存在而不会挥发，因此可实现近 100%的氨氮截留。

膜蒸馏很好地结合了蒸馏技术和膜分离技术的优点。与传统蒸馏技术相比，膜蒸馏节省了空间，克服了蒸馏法腐蚀、结垢的问题（贺清尧等，2021）。相较于其他传统膜分离过程，膜蒸馏还具有以下优点：①对非挥发性物质的去除率高，理论上可达 100%。②可用于高浓度废水处理。③可利用低品位能源，如太阳能、地热和废热等。④操作条件温和，可在常压下运行。⑤对膜的机械强度要求相对较低，可延长使用寿命（林旭等，2022）。

膜蒸馏技术的最大问题是能耗高。膜蒸馏过程中主要依靠热能驱动挥发性组分的跨膜传质，在单级膜蒸馏且不具备热能回收的系统中，DCMD 的热能消耗可高达 2000～3500kW·h/m^3，VMD 的热能消耗可高达 1100kW·h/m^3。通过浓缩液和渗透液回流对进料液进行加热，可以回收利用单级膜蒸馏的热能。采用热能回收技术后，单级 VMD 的热能消耗可降低至 800kW·h/m^3 左右。虽然膜蒸馏热能可由低品位热源如沼气发电机的余热或沼气锅炉、太阳能甚至空气源热泵等提供，但是其能源消耗量仍然很大，远高于多效蒸馏过程的热能消耗（30～120kW·h/m^3）和反渗透过程的电能消耗（4～6kW·h/m^3）（贺清尧等，2021）。

9.4.5 蒸发

如果沼气工程发电余热还有剩余，可以用于沼液蒸发，从而浓缩沼液或回收高氨含量的溶液。蒸发包括两个步骤。第一步，固液分离后，用硫酸将沼液酸化至 pH 4.5，并吹脱 CO_2。由于酸化作用，氨氮以 NH_4^+ 形式存在，蒸发后仍留在浓缩液中。第二步，沼液通过多级蒸发系统进行浓缩。为了能在 90℃时利用低品位的余热或者在真空条件下运行时温度更低，一般采用降压蒸发。蒸气经冷凝后，仍含有少量的氨和挥发性酸，根据使用情况，可能需要进一步处理。蒸发可使沼液体积减小 50%。蒸发的主要缺点是蒸发 1t 水需要 300～350kW·h 的高品位热能，阻碍了该技术大规模应用。有研究指出，采用真空蒸发，浓缩液氨氮浓度可达 55g/kg（Rizzioli et al.，2023）。

蒸发之前需要去除大量固体物质，通常采用螺旋挤压分离机与振动筛组合去除纤维，减少热交换器堵塞，但是仍然需要大量清洗。通过蒸发，形成富含养分的浓液和浓度较低的冷凝液。在蒸发过程中，需要添加大量硫酸以减少氨的蒸发，因此费用比较高。除此之外，冷凝液还不能达到排放标准（表 9-20）。如果需要排入水体，还需要反渗透进一步处理。

表 9-20　沼液蒸发浓缩效果（Wellinger et al.，2013）

物质	TS 含量/%	有机 TS 含量/%	TN 含量/（g/kg）	PO_4^{3-}-P 含量/（g/kg）	COD/（g/kg）
进料	3.1	1.7	3.1	0.3	45
浓缩液	11.0	8.3	9.0	1.0	108
冷凝液	0.05	0.05	0.04	0	<1

9.4.6　氮磷吸附

许多材料可选择性吸附沼液中铵（NH_4^+）和磷。吸附材料包括没有改性的沸石、黏土和树脂，以及经过化学或热改性的沸石、黏土等。吸附过程在填充柱中进行。吸附材料达到饱和后，填充柱离线再生，NH_4^+和磷以浓缩液的形式回收，吸附材料再重复使用。再生可以通过多种技术实现，包括硝酸（HNO_3）洗涤、氯化钠（NaCl）洗涤或生物法再生。吸附柱组合应用取决于吸附材料和所需的最终产物。可采用单柱进行序批式操作，或者采用多柱串连进行连续操作。

在废水处理领域，天然沸石作为吸附剂已经成功用于氨氮去除，主要使用廉价易得的斜发沸石[$(Na, K, Ca)_{2\sim3}Al_3(Al, Si)_2Si_{13}O_{36}\cdot12H_2O$]。但是，实际废水处理工程中常用的$NH_4^+$离子交换树脂，很少用于沼液中$NH_4^+$回收。由于沸石多孔，$NH_4^+$从沸石中泄漏的速度比吸附速度慢得多，因此，吸附$NH_4^+$的斜发沸石本身可作为缓释肥料。

近十年来，利用天然沸石对高氮废水进行脱铵除磷的研究已经引起研究者广泛关注。但是，沸石吸附技术处理沼液（含有高氮和高离子浓度）的工程适用性仍有待验证，正如使用富氮斜发沸石或其他再生氮溶液作肥料的情况一样。

在小试试验中，使用斜发沸石处理人类尿液时，可获得 18%的磷去除率（由于吸附作用）和 15%～60%的氮去除率（由于离子交换作用），说明该技术目前还不能作为独立的养分回收技术用于沼液处理，可作为沼液处理的中间步骤。一些研究将沸石吸附和鸟粪石沉淀技术进行组合，以获得高氮、高磷含量的缓释肥料。在小试试验中，该组合工艺获得了 100%磷和 83%氮回收，并在温室条件下验证了所得产品的肥料潜力。NH_4^+离子交换技术可以与氨吹脱组合，沸石也可用于膜过滤出水的进一步处理。

沸石用于沼液处理的一个重要挑战是吸附床的污染，以及多次回收/再生循环后如何维持床层容量。吸附操作性能、工艺优化和回收/再生方法的研究大多数只进行了小试试验。因此，需要进一步进行中试，研究工艺的效率。

对于浓缩液（2000mg 固体/L），通常使用红泥、金属氧化物/氢氧化物和锆吸附剂回收磷。浓缩液中的磷可以选择性吸附到固相并直接用作肥料或土壤改良剂，被吸收磷也可以从固体吸收剂中解析或者沉淀出来生产高纯度肥料。

吸附技术的成本取决于吸附材料的可获得性、材料运输成本、填料柱所需的预处理（NH_4^+或 P 选择性）、回收/再生方法及所需的再生频率。迄今为止，使用沸石或其他吸附剂回收沼液养分的成本效益还未见分析报道（Vaneeckhaute et al.，2017）。

9.4.7　几种养分回收技术的投资及运行费用比较

生产规模沼液养分回收系统主要采用干燥、氨吹脱和膜过滤等技术。Bolzonella 等（2018）对比分析了干燥、膜过滤和氨吹脱-稀硫酸吸收系统的技术经济性，而 Brienza 等（2021）则分析了氨汽提-石膏吸收系统的技术经济性。几种系统技术经济比较如表 9-21 所示。

表 9-21　几种养分回收技术的投资及运行费用比较

养分回收系统	处理规模/(m^3/d)	投资/欧元	折旧费/(欧元/m^3 沼液)	能耗费/(欧元/m^3 沼液)	化学药剂费/(欧元/m^3 沼液)	人工费/(欧元/m^3 沼液)	总运行成本/(欧元/m^3)	备注	参考文献
干燥	30	300000	2.74	1.00	1.00	1.30	6.04	发电余热只能处理 20%～50%的沼渣沼液	（Bolzonella et al.，2018）
膜过滤	100	1000000	2.74	1.85	0.33	2.05	6.97	产生 43%～46%清水	（Bolzonella et al.，2018）
氨吹脱-稀硫酸吸收	100	750000	1.58	1.06	1.50	1.30	5.44		（Bolzonella et al.，2018）
氨汽提-石膏吸收	222	1850000	3.20	1.30	0.23	1.10	5.80		（Brienza et al.，2021）

几种系统简单介绍如下。

1）干燥系统

沼渣沼液通过固液分离产生沼渣和沼液，将沼渣与部分沼液混合，获得 TS 含量达到 10%～12%的沼渣沼液混合物，混合物通过螺旋输送机分布在不锈钢干燥带上，干燥带长 18m，由带孔的滚动单层构成，温度 70～80℃的热风通过空隙吹过沼渣沼液混合物（自下而上流动）。热风通过热交换器回收发电机烟气热量而产生。干燥产生富含氨的气相，通过酸性洗涤器中硫酸回收，产生硫酸铵（Bolzonella et al.，2018）。

2）膜过滤系统

首先通过螺旋挤压固液分离机将沼渣沼液分离为沼渣和沼液，向沼液中加入高分子絮凝剂，再用卧式螺旋离心机去除颗粒物质，分离液用板式超滤单元处理。超滤单元过滤液再采用反渗透（RO）单元处理。该系统能够回收处理液中 70%～80%的水（大约相当于初始沼渣沼液质量的 50%），采用序批式方式运行，每个循环处理 14m^3 沼渣沼液，最大处理能力为 100m^3/d（Bolzonella et al.，2018）。

3）氨吹脱-稀硫酸吸收系统

沼渣沼液经过螺旋挤压固液分离机分离成沼渣与沼液。沼液再经过斜板沉淀池去除悬浮物。去除悬浮物后的沼液用 $Ca(OH)_2$ 碱化，使其 pH 大于 9，然后进入吹脱塔，与 60～

70℃的热空气（从下往上）逆流接触。热空气通过发电机组冷却系统热交换产生。在吹脱塔中，由于 pH 和温度的共同作用，氨离开液相进入气相。最后，气相从下往上进入吸收塔，与硫酸反应生成硫酸铵。剩余液相的含氮量较低，大致与原沼液中的含磷量、含钾量相同（Bolzonella et al.，2018）。

4）氨汽提-石膏吸收系统

在汽提塔中，沼渣沼液被加热到 90℃，该过程不需要任何外部热源，完全依靠三台热电联产发电机产生的余热。先将沼液压力调至 10～30kPa，然后依次调至 40～80kPa。CO_2 和 NH_3 从沼液中逸出。CO_2 的逸出可以提升沼液 pH，促进 NH_3 挥发。气相冷却后，采用烟气脱硫厂石膏吸收 CO_2 和 NH_3，形成含有硫酸铵和石灰产物的肥料悬浮液。硫酸铵和石灰产物随后通过压滤机分离。贫氮沼液（汽提塔排出物）再循环回沼气发酵系统以稀释富氮原料（Brienza et al.，2021）。

折旧按照 10 年，电费按照 0.1 欧元/(kW·h)计算，几种回收系统的总运行成本为 5.44～6.97 欧元/m^3 沼液（表 9-21），在以往报道的运行成本范围内（4.50～8.60 欧元/m^3 沼液）（Vaneeckhaute et al.，2017）。氨汽提-石膏吸收系统的单位投资最高，但是化学药剂费最低；氨吹脱-稀硫酸吸收系统投资最低，但是化学药剂费最高。膜过滤系统的能耗最高，并且没有计算膜更换费用，如果加上膜更换费用，运行成本还会更高。其他几个系统的能耗接近。在氨汽提-石膏吸收系统，电耗 9.31kW·h/m^3，其中汽提 7.5kW·h/m^3、氨吸收 0.81kW·h/m^3，压滤机 0.5kW·h/m^3、螺旋挤压机 0.5kW·h/m^3；热耗 139kW·h/m^3，全部用于氨汽提（Brienza et al.，2021）。

9.4.8　养分回收产品的市场前景

根据其肥料组成，从沼液中回收的养分产品可分为 N/P 沉淀、K/P 沉淀或 P 沉淀、N/S 溶液、N/K 浓缩液、N 沸石等。目前供应量最大、最具农业增产潜力的两种回收产品是化学沉淀产生的鸟粪石和氨吹脱产生的硫酸铵（AmS）。这些产品主要是 N/P 沉淀和 N/S 溶液。如果膜过滤能够技术经济可行，N/K 浓缩液将来也可能成为一种重要的回收肥料。影响回收产品商业化的重要因素是产品纯度，产品中可能存在有机物、金属或其他污染物。就污染杂质而言，通过吹脱回收氨最能保证产品纯度，因为回收 N/S 溶液的纯度仅取决于所用硫酸的质量（Vaneeckhaute et al.，2017）。

在全球氮肥总量中，硫酸铵仅占 4%，主要是因为，相对尿素含氮量（45%），硫酸铵的含氮量（21%）较低。最近世界范围内硫酸铵的供应有所增加，部分原因是（废）硫酸和 NH_3 直接反应结晶生产硫酸铵。由于化肥需求增加，特别是对 S 营养需求的增加，市场迅速消化了额外增加的硫酸铵。对 S 营养需求的增加与世界范围内空气质量改善有关，空气质量改善减少了 S 在农田的沉积。根据联合国的统计，超过 75 个国家都存在 S 缺乏的问题。使用含硫酸盐的新型（回收）肥料可以有效补充 S 营养。目前从沼液中回收的硫酸铵还不足以满足市场需求，供需关系不平衡自然导致硫酸铵价格的上涨。硫酸铵的价格取决于产品类型和质量，最大价格差异与肥料颗粒大小有关，其中颗粒硫酸铵（2～3mm）的价格是粉状硫酸铵（＜1mm）价格的 3 倍，价格差异驱动了颗粒硫酸铵的生产。吹脱吸收生产的硫酸铵通常作为液体肥料在市场上销售。从沼液中回收氨生产颗粒状硫酸铵，其技术和经济性还需要进一步研究（Vaneeckhaute et al.，2017）。

作为传统肥料的有效替代品，鸟粪石类控释和缓释肥料的需求将继续增长，因为它们具有环保、节约资源、省力（减少了施用频率）的特点。相对于传统肥料，这些产品的价格较高，主要局限在观赏植物、园艺和草坪中应用。随着这些产品大规模生产，其成本将继续下降，对大面积作物（如玉米、小麦和土豆）也将更有吸引力。

在整个养分循环过程中，80%以上的氮和 5%～25%磷最终被排放到环境中，制备这些肥料需要消耗大量能量，导致温室气体排放。因此，如果沼液中回收的硫酸铵、鸟粪石的价格能与化肥竞争，并且对作物生产和土壤质量没有危害，这些回收产品可以而且应该满足未来肥料市场的需求，实现以更少污染生产更多粮食的目标（Vaneeckhaute et al.，2017）。

通过及时、长期的田间试验评估回收产品的环境影响，对开发回收产品的市场非常重要，但是目前还鲜见报道。一些研究人员研究鸟粪石肥料、硫酸铵肥料特性，并通过温室和田间试验评估回收产品作为生态友好型肥料的可行性。然而，对沼液回收产品研究结果大多数基于温室栽培试验，缺乏长期的田间试验。此外，为降低成本，这些田间试验侧重于作物产量和磷吸收，没有研究养分和重金属的迁移转化特性。为在农业领域广泛使用回收产品，应将回收产品的使用纳入环境和肥料立法，除研究产品的农艺潜力外，还应进行更深入的田间试验，重点关注这些产品的环境影响，同时还应该建立最佳施用方法。通过这些措施，评估回收产品区别于传统化学肥料的价值，体现出回收产品的环境和经济效益。

参考文献

曹杰，曲浩丽，王鹏军，等，2017. 生物强化技术在车库式干发酵中的应用效果中试. 中国沼气，35（5）：15-19.

曹秀芹，张达飞，盛迎雪，等，2017. 猪粪干式厌氧消化系统氨氮变化规律及影响. 科学技术与工程，17（32）：181-186.

常鹏，张英，李彦明，等，2010. 沼渣人工基质对番茄幼苗生长的影响. 北方园艺（15）：134-137.

陈闯，2012. 猪粪厌氧半干发酵产沼气试验研究. 成都：成都信息工程学院.

陈广银，郑正，邹星星，等，2009. 稻草与猪粪混合厌氧消化特性研究. 农业环境科学学报，28（1）：185-188.

陈润璐，2021. 秸秆-牛粪混合原料厌氧干发酵关键工艺研究. 石家庄：河北科技大学.

陈文旭，李国学，马若男，等，2021. Fe_2O_3对鸡粪堆肥过程中含硫臭气排放的影响. 农业环境科学学报，40（11）：2465-2471.

陈瑶，李小明，曾光明，等，2006. 污水磷回收中磷酸盐沉淀法的影响因素及应用. 工业水处理，26（7）：10-14.

程鹏，2008. 北京地区典型奶牛场污染物排泄系数的测算. 北京：中国农业科学院.

楚莉莉，李铁冰，冯永忠，等，2011. 猪粪麦秆不同比例混合厌氧发酵特性试验. 农业机械学报，42（4）：100-104.

崔少峰，李坤，刘荣厚，等，2020. 沸石对鸡粪沼气发酵特性的影响. 太阳能学报，41（6）：120-127.

崔彦如，赵叶明，解娇，等，2015. 基于沼渣的育苗基质配方对水稻生理指标的影响. 山西农经（9）：52-54.

董红敏，2019. 畜禽养殖业粪便污染监测核算方法与产排污系数手册. 北京：科学出版社.

董仁杰，伯恩哈特·蓝宁阁，2000. 沼气工程与技术：4 卷.北京：中国农业大学出版社.

冯磊，李润东，2011. 牛粪单级干发酵产气中试研究. 农业环境科学学报，30（11）：2374-2378.

冯磊，Bernhard R，李润东，等，2009. 有机垃圾单级高固体厌氧消化的中试实验. 环境科学学报，29（3）：584-588.

傅国志，郭文阳，马宗虎，等，2020. 秸秆与猪粪混合高固厌氧消化产气性能及关键微生物分析. 化工进展，39（8）：3386-3394.

高建程，于金莲，石登荣，等，2008. 不同预堆期对牛粪堆肥进程的影响研究. 农业环境科学学报，27（3）：1214-1218.

葛勉慎，周海宾，沈玉君，等，2019. 添加剂对牛粪堆肥不同阶段真菌群落演替的影响. 中国环境科学，39（12）：5173-5181.

葛振，魏源送，刘建伟，等，2014. 沼渣特性及其资源化利用探究. 中国沼气，32（3）：74-82.

郭燕锋，李东，孙永明，等，2011. 梧州市生活垃圾高固体厌氧发酵产甲烷. 中国环境科学，31（3）：412-416.

韩立宏，刘会友，2014. 牛粪干法厌氧发酵及其综合利用模式探讨. 第九届中国牛业发展大会论文集，236-240.

韩梦龙，朱继英，张国康，2014. 接种物种类对玉米秸秆沼气干发酵过程的影响. 环境科学学报，34（10）：2586-2591.

韩相龙，吴薇，赵鹏博，等，2019. 不同碳氮比对烟梗与牛粪堆肥过程的影响. 江苏农业科学，47（16）：303-307.
贺初勤，2016. 不同牛粪营养成分与脱水方法研究. 湖南畜牧兽医（3）：33-34.
贺清尧，石明菲，冯椋，等，2021. 基于膜蒸馏的沼液资源化处理研究进展. 农业工程学报，37（8）：259-268.
怀宝东，隋文志，赵晓锋，等，2020. 北方寒区农业废弃物和复合菌剂与牛粪混合堆肥的无害化处理效果. 黑龙江八一农垦大学学报，32（4）：1-7.
黄国锋，吴启堂，孟庆强，等，2002. 猪粪堆肥化处理的物质变化及腐熟度评价. 华南农业大学学报（自然科学版），23（3）：1-4.
蒋家霞，林昌华，韩定角，等，2020. 规模猪场猪粪、沼液及有机肥的成分分析. 畜牧业环境（6）：8，24.
蒋建国，王岩，隋继超，等，2007. 厨余垃圾高固体厌氧消化处理中氨氮浓度变化及其影响. 中国环境科学，27（6）：721-726.
金书秦，唐佳丽，杨小明，等，2021. 欧盟有机肥产品标准、管理机制及其启示. 中国生态农业学报（中英文），29（7）：1236-1242.
靳光，薛艳蓉，淡江华，等，2021. 牛粪中添加玉米秸秆对堆肥发酵的影响. 现代畜牧兽医（7）：15-18.
李奥，刘丽丽，张克强，等，2019. 原料比例与接种量对猪粪秸秆厌氧干发酵产气率及微生物群落的影响. 中国沼气，37（6）：3-10.
李超，卢向阳，田云，等，2012. 城市有机垃圾车库式干发酵技术. 可再生能源，30（1）：113-119.
李丹妮，张克强，梁军锋，等，2019. 三种添加剂对猪粪厌氧干发酵的影响. 农业环境科学学报，38（8）：1777-1785.
李丹妮，高文萱，张克强，等，2021a. 分层接种对猪粪厌氧干发酵产气性能及微生物群落结构的影响. 农业工程学报，37（1）：251-258.
李丹妮，张克强，孔德望，等，2021b. 非混合接种对猪粪厌氧干发酵产气特性的影响. 环境工程学报，15（1）：279-288.
李东，李连华，马隆龙，等，2008. 华南地区稻草的厌氧干发酵制取沼气研究. 太阳能学报，29（6）：756-760.
李金平，龚纾源，轩坤阳，等，2020. 农牧废弃物恒温干/湿厌氧发酵过程研究. 中国农机化学报，41（8）：156-162.
李靖，2021. 基于干清牛粪的半干式厌氧发酵工艺及装备研究. 长春：吉林农业大学.
李靖，李学尧，2012. 接种比例对餐厨垃圾高固体浓度厌氧发酵的影响. 环境科学与管理，37（11）：131-135.
李娜，李国文，黎佳茜，等，2017. 接种量对农村混合垃圾干发酵的影响. 2017 中国环境科学学会科学与技术年会论文集（第二卷）.
李书田，刘荣乐，陕红，2009. 我国主要畜禽粪便养分含量及变化分析. 农业环境科学学报，28（1）：179-184.
李廷亮，王宇峰，王嘉豪，等，2020. 我国主要粮食作物秸秆还田养分资源量及其对小麦化肥减施的启示. 中国农业科学，53（23）：4835-4854.
李旭，冯磊，甄箫斐，等，2021. 基于 CSTR 反应器鸡粪秸秆共消化产甲烷特性及菌群变化研究. 环境科学学报，41（8）：3312-3323.
李烨，谢立波，姚建刚，等，2012. 沼渣与基质配比对茄子幼苗的影响. 北方园艺（3）：28-30.
梁越敢，郑正，汪龙眠，等，2011. 干发酵对稻草结构及产沼气的影响. 中国环境科学，31（3）：417-422.
林旭，刘彩虹，刘乾亮，等，2022. 膜蒸馏技术处理工业废水研究进展. 中国给水排水，38（10）：46-55.

刘明生，甘辉群，黄江兵，等，2013. 烘干鸡粪的营养成分及其对鸡的饲喂效果研究. 湖南农业科学（23）：117-119.
刘伟，陆佳，王欣，等，2019. 沼液中氮磷回收技术研究进展. 黑龙江科学，10（10）：22-25.
刘文杰，沈玉君，孟海波，等，2020. 牛粪好氧发酵挥发性物质排放特征及恶臭物质分析. 农业工程学报，36（22）：222-230.
刘晓风，廖银章，刘克鑫，1995. 城市有机垃圾厌氧干发酵研究. 太阳能学报，16（2）：170-173.
刘杨，闫志英，姬高升，等，2018. 水稻秸秆序批式干发酵产沼气中试及其动力学研究. 农业工程学报，34（23）：221-226.
吕丹丹，席北斗，李秀金，等，2012. 不同混合比牛粪玉米秸中温干发酵产沼性能. 环境工程学报，6（6）：2055-2060.
吕建强，王连，2011. 机械式沼液沼渣出料车的研发. 农机化研究，33（3）：223-226.
吕凯，石英尧，高振魁，2001. 猪粪的成分及其利用的研究. 安徽农业科学，29（3）：373-374，389.
吕绪东，王纯，2003. 烘干鸡粪营养成分的分析. 黑龙江八一农垦大学学报，15（2）：36-37.
倪晓棠，魏源送，王亚炜，等，2016. 污水处理中鸟粪石法磷回收技术研究进展. 环境保护科学，42(6)：43-48.
齐利格娃，2019. 机械搅拌对猪粪与稻草联合厌氧干发酵性能的影响. 北京：中国农业科学院.
齐利格娃，高文萱，杜连柱，等，2018. 粪草比对猪粪与稻草干发酵产沼气及古菌群落的影响. 农业工程学报，34（23）：232-238.
钱锋，宋永会，向连城，等，2014. MAP 晶体捕集反应器回收猪场厌氧消化液中磷的研究. 环境科学学报，34（12）：2991-2997.
钱永清，许大新，孙智锋，等，1994. 鸡粪的营养成分分析. 上海农业学报，10（S1）：37-40.
仇植，许立峰，王进，等，2020. 添加微量元素对褐铁矿强化的秸秆牛粪厌氧干发酵过程的影响. 合肥工业大学学报（自然科学版），43（2）：259-263，288.
全国沼气标准化技术委员会，2012. 秸秆沼气工程工艺设计规范（NY/T 2142—2012）. 北京：中国农业出版社.
冉文娟，袁海荣，张良，等，2022. 沼液回流对牛粪和玉米秸中高温联合厌氧消化性能影响研究. 可再生能源，40（6）：737-742.
盛迎雪，曹秀芹，张达飞，等，2016. 猪粪干式厌氧消化中试试验研究. 中国沼气，34（5）：41-46.
盛迎雪，曹秀芹，张达飞，等，2017. 猪粪干式厌氧消化系统稳定性及其耐氨氮机制分析. 中国沼气，35（3）：39-43.
施振华，王星，刘晓兰，2018. 干式厌氧消化工艺的比较分析. 中国战略新兴产业，172（40）：112-113.
宋成军，田宜水，罗娟，等，2015. 厌氧发酵固体剩余物建植高羊茅草皮的生态特征. 农业工程学报，31（17）：254-260.
宋佳楠，于佳滢，冯磊，等，2022. 鸡粪和玉米秸秆混合干发酵特性及微生物多样性研究. 可再生能源，40（3）：292-298.
宋香育，张克强，房芳，等，2017. 工艺措施对猪粪秸秆混合厌氧干发酵产气性能的影响. 农业工程学报，33（11）：233-239.
宋修超，郭德杰，成卫民，等，2021. 工厂化条件下外源添加剂对猪粪堆肥过程中 NH_3 和 H_2S 的减排效果. 农业环境科学学报，40（9）：2014-2020.
苏鹏伟，罗瑾，狄亚鹏，等，2021. 牛粪堆肥中细菌群落结构变化及与理化因子的相关性. 山西农业科学，49（11）：1317-1323.
苏廷，2017. 白桦育苗基质筛选研究. 河北林业科技（3）：6-7.
孙子滟，李剑，王祯欣，等，2019. 利用车库式干发酵技术处理易腐垃圾现状分析及发展潜力. 中国沼气，37（5）：46-50.
田萌萌，李欣谕，时晓旭，等，2014. 秸秆厌氧干发酵产沼气的微量元素筛选. 农业科技与装备，236（2）：39-40，43.
田宜水，孟海波，孙丽英，等，2010. 秸秆能源化技术与工程. 北京：人民邮电出版社.
王晨，王振旗，张敏，等，2022. 稻秸干式厌氧发酵气-肥联产潜力研究. 生态与农村环境学报，38（2）：266-272.
王立闯，郝娇，李延吉，等，2021. 玉米秸秆对鸡粪厌氧发酵过程及酶活性的影响规律研究. 可再生能源，39（11）：1441-1446.
王世伟，马放，麻微微，等，2019. 中低温条件下牛粪秸秆混合沼气发酵的研究. 环境保护科学，45（5）：20-24.
王文林，刘菊莲，孙洁，等，2021. 应用不同槽式系统的鸡粪好氧发酵实验效果对比. 绿色科技，23（23）：184-187.
王文鑫，丁为民，熊佳定，等，2021. 微量元素 Fe^{2+}、Co^{2+}、Ni^{2+}对麦秸与鸡粪混合厌氧发酵的影响. 太阳能学报，42（6）：462-468.
王晓明，2013. 鸡粪常规营养成分分析及其开发利用. 湖北农业科学，52（21）：5314-5316.
王晓玉，薛帅，谢光辉，2012. 大田作物秸秆量评估中秸秆系数取值研究. 中国农业大学学报，17（1）：1-8.
王星，李强，周正，等，2017. 蒸汽爆破/氧化钙联合预处理对水稻秸秆厌氧干发酵影响研究. 农业环境科学学报，36（2）：394-400.
王秀红，史向远，张纪涛，等，2021. 鸡粪好氧堆肥腐熟度、重金属残留及微生物菌群分析. 山西农业科学，49（9）：1094-1099.
王秀娟，2006. 基于沼渣的无土栽培有机基质特性的研究. 武汉：华中农业大学.
王宇轩，罗锋，谢海迎，等，2019. 餐厨垃圾干发酵滚动式质热交换反应器设计与性能试验. 农业工程学报，5（7）：210-216.
王振旗，张敏，沈根祥，等，2021. 不同黄贮预处理对水稻秸秆干法厌氧发酵特性的影响. 农业环境科学学报，40（4）：894-901.
吴爱兵，曹杰，朱德文，等，2015. 麦秸与牛粪混合堆沤预处理厌氧干发酵产沼气中试试验. 农业工程学报，31（22）：256-260.
吴带旺，2010. 沼液沼渣在柑橘生产中的应用技术. 福建农业科技（2）：58-59.
吴梦婷，梅娟，苏良湖，等，2020. 硫酸亚铁和过磷酸钙对牛粪秸秆混合堆肥氮损失和腐殖化的影响. 生态与农村环境学报，36（10）：1353-1361.
吴亚泽，师朝霞，张明娇，2009. 沼渣、沼液在果树上的应用. 农业工程技术：新能源产业（7）：38-39.
伍梦起，秦文婧，陈晓芬，等，2022. 猪粪沼渣用作育苗基质的效果研究. 中国土壤与肥料（3）：119-125.
夏挺，陆居浩，李森，等，2017. 畜禽粪便固态厌氧发酵产酸产气特性研究. 江苏农业科学，45（1）：240-243.
徐则，邓良伟，王伸，等，2017. 猪粪干发酵出料流动性的研究. 中国沼气，35（4）：3-9.
杨红男，邓良伟，2016. 不同温度和有机负荷下猪场粪污沼气发酵产气性能. 中国沼气，34（3）：36-43.
杨乐，许国芹，王昌梅，等，2022. 玉米废醪与猪粪混合厌氧消化试验研究. 云南师范大学学报（自然科学版），42（3）：1-6.
易丹丹，2018. 沼渣混配基质在蔬菜无土栽培中的应用. 南京：南京农业大学.
于海龙，吕贝贝，李开盛，等，2012. 利用沼渣栽培金针菇. 食用菌学报，19（4）：41-43.
于佳动，赵立欣，冯晶，等，2018. 喷淋次数和接种量对序批式秸秆牛粪混合干发酵产气性能的影响. 农业工程学报，34（21）：228-233.

于佳动，赵立欣，冯晶，等，2019. 序批式秸秆牛粪混合厌氧干发酵过程物料理化及渗滤特性. 农业工程学报，35（20）：228-234.

曾静，尹芳，张无敌，等，2021. 添加蛭石对奶牛粪厌氧干发酵的影响. 中国沼气，39（4）：33-38.

曾悦，洪华生，曹文志，等，2004. 畜禽养殖废弃物资源化的经济可行性分析. 厦门大学学报（自然版），43（S1）：195-200.

张陈，闫红心，纪栋，等，2021a. 产纤维素酶菌系的添加对厌氧干发酵产沼气的影响. 中国农学通报，37（17）：144-150.

张陈，Camara Z，苏有勇，2021b. 木聚糖酶对牛粪厌氧干发酵产沼气的影响. 安徽农业科学，49（20）：217-219.

张陆，曹玉博，王惟帅，等，2022. 鸡粪添加对蔬菜废弃物堆肥腐殖化过程的影响. 中国生态农业学报（中英文），30（2）：258-267.

张鹏，彭莉，张向和，2014. 重庆市城市生活垃圾成分及物理特性分析研究. 环境科学与管理，39（2）：14-17.

张相锋，王洪涛，聂永丰，等，2002. 猪粪和锯末联合堆肥的中试研究. 农村生态环境，18（4）：19-22.

张媛，2020. 沼渣生物有机肥与沼渣生物基质研制. 南京：南京农业大学.

张振，2020. 石林雪兰牧场奶牛粪厌氧干发酵工艺研究. 昆明：云南师范大学.

张振，谢明阳，尹芳，等，2019. 石竹梅与猪粪混合半干发酵产沼气试验研究. 中国沼气，37（6）：31-36.

赵丽，周林爱，邱江平，2005. 沼渣基质理化性质及对无公害蔬菜营养成分的影响. 浙江农业科学，46（2）：103-105.

赵龙彬，2016. 沼渣堆肥参数优化及堆肥利用研究. 哈尔滨：哈尔滨工业大学.

赵旭，王文丽，李娟，2020. 玉米秸秆调节牛粪含水率对其腐熟进程及氨气释放量的影响. 生态科学，39（5）：179-186.

赵振振，张红亮，殷俊，等，2021. 对我国城市生活垃圾分类的分析及思考. 资源节约与环保（8）：128-131.

郑盼，尹芳，张无敌，等，2018. 添加活性炭的猪粪厌氧干发酵研究. 中国沼气，36（1）：54-57.

郑盼，尹芳，张无敌，等，2019a. 不同外源添加剂对猪粪厌氧干发酵的影响. 中国沼气，37（3）：35-40.

郑盼，尹芳，张无敌，等，2019b. 猪粪厌氧干湿发酵产气效率对比. 中国沼气，37（4）：30-34.

中国农业大学，上海市农业广播电视学校，华南农业大学，1997. 家畜粪便学. 上海：上海交通大学出版社.

祝其丽，汤晓玉，王文国，等，2013. 不同种牛粪干发酵产气特性比较试验研究. 环境污染与防治，35（3）：57-60，65.

祝延立，郗登宝，那伟，等，2016. 不同基质配方对青椒幼苗生长的影响. 农业科技通讯（5）：131-132.

Abbassi-Guendouz A，Brockmann D，Trably E，et al，2012. Total solids content drives high solid anaerobic digestion via mass transfer limitation. Bioresource Technology，111：55-61.

Abdelsalam E M，Samer M，Amer M A，et al，2021. Biogas production using dry fermentation technology through co-digestion of manure and agricultural wastes. Environment，Development and Sustainability，23（6）：8746-8757.

Abouelenien F，Kitamura Y，Nishio N，et al，2009a. Dry anaerobic ammonia-methane production from chicken manure. Applied Microbiology and Biotechnology，82（4）：757-764.

Abouelenien F，Nakashimada Y，Nishio N，2009b. Dry mesophilic fermentation of chicken manure for production of methane by repeated batch culture. Journal of Bioscience and Bioengineering，107（3）：293-295.

Abouelenien F，Fujiwara W，Namba Y，et al，2010. Improved methane fermentation of chicken manure via ammonia removal by biogas recycle. Bioresource Technology，101（16）：6368-6373.

Abouelenien F，Namba Y，Nishio N，et al，2016. Dry co-digestion of poultry manure with agriculture wastes. Applied Biochemistry and Biotechnology，178（5）：932-946.

Ahring B K，Sandberg M，Angelidaki I，1995. Volatile fatty acids as indicators of process imbalance in anaerobic digestors. Applied Microbiology and Biotechnology，43（3）：559-565.

André L，Durante M，Pauss A，et al，2015. Quantifying physical structure changes and non-uniform water flow in cattle manure during dry anaerobic digestion process at lab scale：implication for biogas production. Bioresource Technology，192：660-669.

André L，Pauss A，Ribeiro T，2018. Solid anaerobic digestion：state-of-art，scientific and technological hurdles. Bioresource Technology，247：1027-1037.

André L，Zdanevitch I，Pineau C，et al，2019. Dry anaerobic co-digestion of roadside grass and cattle manure at a 60L batch pilot scale. Bioresource Technology，289：121737.

Barakat A，de Vries H，Rouau X，2013. Dry fractionation process as an important step in current and future lignocellulose biorefineries：a review. Bioresource Technology，134：362-373.

Barampouti E M，Mai S，Malamis D，et al，2020. Exploring technological alternatives of nutrient recovery from digestate as a secondary resource. Renewable & Sustainable Energy Reviews，134：110379.

Benbelkacem H，Bollon J，Bayard R，et al，2015. Towards optimization of the total solid content in high-solid (dry) municipal solid waste digestion. Chemical Engineering Journal，273：261-267.

Bi S J，Westerholm M，Qiao W，et al，2020. Metabolic performance of anaerobic digestion of chicken manure under wet，high solid，and dry conditions. Bioresource Technology，296：122342.

Bollon J，Benbelkacem H，Gourdon R，et al，2013. Measurement of diffusion coefficients in dry anaerobic digestion media. Chemical Engineering Science，89：115-119.

Bollon J，Le-Hyaric R，Benbelkacem H，et al，2011. Development of a kinetic model for anaerobic dry digestion processes：focus on acetate degradation and moisture content. Biochemical，Engineering Journal，56（3）：212-218.

Bolzonella D，Innocenti L，Pavan P，et al，2003. Semi-dry thermophilic anaerobic digestion of the organic fraction of municipal solid waste：focusing on the start-up phase. Bioresource Technology，86（2）：123-129.

Bolzonella D，Pavan P，Mace S，et al，2006. Dry anaerobic digestion of differently sorted organic municipal solid waste：a full-scale experience. Water Science and Technology，53（8）：23-32.

Bolzonella D，Fatone F，Gottardo M，et al，2018. Nutrients recovery from anaerobic digestate of agro-waste：techno-economic assessment of full scale applications. Journal of Environmental Management，216：111-119.

Bona D，Beggio G，Weil T，et al，2020. Effects of woody biochar on dry thermophilic anaerobic digestion of organic fraction of municipal solid waste. Journal of Environmental Management，267：110633.

Brienza C，Sigurnjak I，Meier T，et al，2021. Techno-economic assessment at full scale of a biogas refinery plant receiving nitrogen rich feedstock and producing renewable energy and biobased fertilisers. Journal of Cleaner Production，308：127408.

Brown D，Shi J，Li Y B，2012. Comparison of solid-state to liquid anaerobic digestion of lignocellulosic feedstocks for biogas production. Bioresource Technology，124：379-386.

Bryant M P. 1979. Microbial methane production-theoretical aspects. Journal of Animal Science，48（11）：193-201.

Bujoczek G，Oleszkiewicz J，Sparling R，et al，2000. High solid anaerobic digestion of chicken manure.

Journal of Agricultural Engineering Research，76（1）：51-60.

Cai Y F，Zheng Z H，Zhao Y B，et al，2018. Effects of molybdenum，selenium and manganese supplementation on the performance of anaerobic digestion and the characteristics of bacterial community in acidogenic stage. Bioresource Technology，266：166-175.

Calli B，Mertoglu B，Inanc B，et al，2005. Effects of high free ammonia concentrations on the performances of anaerobic bioreactors. Process Biochemistry，40（3-4）：1285-1292.

Capson-Tojo G，Trably E，Rouez M，et al，2017. Dry anaerobic digestion of food waste and cardboard at different substrate loads，solid contents and co-digestion proportions. Bioresource Technology，233：166-175.

Cesaro A，Belgiorno V，2014. Pretreatment methods to improve anaerobic biodegradability of organic municipal solid waste fractions. Chemical Engineering Journal，240：24-37.

Chan G Y S，Chu L M，Wong M H，2002. Effects of leachate recirculation on biogas production from landfill co-disposal of municipal solid waste，sewage sludge and marine sediment. Environmental Pollution，118（3）：393-399.

Chen C，Zheng D，Liu G J，et al，2015. Continuous dry fermentation of swine manure for biogas production. Waste Management，38：436-442.

Chen R L，Li Z X，Feng J，et al，2020. Effects of digestate recirculation ratios on biogas production and methane yield of continuous dry anaerobic digestion. Bioresource Technology，316：123963.

Chen Y，Cheng J J，Creamer K S，2008. Inhibition of anaerobic digestion process：a review. Bioresource Technology，99（10）：4044-4064.

Chiumenti A，da Borso F，Limina S，2018. Dry anaerobic digestion of cow manure and agricultural products in a full-scale plant：efficiency and comparison with wet fermentation. Waste Management，71：704-710.

Cho S K，Kim D H，Yun Y M，et al，2013. Statistical optimization of mixture ratio and particle size for dry co-digestion of food waste and manure by response surface methodology. Korean Journal of Chemical Engineering，30（7）：1493-1496.

Dang Y，Sun D Z，Woodard T L，et al，2017. Stimulation of the anaerobic digestion of the dry organic fraction of municipal solid waste (OFMSW) with carbon-based conductive materials. Bioresource Technology，238：30-38.

de Baere L，2000. Anaerobic digestion of solid waste：state-of-the-art. Water Science and Technology，41（3）：283-290.

di Maria F，Sordi A，Micale C，2012. Optimization of solid state anaerobic digestion by inoculum recirculation：the case of an existing mechanical biological treatment plant. Applied Energy，97：462-469.

di Maria F，Barratta M，Bianconi F，et al，2017. Solid anaerobic digestion batch with liquid digestate recirculation and wet anaerobic digestion of organic waste：comparison of system performances and identification of microbial guilds. Waste Management，59：172-180.

El-Mashad H M，van Loon W K P，Zeeman G，et al，2006. Effect of inoculum addition modes and leachate recirculation on anaerobic digestion of solid cattle manure in an accumulation system. Biosystems Engineering，95（2）：245-254.

European Council，2019. Regulation of the european parliament and of the council laying down rules on the making available on the market of EU fertilising products and amending Regulations (EC) No 1069/2009 and (EC) No 1107/2009 and repealing Regulation (EC) No 2003/2003, Off. J. Eur. Union. 2019 (2019) 114. https://eur-lex.europa.eu/legal-content/EN/TXT/PDF/?uri=CELEX:32019 R1009&from=EN.

Fagbohungbe M O，Dodd I C，Herbert B M J，et al，2015. High solid anaerobic digestion：operational challenges and possibilities. Environmental Technology & Innovation，4：268-284.

Farrow C，Crolla A，Kinsley C，et al，2017. Anaerobic digestion of poultry manure：process optimization employing struvite precipitation and novel digestion technologies. Environmental Progress & Sustainable Energy，36（1）：73-82.

Fdéz.-Güelfo L A，Álvarez-Gallego C，Sales Márquez D，et al，2010. Start-up of thermophilic-dry anaerobic digestion of OFMSW using adapted modified SEBAC inoculum. Bioresource Technology，101（23）：9031-9039.

Fdéz.-Güelfo L A，Álvarez-Gallego C，Sales Márquez D，et al，2011. Dry-thermophilic anaerobic digestion of simulated organic fraction of municipal solid waste：process modeling. Bioresource Technology，102（2）：606-611.

Fernández Rodríguez J，Pérez M，Romero L I，2012. Mesophilic anaerobic digestion of the organic fraction of municipal solid waste：optimisation of the semicontinuous process. Chemical Engineering Journal，193-194：10-15.

Fernández-Rodríguez J，Pérez M，Romero L I，2013. Comparison of mesophilic and thermophilic dry anaerobic digestion of OFMSW：kinetic analysis. Chemical Engineering Journal，232：59-64.

Forster-Carneiro T，Pérez M，Romero L I，et al，2007. Dry-thermophilic anaerobic digestion of organic fraction of the municipal solid waste：focusing on the inoculum sources. Bioresource Technology，98（17）：3195-3203.

Fotidis I A，Karakashev D，Angelidaki I，2013. Bioaugmentation with an acetate-oxidising consortium as a tool to tackle ammonia inhibition of anaerobic digestion. Bioresource Technology，146：57-62.

Fotidis I A，Wang H，Fiedel N R，et al，2014. Bioaugmentation as a solution to increase methane production from an ammonia-rich substrate. Environmental Science & Technology，48（13）：7669-7676.

Franca L S，Bassin J P，2020. The role of dry anaerobic digestion in the treatment of the organic fraction of municipal solid waste：a systematic review. Biomass and Bioenergy，143：105866.

Fuchs W，Wang X M，Gabauer W，et al，2018. Tackling ammonia inhibition for efficient biogas production from chicken manure：status and technical trends in Europe and China. Renewable & Sustainable Energy Reviews，97：186-199.

Ge X M，Xu F Q，Li Y B，2016. Solid-state anaerobic digestion of lignocellulosic biomass：recent progress and perspectives. Bioresouce Technology，205：239-249.

Gu Y，Chen X H，Liu Z G，et al，2014. Effect of inoculum sources on the anaerobic digestion of rice straw. Bioresource Technology，158：149-155.

Hagos K，Zong J P，Li D X，et al，2017. Anaerobic co-digestion process for biogas production：progress，challenges and perspectives. Renewable & Sustainable Energy Reviews，76：1485-1496.

Hansen K H，Angelidaki I，Ahring B K，1998. Anaerobic digestion of swine manure：inhibition by ammonia. Water Research，32（1）：5-12.

Hartmann H，Ahring B K，2006. Strategies for the anaerobic digestion of the organic fraction of municipal solid waste：an overview. Water Science and Technology，53（8）：7-22.

Hashimoto A G，1989. Effect of inoculum/substrate ratio on methane yield and production rate from straw. Biological Wastes，28（4）：247-255.

Hidalgo D，Corona F，Martín-Marroquín J M，et al，2016. Resource recovery from anaerobic digestate：struvite crystallisation versus ammonia stripping. Desalination and Water Treatment，57(6)：2626-2632.

Hou T T，Zhao J M，Lei Z F，et al，2020. Synergistic effects of rice straw and rice bran on enhanced methane production and process stability of anaerobic digestion of food waste. Bioresource Technology，314：

123775.

Hu Y Y，Wu J，Li H Z，et al，2019. Study of an enhanced dry anaerobic digestion of swine manure：performance and microbial community property. Bioresource Technology，282：353-360.

Huang H，He L L，Zhang Z Y，et al，2019. Enhanced biogasification from ammonia-rich swine manure pretreated by ammonia fermentation and air stripping. International Biodeterioration & Biodegradation，140：84-89.

Hupfauf S，Plattner P，Wagner A O，et al，2018. Temperature shapes the microbiota in anaerobic digestion and drives efficiency to a maximum at 45℃. Bioresource Technology，269：309-318.

Jabeen M，Yousaf S，Haider M R，et al，2015. High-solids anaerobic co-digestion of food waste and rice husk at different organic loading rates. International Biodeterioration & Biodegradation，102：149-153.

Jardin N，Thöle D，Wett B，2006. Treatment of sludge return liquors：experiences from the operation of full-scale plants. Proceedings of the Water Environment Federation，2006（7）：5237-5255.

Jha A K，Li J Z，Zhang L G，et al，2013. Comparison between wet and dry anaerobic digestions of cow dung under mesophilic and thermophilic conditions. Advances in Water Resource and Protection（AWRP），1（2）：28-38.

Khanal S K，2009. Anaerobic biotechnology for bioenergy production：principles and applications. New York：John Wiley & Sons，Ltd.

Kim D H，Oh S E，2011. Continuous high-solids anaerobic co-digestion of organic solid wastes under mesophilic conditions. Waste Management，31（9-10）：1943-1948.

Kim M，Speece R E，2002. Reactor configuration-part Ⅱ. Comparative process stability and efficiency of thermophilic anaerobic digestion. Environmental Technology，23（6）：643-654.

Kothari R，Pandey A K，Kumar S，et al，2014. Different aspects of dry anaerobic digestion for bio-energy：an overview. Renewable & Sustainable Energy Reviews，39：174-195.

Kusch S，Oechsner H，Jungbluth T，2012. Effect of various leachate recirculation strategies on batch anaerobic digestion of solid substrates. International Journal of Environment and Waste Management，9（1/2）：69-88.

Kuusik A，Pachel K，Kuusik A，et al，2017. Possible agricultural use of digestate. Proceedings of the Estonian Academy of Sciences，66（1）：64-74.

Lawrence A W，McCarty P L，1969. Kinetics of methane fermentation in anaerobic. Treatment Journal (Water Pollution Control Federation)，41（2）：R1-R17.

Lay J J，Lee Y J，Noike T，1999. Feasibility of biological hydrogen production from organic fraction of municipal solid waste. Water Research，33（11）：2579-2586.

Li K，Liu R H，Sun C，2015. Comparison of anaerobic digestion characteristics and kinetics of four livestock manures with different substrate concentrations. Bioresource Technology，198：133-140.

Li Y B，Zhu J Y，Wan C X，et al，2011. Solid-state anaerobic digestion of corn stover for biogas production. Transactions of the ASABE，54（4）：1415-1421.

Li Y Q，Zhang R H，He Y F，et al，2014. Thermophilic solid-state anaerobic digestion of alkaline-pretreated corn stover. Energy & Fuels，28（6）：3759-3765.

Lin Y Q，Ge X M，Li Y B，2014. Solid-state anaerobic co-digestion of spent mushroom substrate with yard trimmings and wheat straw for biogas production. Bioresource Technology，169：468-474.

Liu C M，Wachemo A C，Tong H，et al，2018. Biogas production and microbial community properties during anaerobic digestion of corn stover at different temperatures. Bioresource Technology，261：93-103.

Ma J Y，Amjad Bashir M，Pan J T，et al，2018. Enhancing performance and stability of anaerobic digestion of chicken manure using thermally modified bentonite. Journal of Cleaner Production，183：11-19.

Magbanua B S，Adams T T，Johnston P，2001. Anaerobic codigestion of hog and poultry waste. Bioresource Technology，76（2）：165-168.

Markou G，2015. Improved anaerobic digestion performance and biogas production from poultry litter after lowering its nitrogen content. Bioresource Technology，196：726-730.

Martin D J，Potts L G A，Heslop V A，2003. Reaction mechanisms in solid-state anaerobic digestion Ⅰ. There action front hypothesis. Process Safety and Environmental Protection，81（3）：171-179.

Matheri A N，Sethunya V L，Belaid M，et al，2018. Analysis of the biogas productivity from dry anaerobic digestion of organic fraction of municipal solid waste. Renewable & Sustainable Energy Reviews，81：2328-2334.

Molaey R，Bayrakdar A，Sürmeli R Ö，et al，2018a. Anaerobic digestion of chicken manure：mitigating process inhibition at high ammonia concentrations by selenium supplementation. Biomass and Bioenergy，108：439-446.

Molaey R，Bayrakdar A，Sürmeli R Ö，et al，2018b. Influence of trace element supplementation on anaerobic digestion of chicken manure：linking process stability to methanogenic population dynamics. Journal of Cleaner Production，181：794-800.

Momayez F，Karimi K，Taherzadeh M J，2019. Energy recovery from industrial crop wastes by dry anaerobic digestion：a review. Industrial Crops and Products，129：673-687.

Motte J C，Escudié R，Bernet N，et al，2013. Dynamic effect of total solid content，low substrate/inoculum ratio and particle size on solid-state anaerobic digestion. Bioresource Technology，144：141-148.

Nakakubo R，Møller H B，Nielsen A M，et al，2008. Ammonia inhibition of methanogenesis and identification of process indicators during anaerobic digestion. Environmental Engineering Science，25（10）：1487-1496.

Nguyen D D，Chang S W，Jeong S Y，et al，2016. Dry thermophilic semi-continuous anaerobic digestion of food waste：performance evaluation，modified Gompertz model analysis，and energy balance. Energy Conversion and Management，128：203-210.

Nguyen D D，Yeop J S，Choi J，et al，2017. A new approach for concurrently improving performance of South Korean food waste valorization and renewable energy recovery via dry anaerobic digestion under mesophilic and thermophilic conditions. Waste Management，66：161-168.

Niu Q G，Qiao W，Qiang H，et al，2013. Mesophilic methane fermentation of chicken manure at a wide range of ammonia concentration：stability，inhibition and recovery. Bioresource Technology，137：358-367.

Nkemka V N，Murto M，2013. Two-stage anaerobic dry digestion of blue mussel and reed. Renewable Energy，50：359-364.

Nzila A，2017. Mini review：update on bioaugmentation in anaerobic processes for biogas production. Anaerobe，46：3-12.

Oremland R S，1988. Biogeochemistry of Methanogenic Bacteria. New York：John Wiley & Sons，Inc.

Ortner M，Leitzinger K，Skupien S，et al，2014. Efficient anaerobic mono-digestion of N-rich slaughterhouse waste：influence of ammonia，temperature and trace elements. Bioresource Technology，174：222-232.

Palakodeti A，Azman S，Rossi B，et al，2021. A critical review of ammonia recovery from anaerobic digestate of organic wastes via stripping. Renewable and Sustainable Energy Reviews，143：110903.

Palmowski L M，Müller J A，2000. Influence of the size reduction of organic waste on their anaerobic digestion. Water Science and Technology，41（3）：155-162.

Pan J T，Ma J Y，Zhai L M，et al，2019. Enhanced methane production and syntrophic connection between microorganisms during semi-continuous anaerobic digestion of chicken manure by adding biochar. Journal of Cleaner Production，240：118178.

Pohl M，Mumme J，Heeg K，et al，2012. Thermo- and mesophilic anaerobic digestion of wheat straw by the upflow anaerobic solid-state (UASS) process. Bioresource Technology，124：321-327.

Poirier S，Madigou C，Bouchez T，et al，2017. Improving anaerobic digestion with support media：mitigation of ammonia inhibition and effect on microbial communities. Bioresource Technology，235：229-239.

Qian M Y，Li R H，Li J，et al，2016. Industrial scale garage-type dry fermentation of municipal solid waste to biogas. Bioresource Technology，217：82-89.

Qian M Y，Zhang Y X，Li R H，et al，2017. Effects of percolate recirculation on dry anaerobic co-digestion of organic fraction of municipal solid waste and corn straw. Energy & Fuels，31（11）：12183-12191.

Quan X J，Ye C Y，Xiong Y Q，et al，2010. Simultaneous removal of ammonia，P and COD from anaerobically digested piggery wastewater using an integrated process of chemical precipitation and air stripping. Journal of Hazardous Materials，178（1-3）：326-332.

Rajagopal R，Bellavance D，Rahaman M S，2017. Psychrophilic anaerobic digestion of semi-dry mixed municipal food waste：for North American context. Process Safety and Environmental Protection，105：101-108.

Rajagopal R，Ghosh D，Ashraf S，et al，2019. Effects of low-temperature dry anaerobic digestion on methane production and pathogen reduction in dairy cow manure. International Journal of Environmental Science and Technology，16（8）：4803-4810.

Rajagopal R，Massé D I，Singh G，2013. A critical review on inhibition of anaerobic digestion process by excess ammonia. Bioresource Technology，143：632-641.

Riya S，Suzuki K，Terada A，et al，2016. Influence of C/N ratio on performance and microbial community structure of dry-thermophilic anaerobic co-digestion of swine manure and rice straw. Journal of Medical and Bioengineering，5（1）：11-14.

Riya S，Suzuki K，Meng L Y，et al，2018. The influence of the total solid content on the stability of dry-thermophilic anaerobic digestion of rice straw and pig manure. Waste Management，76：350-356.

Rizzioli F，Bertasini D，Bolzonella D，et al，2023. A critical review on the techno-economic feasibility of nutrients recovery from anaerobic digestate in the agricultural sector. Separation and Purification Technology，306：122690.

Rocamora I，Wagland S T，Villa R，et al，2020. Dry anaerobic digestion of organic waste：a review of operational parameters and their impact on process performance. Bioresource Technology，299：122681.

Romero-Güiza M S，Vila J，Mata-Alvarez J，et al，2016. The role of additives on anaerobic digestion：a review. Renewable & Sustainable Energy Reviews，58：1486-1499.

Selvaraj P S，Periasamy K，Suganya K，et al，2022. Novel resources recovery from anaerobic digestates：current trends and future perspectives. Critical Reviews in Environmental Science and Technology，52（11）：1915-1999.

Shapovalov Y，Zhadan S，Bochmann G，et al，2020. Dry anaerobic digestion of chicken manure：a review. Applied Sciences，10（21）：7825.

Sheets J P，Ge X M，Li Y B，2015. Effect of limited air exposure and comparative performance between thermophilic and mesophilic solid-state anaerobic digestion of switchgrass. Bioresource Technology，180：296-303.

Singh B，Szamosi Z，Siménfalvi Z，2019. State of the art on mixing in an anaerobic digester：a review. Renewable Energy，141：922-936.

Sürmeli R，Bayrakdar A，Calli B，2017. Removal and recovery of ammonia from chicken manure. Water Science and Technology，75：2811-2817.

Törnwall E，Pettersson H，Thorin E，et al，2017. Post-treatment of biogas digestate-an evaluation of ammonium recovery，energy use and sanitation. International Conference on Applied Energy，142：957-963.

Tyagi V K，Fdéz-Güelfo L A，Zhou Y，et al，2018. Anaerobic co-digestion of organic fraction of municipal solid waste (OFMSW)：progress and challenges. Renewable & Sustainable Energy Reviews，93：380-399.

Valenti F，Zhong Y，Sun M X，et al，2018. Anaerobic co-digestion of multiple agricultural residues to enhance biogas production in southern Italy. Waste Management，78：151-157.

Vaneeckhaute C，Lebuf V，Michels E，et al，2017. Nutrient recovery from digestate：systematic technology review and product classification. Waste and Biomass Valorization，8（1）：21-40.

Walker M，Iyer K，Heaven S，et al，2011. Ammonia removal in anaerobic digestion by biogas stripping：an evaluation of process alternatives using a first order rate model based on experimental findings. Chemical Engineering Journal，178（15）：138-145.

Wang H Y，Mustaffar A，Phan A N，et al，2017. A review of process intensification applied to solids handling. Chemical Engineering and Processing：Process Intensification，118：78-107.

Wang Z Z，Jiang Y，Wang S，et al，2020. Impact of total solids content on anaerobic co-digestion of pig manure and food waste：insights into shifting of the methanogenic pathway. Waste Management，114：96-106.

Ward A J，Hobbs P J，Holliman P J，et al，2008. Optimisation of the anaerobic digestion of agricultural resources. Bioresource Technology，99（17）：7928-7940.

Wei Y F，Yuan H R，Wachemo A C，et al，2020. Impacts of modification of corn stover on the synergistic effect and microbial community structure of co-digestion with chicken manure. Energy & Fuels，34：401-411.

Wei Y F，Li Z P，Ran W J，et al，2021. Performance and microbial community dynamics in anaerobic co-digestion of chicken manure and corn stover with different modification methods and trace element supplementation strategy. Bioresource Technology，325：124713.

Wellinger A，Murphy J P，Baxter D，2013. The Biogas Handbook：Science，Production and Applications. Sawston，Cambridge：Woodhead Publishing.

Wilson L P，Sharvelle S E，de Long S K，2016. Enhanced anaerobic digestion performance via combined solids- and leachate-based hydrolysis reactor inoculation. Bioresource Technology，220：94-103.

Wu H T，Vaneeckhaute C，2022. Nutrient recovery from wastewater：a review on the integrated physicochemical technologies of ammonia stripping，adsorption and struvite precipitation. Chemical Engineering Journal，433：133664.

Xiao Y Q，Yang H N，Yang H，et al，2019. Improved biogas production of dry anaerobic digestion of swine manure. Bioresource Technology，294：122188.

Xiao Y Q，Yang H N，Zheng D，et al，2021. Granular activated carbon alleviates the combined stress of ammonia and adverse temperature conditions during dry anaerobic digestion of swine manure. Renewable Energy，169：451-460.

Xiao Y Q，Yang H N，Zheng D，et al，2022. Alleviation of ammonia inhibition in dry anaerobic digestion of swine manure. Energy，253：124149.

Xu F Q，Shi J，Lv W，et al，2013. Comparison of different liquid anaerobic digestion effluents as inocula and nitrogen sources for solid-state batch anaerobic digestion of corn stover. Waste Management，33（1）：26-32.

Xu F Q，Wang Z W，Tang L，et al，2014. A mass diffusion-based interpretation of the effect of total solids content on solid-state anaerobic digestion of cellulosic biomass. Bioresource Technology，167：178-185.

Xu L F，Peng S C，Dong D S，et al，2019. Performance and microbial community analysis of dry anaerobic co-digestion of rice straw and cow manure with added limonite. Biomass and Bioenergy，126：41-46.

Yang H N，Deng L W，Liu G J，et al，2016. A model for methane production in anaerobic digestion of swine wastewater. Water Research，102：464-474.

Yang L C，Xu F Q，Ge X M，et al，2015. Challenges and strategies for solid-state anaerobic digestion of lignocellulosic biomass. Renewable & Sustainable Energy Reviews，44：824-834.

Zahedi S，Sales D，Romero L I，et al，2013. Optimisation of single-phase dry-thermophilic anaerobic digestion under high organic loading rates of industrial municipal solid waste：population dynamics. Bioresource Technology，146：109-117.

Zamri M，Hasmady S，Akhiar A，et al，2021. A comprehensive review on anaerobic digestion of organic fraction of municipal solid waste. Renewable and Sustainable Energy Reviews，137：110637.

Zeshan，Karthikeyan O P，Visvanathan C，2012. Effect of C/N ratio and ammonia-N accumulation in a pilot-scale thermophilic dry anaerobic digester. Bioresource Technology，113：294-302.

Zhang R H，Zhang Z Q，1999. Biogasification of rice straw with an anaerobic-phased solids digester system. Bioresource Technology，68（13）：235-245.

Zhang Y，Banks C J，2013. Impact of different particle size distributions on anaerobic digestion of the organic fraction of municipal solid waste. Waste Management，33（2）：297-307.

Zhang Y，Banks C J，Heaven S，2012. Co-digestion of source segregated domestic food waste to improve process stability. Bioresource Technology，114：168-178.

Zhang Z K，Zhang G Y，Li W L，et al，2016. Enhanced biogas production from sorghum stem by co-digestion with cow manure. International Journal of Hydrogen Energy，41：9153-9158.

Zhao Q B，Ma J W，Zeb I，et al，2015. Ammonia recovery from anaerobic digester effluent through direct aeration. Chemical Engineering Journal，279：31-37.

Zheng S C，Yang F，Huang W L，et al，2021. Combined effect of zero valent iron and magnetite on semi-dry anaerobic digestion of swine manure. Bioresource Technology，346：126438.

Zhou M，Li C，Ni F Q，et al，2022. Packed activated carbon particles triggered a more robust syntrophic pathway for acetate oxidation-hydrogenotrophic methanogenesis at extremely high ammonia concentrations. Renewable Energy，191：305-317.

Zhou S，Zhang J N，Zou G Y，et al，2015. Mass and energy balances of dry thermophilic anaerobic digestion treating swine manure mixed with rice straw. Biotechnology Research International，2015：895015.

Zhu J Y，Wan C X，Li Y B，2010. Enhanced solid-state anaerobic digestion of corn stover by alkaline pretreatment. Bioresource Technology，101（19）：7523-7528.

Zhu J Y，Zheng Y，Xu F Q，et al，2014. Solid-state anaerobic co-digestion of hay and soybean processing waste for biogas production. Bioresource Technology，154：240-247.

Zhu J Y，Yang L C，Li Y B，2015. Comparison of premixing methods for solid-state anaerobic digestion of corn stover. Bioresource Technology，175：430-435.

Ziaee F，Mokhtarani N，Pourrostami Niavol K，2021. Solid-state anaerobic co-digestion of organic fraction of municipal waste and sawdust：impact of co-digestion ratio，inoculum-to-substrate ratio，and total solids. Biodegradation，32（3）：299-312.

Ziganshina E E，Ibragimov E M，Vankov P Y，et al，2017. Comparison of anaerobic digestion strategies of nitrogen-rich substrates：performance of anaerobic reactors and microbial community diversity. Waste Management，59：160-171.